"十四五"普通高等教育本科部委级规划教材

浙江理工大学丝绸文化传承与产品设计数字化技术文化部重点实验室

MINZU FUSHI WENHUA

民族服饰文化

李欣华 编著

U0279682

中国纺织出版社有限公司

内 容 提 要

本书为"十四五"普通高等教育本科部委级规划教材。

本书从适应服装设计专业教学发展趋势的目的出发，以传统民族服饰文化领域和现代服装设计领域两个视角，对民族服饰文化的审美特征、中国少数民族服饰文化、其他国家或地区民族服饰文化进行阐述。脉络清晰、图文并茂，旨在引导学生从理论认知和服饰图像的角度理解各民族服饰文化内涵及美学特征。

本书既可作为高等院校服装专业教材，亦可作为行业相关人士的参考用书。

图书在版编目（CIP）数据

民族服饰文化 / 李欣华编著. -- 北京：中国纺织出版社有限公司，2021.9

"十四五"普通高等教育本科部委级规划教材

ISBN 978-7-5180-8781-5

Ⅰ.①民… Ⅱ.①李… Ⅲ.①民族服饰—服饰文化—中国—高等学校—教材 Ⅳ.① TS941.742.8

中国版本图书馆 CIP 数据核字（2021）第 160815 号

责任编辑：魏 萌 籍 博　　责任校对：江思飞
责任印制：王艳丽

中国纺织出版社有限公司出版发行
地址：北京市朝阳区百子湾东里 A407 号楼　邮政编码：100124
销售电话：010—67004422　传真：010—87155801
http://www.c-textilep.com
中国纺织出版社天猫旗舰店
官方微博 http://weibo.com/2119887771
北京通天印刷有限公司印刷　各地新华书店经销
2021 年 9 月第 1 版第 1 次印刷
开本：787×1092　1/16　印张：19.5
字数：350 千字　定价：68.00 元

　　文化是人类劳动实践的产物，是人类在社会历史发展过程中创造的物质财富和精神财富的总和。美学是文化的一部分，是文化理想和精神的集中体现。广义上的美学与文化的不同层面息息相关，与人类生活的各个方面息息相关。因此研究文化不能不研究美学，研究美学不能不研究文化，其中的研究内容既包含了文化与美学的相互关系，又包含了两者的互动作用。此外，文化作为"整体生活方式"，其自身在狭义上的伦理实践与美学密切相关，与"伦理学和审美鉴赏力的理想境界"密切相关。美学所研究的审美判断及审美标准，要比其他几乎所有人类行为更能代表某一文化的特性。

　　"衣裳是文化的表征，衣裳是思想的形象"，一部民族服饰史，也是一部人类文化发展史。民族服饰文化是各民族人民在社会发展过程中创造的物质和精神财富的产物，是人类文化内容的重要组成部分，包括服饰本身、影响服饰形成的各种因素内容及表现出的各民族服饰美学特征。民族服饰自身内容主要包括服饰材料、形制、制作及装饰技艺等；影响服饰形成的因素包括社会学、民族哲学世界观、民族宗教、美学、民俗学等，以及由此形成的各民族服饰审美理念。教材内容涵盖中国55个少数民族和国外的部分民族服饰文化，介绍了各民族服饰内容以及跟服饰相关的政治、经济、宗教、民俗等因素，并从广义角度阐述了民族服饰文化的审美特征和解读民族服饰审美特征的方法。民族服饰的色彩、图案、款式、材料是构成民族服饰文化的主要内容，也是认识和研究民族服饰文化的典型元素和切入点。教材中图文并茂，旨在引导学生从理论认知和服饰图像角度理解各民族服饰文化内涵及美学特征。在探讨民族服饰文化在当代的传承和发展时，教材中提出了两种艺术实践路径，一方面，在传统民族服饰文化领域，利用现代设计资源和设计理念对各民族服饰设计进行完善、保护和发展；另一方面，在现代服装设计领域，将民族服饰设计元素，应用到现代服饰设计中，增强现代服饰设计内容的文化内涵。

最后，特别感谢教材编撰过程中服装学院硕士研究生黄敏婕，浙江艺术职业学院教师巴蕾在图片收集、整理中提供的帮助，及浙江理工大学服装学院、丝绸文化传承与产品设计数字化技术化部重点实验室给予的各方面支持。在后期教学实践中若发现教材内容有疏漏和不足之处，将会继续补充和完善！

编著者
2021 年 1 月

教学内容及课时安排

章 / 课时	课程性质 / 课时	节	课程内容
第一章 /2		●	**绪论**
		一	民族服饰文化研究现状
		二	民族服饰文化研究意义
第二章 /2		●	**民族服饰文化的审美特征**
		一	民族服饰文化的美学特征
		二	解读民族服饰审美特征的方法
第三章 /12	基础理论 /28	●	**中国少数民族服饰文化**
		一	基础学科知识
		二	中国少数民族服饰文化内容
第四章 /12		●	**其他国家或地区民族服饰文化**
		一	印度服饰
		二	印第安服饰
		三	西班牙服饰
		四	苏格兰服饰
		五	日本服饰
		六	俄罗斯服饰
		七	阿拉伯服饰

注 各院校可根据自身的教学特色和教学计划课程时数进行调整。

第三章　中国少数民族服饰文化

第四章　其他国家或地区民族服饰文化

结语

第一章
绪论

课题名称： 绪论

课题内容： 1. 民族服饰文化研究现状

                2. 民族服饰文化研究意义

课题时间： 2课时

教学目的： 了解民族服饰文化的研究现状，明确民族服饰文化的研究意义。

课前准备： 查阅相关资料，了解国内外民族服饰文化的研究现状。

                通过文献资料、影像资料、博物馆收藏资料熟悉民族服饰文化。

艺术的民族性（National Characteristics of Art）是指"运用本民族的独特的艺术形式、艺术手法来反映现实生活，使文艺作品具有民族气派和民族风格（National Style）"。❶本教材将主要介绍少数民族服饰文化概况（General Situation of Ethnic Groups' Dressing Culture）、民族服饰文化基本构成内容（Constituent Elements of Ethnic Groups' Dressing Culture）、与民族相关的民族宗教（Religions）、哲学世界观（Philosophical World Outlook）、民俗学（Folklore）、象征手法（Symbolism）等基础理论知识，并用相关基础理论知识解析其审美理念和由此形成的审美特征（Aesthetic Characteristics）。对文化内容的解析，因人而异，因时代而异，具有相对性。但对文化内容的解析和评论从古至今从来不会停止，研究人员从全新的角度，赋予了文化内容不同的、具有时代特征的诠释。这些不同角度的文化评析的累积，构成了文化内容，服饰文化亦然。民族服饰文化的研究旨在识别各民族服饰文化及美学特征的基础上，本着继承和发扬传统民族服饰文化的目的，一方面，在传统民族服饰文化领域，利用现代设计资源对各民族服饰设计进行完善、保护和发展（Inside Ethnic Groups, Perfecting and Improving Costumes and Ornaments with Modern Materials）；另一方面，在现代服装设计领域，将民族设计元素，应用到现代服饰设计中，增强现代服饰设计内容的文化内涵（Inside Modern Fashion Design, Using Ethnic Elements to do Modern Fashion Design）。

教材的编订主要包括两个方面，一方面，在现有基础理论和前期研究基础上，用多方面知识体系对传统民族服饰文化进行系统研究，分析其文化内涵、审美理念及审美特征；另一方面，在继承、完善和发展传统民族服饰文化的实际工作中，提供基础理论认识依据，并在此艺术实践中，在方法和途径上做出指导。

各民族服饰文化特征在横向空间分布上具有相异性，各民族服饰文化系统在纵向时间发展中又具有传承性和相对稳定。服饰是人类文化的一个重要组成部分，它体现了人们在各种社会环境下复杂的社会心理，是各种文化在服饰中的长期积淀。解析民族服饰文化需要我们具备全面的知识体系和客观、相对的分析态度，只有这样，才可能全面、客观、实事求是地总结、分析民族服饰文化现象，为世人认识、继承发扬民族服饰文化提供参考资料。

民族服饰的组成内容及文化内涵较其他服饰文化具有相对稳定性（Relative Stability）。对民族服饰文化的合理理解和继承发扬可以加深人们的民族信仰观念，实现这一目标的前提主要包括两个方面：一方面是对中国各民族服饰文化全面、系统的解析，这是继承和发扬民族传统服饰文化的前提和基础；另一方面是对民族传统服饰文化的继承、发扬与应用。对传统民族服饰文化的继承指的是在现代社会环境中，在保存其民族属性和遵循其民族审美理念的前提下，应用现代资源，完善和发展民族服饰文化，使其更丰富多彩。民族设计元素应用是将民族服饰元素恰当地应用到现代服饰设计中，是提高现代服饰设计文化内涵的重要手

❶ 辞海编辑委员会. 辞海[M]. 上海：上海辞书出版社，1979：4132.

段。对民族设计元素的应用不可以生搬硬套，全盘抄袭，要用得恰到好处，这基于设计者对民族服饰文化内容的全面认识。民族服饰文化的继承和应用都将会使民族服饰文化得以发扬，具有现实意义，也将会使其在物质和精神方面创造相应的社会价值。

第一节　民族服饰文化研究现状

研究民族服饰文化，应追溯到该民族的起源、地理环境、社会环境、宗教信仰、民族哲学世界观、生活方式及同一民族不同地区间与外来民族文化的交流等。研究人员要选择合理的研究角度、研究元素、研究方法，才能对民族服饰文化现象进行较全面、准确的解析。中国有 55 个少数民族族群，各民族服饰文化五彩斑斓，绮丽多姿，少数民族服饰文化的研究现状主要为：

一、地域划分方面

传统民族服饰文化研究习惯将中国少数民族区域分为南北两大类，一是北方（North of China），包括蒙古族、满族、朝鲜族等分布在东北、华北、西北地区的民族服饰；二是南方（South of China）包括苗族、彝族、壮族、藏族等分布在东南、中南、西南等地区的各民族服饰。这种划分模糊了少数民族服饰的个体民族属性，即服饰的各民族识别符号功能，事实上，各少数民族服饰在材质、款式、色彩、装饰图案等方面，都呈现出多元化特性，并且民族区域内文化核心区和过渡区的服饰文化也存在或明显，或细微的差异性。

二、研究实践方面

研究实践主要集中在个别民族的发展历史、传奇故事、神话传说等方面，对于民族服饰文化内容的专题研究比较零散。民族设计元素的实践应用出现生搬硬套的现象，与现代设计主题缺少和谐统一。同时，研究内容重点集中在民族核心区，对于过渡区（即文化交融区）内民族服饰的研究还不够细致深入。

三、研究方法方面

传统研究只关注个别民族服饰的"起源""发展""特征"，缺少对该民族服饰文化整体

"本质""功能""通则"的把握，即运用相关学科基础理论知识对民族服饰文化的系统解析。

跟中国民族服饰文化研究相比，国外民族服饰文化研究较系统、完整。研究人员从人文社科、历史、宗教、政治、经济、美学、民族哲学世界观、部落文化等角度，对民族服饰文化进行系统、真实的实地考察、总结和分析，如美国印第安人、非洲部落以及日本、韩国、印度、尼泊尔等。在民族服饰文化继承发扬的艺术实践中，由于基础、通识理论的健全，因此其创作实践具有较高的水平。

第二节　民族服饰文化研究意义

长期以来，我国学术界在对民族问题的研究中，偏重民族历史、民族政治、民族经济和民族政策等问题，把对民族文化的研究当作是"第二性"的问题而予以忽视。少数民族服饰文化研究处在一种直观、零散、无序的无理论状态，服饰资料虽多但缺乏科学而系统的归纳整理和理论升华。在现存服饰资料基础上，我国少数民族服饰文化正企盼着在整体理论上的创新和突破，这既是文化学、美学、哲学、宗教学、民族学、人类学、社会学、社会心理学等基础学科应用到服饰文化领域的需要，也是了解、继承和发扬中国传统服饰文化的需要。

实践应用是对传统民族服饰文化的保护、继承和发扬最直接、有效的手段。在继承和发扬传统民族服饰文化的活动中，许多服装设计师试图运用民族服饰构成元素提高服饰设计的文化内涵，或对民族服饰进行改革创新，但由于脱离少数民族实际生活，对影响民族服饰文化现象的众多形成因素没有充分了解，只模仿了表面纹样、色彩、技法等形式元素，出现了外观模仿形式，产生了符号化、嫁接等方法，这些都不是对民族传统服饰文化的继承和发扬。

对于文化的分析和评论，因时代而异，因各人而异，所以很多学者建议对文化的评析如果达不到共识的话，最好保持沉默。殊不知，随着年代的不同，各人知识体系的不同，对于文化的了解也不尽相同，只要历史地、客观地，全方位地对各种文化现象做出富有时代特点的评论，就是合理的。传统文化的内容往往就是靠这些不尽相同的时代观念长期积淀形成的。文化评析的真实意义，在于人们能够从全新的角度，给文化现象以全新的诠释，而这种全新的解释是否真实，则在于从时代特点的角度看其是否合理。因此，在文化研究过程中，对于文化现象的真实考察和人的健全的知识体系的建立是非常必要的。民族服饰文化是文化内容的组成部分，我们应该持客观、全面、耐心、创新的态度去考察、研究。

第二章
民族服饰文化的审美特征

课题名称： 民族服饰文化的审美特征

课题内容： 1. 民族服饰文化的美学特征

2. 解读民族服饰审美特征的方法

课题时间： 2课时

教学目的： 要求学生掌握分析民族服饰文化审美特征的方法。

教学要求： 要求学生掌握分析民族服饰文化审美特征的方法。

课前准备： 阅读相关学科知识书籍，掌握相关基础学科理论知识。

掌握分析民族服饰文化现象的理论知识及方法。

民族服饰文化是构成传统文化的重要组成部分。研究、解析、理解民族服饰文化现象是继承和应用民族服饰设计元素的前提。研究各民族服饰文化方法具有相似性，通过总结多年对民族服饰文化的研究经验，本教材在讨论研究民族服饰文化的意义及其解读方法时，从研究方法、内容、角度等方面引入新的观念，提出新的建议。

中国是一个多民族国家，民族服饰是构成整个中华民族服饰文化的重要组成部分。各少数民族不同地区、相邻少数民族之间的经贸往来、文化交融及各少数民族与汉族之间的经济往来、文化交流及政治依附等，使其服饰文化既具有本民族"属性"特征（Attribute Characteristics），又具有文化交融的特征（Characteristics of Acculturation）及文化核心区（Core Region）和文化过渡区（Transition Region）的不同体现。为进一步讨论少数民族服饰文化特征，在此将民族文化属性、交融性、核心区、过渡区、中华审美共性等相关理念及其联系进行界定说明。民族文化属性主要通过民族核心区来体现，民族属性可以因地域不同，表现为不同的地域特征，是民族内部特征（Internal Characteristics），可以具有多样性（Diversity）。民族文化交融特征主要通过两个方面体现：其一，同一民族，相邻地区间的交融及相邻的不同民族间的交融，包括本土以外的异域文化（Exotic Culture）；其二，中华传统母文化（Chinese Traditional Culture）对中国少数民族文化（Ethnic Groups' Culture in China）的普遍影响。

与此相似，国外其他民族服饰文化也同样具有民族属性特征、民族交融性特征。民族属性特征是最原始和根本的，因族群和地域分布的不同可以具有多样性，彼此既有相似性，又具有独立性。国外民族文化交融性特征也同样包括族群内部不同地区间、相邻族群间和与他们所归属社会大环境的各种文化间的交流。在地区分布上，也同样具有民族文化核心区和过渡区，因此，在讨论解析其民族服饰文化审美特征的方法和途径时，中国和其他国家少数民族具有相似性。

第一节　民族服饰文化的美学特征

民族服饰美学理念通过民族心理、民族宗教信仰、民族哲学世界观、民俗等理念在服饰中的应用和展示来体现，通过服饰的形制、色彩、图案内容来实现，相应的文化内容因各民族宗教信仰、自然环境、社会环境、生产方式等不同而各有千秋，表现在民族服饰文化的属性、交融性等特征方面。

一、民族属性

民族属性指运用本民族独特的艺术形式、艺术手法来反映现实生活，使文艺作品有民族气派和民族风格。少数民族服饰作为一种符号与象征，是一种规则和符号的系统化状态，是原始艺术在纯粹状态中的无声语言和标志。我国少数民族种类繁多，分布广阔，多数少数民族地区长期以来交通不便，互相交流困难，这种封闭在保留和形成服饰的民族属性时起到一定的作用。各民族自然环境、民俗习惯、审美情趣的差异以及其生产方式、宗教信仰、文化传统和思维模式等的不同，形成了民族服饰相应的不同属性。在讨论民族服饰的属性时需要说明的是，这种民族属性在本民族属性范围内是相异、变化、发展的，是在保留本民族属性特征范围内的自我协调、发展过程，而这种变化源于本民族内部不同地区之间的文化交流、经贸往来和异族文化等因素的影响。

二、民族交融性

（一）中华民族共性

众多学者在考察少数民族古代文化与中华民族文化的历史渊源关系时，根据考古学、民族学、语言学和体质人类学材料发现，从新石器时代起中华大地可分为三大考古文化系统和三大民族系统（北方草原地区胡民族系统、黄河流域中原地区氏羌系统和长江中下游及东南沿海濮越民族系统）。这些民族系统是具有一定历史联系的民族综合体，这些相互联系的许多民族在共同区域系统空间分布上具有一定的稳定性，时间发展上又具有同源关系（Homologous）和继承（Hereditary）关系。中国少数民族文化作为中华传统文化的有机组成部分，具有其文化母体的共性特征，民族服饰是其中的一个方面。要了解少数民族服饰文化的内涵，解析该文化的审美特征，除分析该少数民族服饰文化的民族属性外，还要分析其文化交融特征中所含的中华母文化的共性。

（二）异域文化特征

只要各民族间的交往存在，艺术的交流就不可避免地会发生。首先，我国部分少数民族区域地处祖国边疆，通过各种往来不可避免地与异域文化产生了交流。印度北部，如克什米尔（Kashmir）、喜马偕尔邦（Himachal Pradesh）、德拉敦（Dehradun）、北安查尔邦（Uttrakhand）等地区的文化艺术对藏民族服饰文化产生了深远的影响。❶

我国不同少数民族之间文化也有往来交流。由此，各少数民族服饰文化具有了异族文化

❶ 作者博士科研启动项目：印度北部文化对西藏民族服饰文化艺术审美特征的影响.浙江理工大学，2009.

的特征。中华民族有三大民族系统——胡民族系统、氐羌系统、濮越系统，各民族内不同地区，系统内各民族、各系统之间都有着文化交流。如嘉绒藏族，因长期与羌族毗邻生活，互相交往，妇女服饰保留了一些羌族服饰特色，普遍穿长衫，并以蓝黑色为主，下身系围腰，腰间扎丝织花带，冬天穿羊皮褂子或羊毛织成的无领短褂等。

第二节　解读民族服饰审美特征的方法

沈从文先生在研究民族服饰文化时强调："把自己束缚在一种狭小孤立的范围中进行研究，缺少眼光四注的热情和全面整体的观念，论断的基础就不稳固。企图用这种方法来发现真理，自然不免等于用手掌大的网子从海中捞鱼，即使偶然碰上了鱼群，还是捞不起来。"《中国民族服饰研究》指出少数民族服饰文化研究的角度应该是全方位的，包括生态学、历史学、神话学、宗教学、考古学、社会学、文化学、现象学、符号学、美学等角度以及少数民族独特的世界观等内容。例如，在"解析西藏民族服饰文化的审美特征"时，突破传统民族服饰文化研究现状，引入中国少数民族服饰文化与中华传统母文化之间"属"和"种"的关系和理念，用相关学科知识分析了藏民族服饰文化审美的民族属性和具有的中华传统母文化的共性。这些理念同样适用于解读其他少数民族服饰文化。

"一个民族的生产生活区域具体表现为一个地理空间范围，根据这个空间范围中该民族或者族群的核心文化在区域中的影响力，以及与周边民族或族群融合交流的关系，一个文化区包含核心区、过渡区两个区域。"❶在同一文化区域内，服饰风格趋同。与此对应，文化的核心区多表现为文化的民族属性，文化的过渡区多表现为文化的交融性。民族服饰的色彩、图案、款式、材料是构成民族服饰文化的主要内容，也是我们研究民族服饰文化的典型元素和切入点。对民族服饰典型构成元素，要应用相关学科基础理论知识对其进行深入、系统的解析，在准确认识民族服饰文化现象的基础上，才可达到对其继承和发扬的目的。

一、民族核心区服饰文化分析

核心区是民族或族群文化的集中区，且表现出纯正的民族文化，是该民族文化的代表地区，这些地区自然环境、社会环境、宗教信仰、民风民俗等都具有较强的稳定性（Stability）

---

❶ 王恩涌. 人文地理学[M]. 北京：高等教育出版社，2000：33.

和代表性（Representativeness），如藏民族服饰文化核心区主要包括卫藏（Wei Tibet）、康巴（Kham）、安多（Amdo）和嘉绒（Gyarong）等地域的服饰文化，具体表现为：安多服饰雍容华贵，以银制饰品为主；康巴服饰粗犷豪放，好用蜜蜡、珊瑚、瑟等天然物品为饰；卫藏服饰则典雅古朴，组合饰物不拘一格；嘉绒服饰华美时尚，头饰独具特色。服饰的特征反映了地域文化的影响和印迹，核心地区服饰文化集中而鲜明地给人们提供了丰富生动的视觉印象和参考资料，成为人们认识该民族群体的重要识别标志，也是目前众多学者研究民族服饰文化的主要参考区。

二、民族过渡区服饰文化分析

随着地理区域向外围的推进，核心区民族文化的影响力会逐渐衰减。在文化区的边缘，本民族或族群的文化与周边的民族或族群的文化相互交融渗透，表现出文化的过渡性和渗融特征，包括本民族不同地区间，不同民族间，或与异域民族文化间的渗融特征。如在藏民族服饰文化中，康南地区体现出康区藏族与彝族、纳西族和白族等民族融合的特点；青海玉树、果洛地区是康区与安多文化的过渡交融区，服饰既有康巴特征，又有安多草原牧民特点；嘉绒藏族与彝族文化过渡区——木雅文化区，服饰表现为以木雅传统服饰为主体，康巴盛装、嘉绒头饰、彝族百褶裙及汉装和藏装混穿现象并存，总体与康区服饰较近。

民族服饰过渡区的文化特征相互交融渗透，较混乱复杂，是多个民族服饰文化现象的混合体，也是目前民族服饰文化研究忽略的一个重要部分。对于过渡区民族服饰文化特征的研究，除需要相关的学科知识，还要从历史发展角度，重点考虑过渡区各民族之间的政治依附、文化传播以及经贸往来、地理环境变迁等相关因素。

三、中华传统母文化的影响

各民族居住的自然环境决定了要拓展自己的生存空间，必须把目光投向文明程度较高的地区，交通便利的东部和中原地区成了各民族沟通和交流的重要资源。各民族接纳汉文化，与汉族共同奉行以儒、道、佛家文化为代表的传统文化，通过迁徙、通使、和亲、战争、会盟、贸易、政治归附、下贡上赐、文化交流等方式与中原地区发生关系。受中原文化的影响，都带有中华传统母文化的审美共性特征。其生存、繁衍、趋吉辟邪的生活理念除受本民族哲学、宗教思想影响外，也是中华民间文化的显著体现，主要体现在服装佩饰、纺织品装饰图案及服饰的生活禁忌中。

传统服饰文化的传承本质上是一种对精神的倡导和信仰的坚持，是中华民族文明理想和人文精神的象征，民族服饰的继承发扬与否可以加深或淡化人们的民族信仰观念。民族服饰文化研究方法具有相似性，既需要相关的学科基础理论知识，又需要合理的研究方法和角度。民族服饰文化特征的准确把握是识别民族身份的需要，也是理解、应用、继承和发扬民族服饰设计元素的必要前提。每一位学者都应全面、客观、科学地理解和应用民族服饰文化，一方面在当今时代，对于民族服饰的发展要努力做到既保持民族服饰的属性特征，又能适应现代化生产和生活需要；另一方面，能够合理应用民族服饰元素，丰富现代服饰设计的文化内涵。

［1］ 格勒.略论藏族古代文化与中华民族文化的历史渊源关系[J].中国藏学,2002(4):5–20.

［2］ 徐国宝.藏文化的特点及其所蕴含的中华母文化的关系[J].中国藏学,2002(3):128–146.

［3］ 王恩涌.人文地理学[M]北京:高等教育出版社,2000:33.

［4］ 李玉琴.藏族服饰区划新探[J].民族研究,2007(1):24–33,110.

［5］ 李欣华.民族服饰文化的审美特征[J].中国民族,2010(12):48–49.

［6］ 李欣华.解析藏民族服饰文化的审美特征[D]天津:天津工业大学,2009:10.

第三章
中国少数民族服饰文化

课题名称： 中国少数民族服饰文化

课题内容： 1. 基础学科知识

2. 中国少数民族服饰文化内容

课题时间： 12课时

教学目的： 要求学生了解相关学科知识体系，进而对中国少数民族服饰文化具有更深入、系统的认识。

教学要求： 用相关学科知识解析、理解中国少数民族服饰文化现象。

课前准备： 了解中国本原哲学、民俗学、社会学、各少数民族哲学世界观、美学、宗教学相关知识进行了解。熟悉中国各少数民族基本概况及服饰文化内容。

"民族（Ethnic Groups）"一词，在唐代就见诸中国的历史文献。如唐代李筌所著兵书《太白阴经》的序言中即有"愚人得之以倾宗社，灭民族"之说。❶

中华各民族的形成，经历了至少两千多年的分化和融合过程。从我国古代典籍中早已出现的"夏""戎""狄""荆蛮""夷""诸濮""百越"等族别名称来看，中国早在秦代以前就已是一个多民族的国家。据《礼记》记载，中国夏代时就存在五大民族集团。"中国戎夷，五方之民，皆有性也，不可推移。东方曰夷，被发文身，有不火食者矣；南方曰蛮，雕题交趾，有不火食者矣；西方曰戎，被发衣皮，有不粒食者矣；北方曰狄，衣羽毛穴居，有不粒食者矣。中国、夷、蛮、戎、狄，皆有安居、和味、宜服、利用、备器；五方之民，言语不通，嗜欲不同"。❷

中国是一个统一的多民族的国家，中华人民共和国成立以后，经科学识别，中国共有56个民族，包括汉族（Han）、蒙古族（Mongolian）、回族（Hui）、藏族（Tibetan）、维吾尔族（Uyghur）、苗族（Miao）、彝族（Yi）、壮族（Zhuang）、布依族（Bouyei）、朝鲜族（Korean）、满族（Manchu）、侗族（Dong）、瑶族（Yao）、白族（Bai）、土家族（Tujia）、哈尼族（Hani）、哈萨克族（Kazak）、傣族（Dai）、黎族（Li）、傈僳族（Lisu）、佤族（Wa/Va）、畲族（She）、高山族（Gaoshan）、拉祜族（Lahu）、水族（Shui）、东乡族（Dongxiang）、纳西族（Naxi）、景颇族（Jingpo）、柯尔克孜族（Kirgiz）、土族（Tu）、达斡尔族（Daur）、仫佬族（Mulam）、羌族（Qiang）、布朗族（Blang）、撒拉族（Salar）、毛南族（Maonan）、仡佬族（Gelao）、锡伯族（Xibe）、阿昌族（Achang）、普米族（Pumi）、塔吉克族（Tajik）、怒族（Nu）、乌孜别克族（Uzbek）、俄罗斯族（Russian）、鄂温克族（Ewenki）、德昂族（De'ang）、保安族（Bao'an）、裕固族（Yugur）、京族（Jing）、塔塔尔族（Tatar）、独龙族（Drung）、鄂伦春族（Oroqen）、赫哲族（Hezhen）、门巴族（Monba）、珞巴族（Lhoba）和基诺族（Jino），此外，还有一些尚待进行民族识别的人群。据2012年第六次全国人口普查统计，在55个少数民族中，人口最多的是壮族，共1692.6381万人，回族、维吾尔族、彝族、苗族、满族、藏族、蒙古族、土家族、布依族、朝鲜族、侗族、瑶族、白族、哈尼族14个民族人口在百万以上。不到总人口7%的少数民族分布在占中国总面积约50%~60%的广大地区，尤其是辽阔的西南、西北、东北边疆地区。

秦王朝封建专制制度的建立，使这个多民族国家高度统一在中央政权之下。中国各民族的文化有着长期发展的历史传统，包括服饰文化在内。从现实情况来考察，中国少数民族的服饰文化具有以下特点：

第一，中国少数民族种类繁多（Wide Variety），分布广阔（Wide Distribution），具有取之不尽的服饰资源。又因为广大少数民族地区长期以来交通不便，互相交流困难，因而保留和

---

❶ 李筌. 神机制敌太白阴经[M]. 河北：河北人民出版社，1991.

❷ 戴圣. 礼记：第3卷·王制[M]. 影印本. 天津：天津市古籍书店，1988.

传承了传统民族服饰内容的多姿多彩。

中国55个少数民族，居住在全国两千多个县，分布广阔。在这些少数民族中，有些民族又具有众多的支系，如苗族分为红苗、黑苗、白苗、青苗、花苗五大类，其中的花苗又包括了大头苗、独角苗、蒙纱苗、花脚苗等，皆以不同的服饰划分。这样，不但不同的民族具有不同的服饰，就是同一民族内也因支系的不同而具有不同的服饰风格，使得我国少数民族的服饰显得尤为丰富。

过去，由于占中国人口绝大多数的汉族城乡居民的服饰多用黑色、蓝色，再加上部分少数民族也崇尚黑色、蓝色，因此有人称中国为"蓝蚁之国"。其实，如果从相当一部分少数民族多姿多彩的服饰情况看，"蓝蚁之国"的称呼是不符合实际的。我国少数民族服饰从质地、色彩、式样、搭配来看，都是十分丰富的。有着24个少数民族的云南省于1988年9月举行首届民族艺术节，数千人的少数民族文艺队伍，形成了数千人的少数民族服饰表演队。昆明民族歌舞团曾以"日月风火"为题，推出一台民族服饰抒怀晚会，"春日生辉""夏月溶溶""秋风送爽""冬火熊熊"四个场景展示了三百套民族服饰，其品种之多、款式之奇、色彩之艳、花样之繁令人惊赞。短短的一个半小时表演，令人信服地认为，云南不但是歌舞的海洋，也是少数民族服饰的海洋。这正是多民族中国的一个缩影。

第二，由于自然环境的差异（Difference of Natural Environment），民族风俗习惯（Difference of Folk Customs）、审美情趣（Difference of Aesthetic Taste）的不同，中国少数民族服饰显示出北方（North）和南方（South）、山区（Mountain Area）和草原（Plastures）的巨大差别，表现出不同的风格和特点。

中国的自然条件南北迥异。北方严寒多风雪，森林草原宽阔，生活在其间的北方少数民族多靠狩猎、畜牧为生。南方湿热多雨，山地盆岭相间，生活在其间的少数民族多从事农耕。不同的自然环境、生产方式和生活方式，造就了不同的民族性格和民族心理以及不同的服饰风格特点。生活在高原草场并从事畜牧业的蒙古族、藏族、哈萨克族、柯尔克孜族、塔吉克族、裕固族、土族等少数民族，穿着材料多取自牲畜皮毛，多用光板羊皮缝制衣裳、裤、大氅等，有的在衣领、袖口、衣裳襟、下摆镶以色布或细毛皮，如藏族和柯尔克孜族用珍贵裘皮镶边的长袍和裙子显得雍容厚实；哈萨克族的"库普"则是用驼毛絮里的大衣，十分轻暖，显示了哈萨克人服装宽袍大袖、厚实庄重的风格。南方少数民族地区宜植麻种棉，自织麻布和土布是衣裙的主要用料。虽然所用制造工具多十分简陋，但织物精美，花纹绮丽。又因天气湿热，需要袒胸露腿，衣裙多是短窄轻薄，风格生动活泼，式样繁多。总之，南北地区、山区和草原服饰风格的多样性，构成了少数民族服饰文化的另一个特点。

第三，由于历史、地理、政治、经济原因，中国少数民族直到20世纪中期仍处于不同的社会发展阶段及与其相应的生产力水平上，由此带来的差异相应地影响并体现于各民族服饰中，因而少数民族服饰中所表现出的文化内容具有明显的层次性（Hierarchy）。

中国少数民族的发展史表现了社会发展的不平衡（Unbalanced Type）。由于历史、地理、政治、经济的原因，使得在中华人民共和国成立前，部分少数民族居住区具有了明显的资本主义萌芽，而有的少数民族居住区却仍停留在原始公社末期。被民族学者称为"一部活的社会发展史"的云南省，可以作为一个典型的代表。中华人民共和国成立前，云南24个少数民族中，白族、回族和部分彝族中资本主义因素已有相当发展，而壮族、哈尼族、纳西族等民族处于封建地主制，傣族处于封建领主制，小凉山彝族是典型的奴隶制，而其他少数民族如基诺族、布朗族、景颇族、独龙族、怒族、部分傈僳族、佤族等却仍然停留在原始公社末期。至今，永宁纳西族（摩梭人）仍残留着母系制。在别的少数民族聚居省区，这种情况也不同程度地存在。因此，少数民族服饰所反映出来的文化内容也相应地具有层次性。对少数民族服饰的层次性，应根据实际情况做出具体分析。

本章主要介绍中国少数民族服饰文化内容及相关学科理论知识。列举的少数民族服饰文化主要有藏族、苗族、维吾尔族、蒙古族、满族、傣族、布依族、纳西族等。涉及的相关学科知识主要有中国民间美学、宗教学、社会学、美学、哲学等。

第一节　基础学科知识

中国少数民族服饰文化现象是各民族信仰宗教、民族哲学世界观、自然环境、社会环境、政治经济、美学、社会学等文化的集合，是结合中华民族传统母文化的影响在各民族服饰中的综合体现。少数民族的宗教信仰具有相异性，有各自不同的原始宗教信仰和哲学世界观、审美理念。中国中原民间文化对各传统民族服饰文化的影响很深、很广，各少数民族在跟中原汉民族长期的交往中，受中华民族传统母文化的影响颇深。

一、中国民间美学

（一）中国民间美学理念和准则

中国民间美学的不变之宗是中国本原哲学（Chinese Original Philosophy）与人类的基本文化意识，二者相互影响、交融，共同形成了中国民间美学基础理念和准则。

"阴阳相和，化生万物，万物生生不息"的中国本原哲学是中国民间美学及其表现形式的哲学基础。诞生于中国原始社会的阴阳观（Yin-Yang）和生生观（Circle of Life）合一的中国本原哲学，是人类生命意识与繁衍意识的哲学升华，即阴阳相合才能繁衍人类万物，而人类万物是永生不息的，这是中华民族的先民群体"近取诸身，远取诸物"，由观察人类自身到宇宙万物得出的哲学结论，也是从原始艺术延伸到民间艺术的基本文化内涵。

人类的基本文化意识主要包括以下几个方面：

（1）生命繁衍（Life Multiplying）：生存（Living）与长寿（Longevity）是人类的基本思想。生者长寿、死者永生，生存与繁衍，表达了人类最基本的愿望。但在现实中，只有繁衍才可以达到人类的永生，即子孙长续、万世不殆，人类生命繁衍意识实质就是生命意识。人的繁衍和物的丰收为福，生命长久为寿。福与寿是人类最基本的文化意识，也是作为人类群体文化艺术审美的民间美学观念的文化内涵，之后随着阶级社会的出现，开始派生出物质财富和精神财富聚集的占有者，形成了上层富裕生活，进而产生了"禄（官俸）"的观念。由此，以原始群体的福、寿观作为基本文化内涵的中国民间美学基础，发展为后来的福、禄、寿三者合一的世俗文化民间美学思想基础。

（2）贵和尚中（Harmony and Eclecticism）：贵和谐、尚中道，是中国传统文化的基本精神之一，在中华民族和中国文化的发展进程中起着十分重要的作用，是民间生活禁忌（Folk Life Taboo）产生及装饰图案生活艺术主题思想的哲学基础，原始的阴阳说与五行说是这种哲学思维的开始。原始阴阳说用阴爻（－ －）和阳爻（－）两个基本符号来概括具有对立性质的阴阳两极，把天与地、尊与卑、高与低、大与小、动与静、乾与坤、刚与柔、用与体、道与器、福与祸、君与臣、父与母、夫与妻、日与月、生与死、昼与夜、暑与寒、自然与人等现象归纳到阴阳系统之中，认为自然界中的一切变化都由阴、阳两种对立力量交互作用引起。"易有两极，是生两仪……有天地，然后有万物；有万物，然后有男女；有男女，然后有夫妇……"，这种哲学观念认为，事物有对立和相互转化的方面，但两者的统一是最重要的。不同事物相配合达到平衡，叫作"和"，失去平衡，就会导致不吉。后世为追求吉祥如意制定的生活禁忌，正是以此为哲学基础。另外，《国语·郑语》中史伯说："夫和实生物，同则不继。以他平他谓之和，故能丰长而物归之。若以同裨同，尽乃弃矣"。孔子继承了这种重和去同的思想，《论语·学而》记载孔子主张"礼之用，和为贵"。以中为度，中即是和，正是儒家和谐观念的基本内容。这也是后来民间、各民族装饰图案中天地合一、阴阳合一，阴与阳、牡与牝繁衍人类万物主题思想的哲学依据。

后世追求吉祥如意（Auspiciousness and Happiness），作为中国传统文化的一个方面，其广阔的信仰基础和传承历史的社会文化现象是同这些中国传统文化、传统社会及其他因素联系在一起的。吉祥如意是和民间禁忌、趋吉辟邪结合在一起的，是人类除生存与繁衍愿望以外的另一种生活愿望。

（3）生活禁忌（Life Taboo）：凡有碍于相合、相生之刑、冲、克、害或孤虚，即为不吉。古人对婚姻、家庭十分重视。就整个古代社会而言，婚姻、家庭观念主要有以下几个方面：其一，家庭为社会的基础，夫妻之道应当长久（Family Stability）；其二，男尊女卑、男主女从（Male Superiority）；其三，男主外、女主内（Male Master Outside，Female Stay at Home）；其四，家庭和睦、夫妻相敬如宾（Proper Respect and Concern Between Husband and Wife）；其五，妇女从一而终（Be Faithful Unto Death）。其中最重要的是男尊女卑、男主女从、妇女从一而终的观念。《周易·系辞上》开篇说："天尊地卑，乾坤定矣。卑高以陈，贵贱位矣。"阳为天，为乾，为男，为夫；阴为地，为坤，为女，为妻。在天地之道，是天尊地卑；于夫妇之道，便是男尊女卑、男主女从。如果这一原则被破坏，就会有损夫妻安定生活，由此，产生了关于男、女之间的生活禁忌，也体现在服饰文化方面。

（二）民间文化表现

跟民族服饰内容相关的民间文化表现主要包括图腾崇拜和观物取象两个方面：

（1）图腾崇拜（Totem Worship）：一种最原始的宗教形式。在原始人信仰中，认为本氏族人都源于某种特定的物种，在大多数情况下，被认为与某种动物具有亲缘关系，于是，图腾信仰便与祖先崇拜发生了关系，在许多图腾神话中，认为自己的祖先就来源于某种动物或植物，或是与某种动物或植物发生过亲缘关系，于是某种动、植物便成了这个民族最古老的祖先，如"天命玄鸟，降而生商"玄鸟便成为商族的图腾。因此，图腾崇拜也可以说是对祖先的崇拜，图腾与氏族的亲缘关系常常通过氏族起源神话和称呼体现。

（2）观物取象（View of Living Things）：民间文化的主要艺术体现方式。中国民间美学常以直接的思维方式为主，艺术形态常表现为中国本原哲学中"观物取象"的哲学符号。原始社会时，人们在与大自然的斗争中处于弱势，具有超人能力的动物成为人们心目中的神祇和图腾动物，如具备人类无法达到的多子多孙生育繁衍能力的鱼、蟾、蛙，被作为"地与水"的母体阴性图腾文化符号；蛇、虎、公牛、野猪、熊等，以及能够飞翔的鸟类和蝶类和能在高山顶峰和悬崖上奔跑的羚羊，被作为"天与太阳"的阳性图腾文化符号。

中国民间把自然属性的动物和天地、阴阳观联系起来，把某些动物视为天，视为阳性的动物；把象征天、阳性的动物和象征地、阴性的动物的合体，视为天地相交、阴阳相合的宇宙符号。各民族和地区具有各自的地域特性，代表阴阳相合的题材结合各民族、各地区的生活习俗和原始文化，在应用实践中有所差异，显示了显著的地域及民族特性。

（三）民间美学的基本特征

民俗社会生活是中国民间艺术的载体。中国本原哲学及观物取象的民间艺术应用在民间生活中，其人类生存与繁衍意识的主题表现在社会生活的诸多方面，如人生礼仪、节日风俗、衣食住行、信仰禁忌等。如在藏民族服饰及饰品中，对于人生礼仪中的成年婚嫁、服装及饰品均有特别的规定；节日风俗中，特制的服饰琳琅满目，内容丰富多彩；信仰禁忌、伦理道德内容普遍体现在服饰的构成中，如服饰结构、色彩、配饰等。

在民间美学基本特征研究中，因阐述角度的不同，其分类方法和类别名称有所差异，但实质内容从总体上来看是一致的。

中国民间美学的基本特征：民间美学源于日常生活，它的创造者是中华民族大众群体；民间艺术是为包括生产劳动、衣食住行、人生礼仪、节日风俗、信仰禁忌和艺术生活在内的自身社会生活需要而创造的艺术，贴近生活；民间文化的内涵和艺术形态，代表着民族文化群体的中国本原宇宙观、美学观、感情气质、心理素质和民族精神，反映了中国本原文化的哲学体系、艺术体系、造型体系和色彩体系；中国民间美学诞生于中国原始社会，在数千年的历史长河中，反映了各个历史发展阶段民族文化艺术的传承和发展，具有民族文化传统的延续性；民间美学具有鲜明的民族和地域文化特征，艺术创造所使用的工具和题材，都是就地取材。

民间文化及其美学理念与宗教文化共同影响着中国少数民族服饰的审美理念及服饰构成。

二、其他相关学科知识

民族服饰美学理念是民族心理（Ethnic Psychology）、民族宗教信仰（ethnic religion）、民族哲学世界观（World View of Ethnic Groups）、民间习俗（Folk Custom）、社会、政治观念及生存环境等内容，通过民族服饰的艺术实践展示体现出来的，主要体现在服饰的形制、色彩、图案及其象征意义中，这些象征意义因各民族宗教信仰、自然环境、社会环境、生产方式、历史发展的不同而各有千秋，由此产生了各民族相异的审美理念。

《中国民族服饰研究》指出少数民族服饰文化研究的角度应该是全方位的，包括生态学（Ecology）、历史学（History）、神话学（Mythology）、宗教学（Religion）、考古学（Archeology）、社会学（Sociology）、文化学（Culture）、现象学（Phenomenology）、符号学（Semiology）、美学（Aesthetics）等角度以及少数民族独特的世界观等内容。民族服饰文化内容在长期发展中是相对稳定的，各少数民族本着自己的民族宗教信仰及哲学世界观，在不断的求生迁徙中，选择了适合本民族生存发展的地理环境，在服饰与地理环境相协的过程中，人们对服饰的色彩、材料、形制等方面进行了有选择的挑拣，从而形成了环境、人、服装和谐统一的画面，鉴于此，民族服饰具有了地域性；另外，各民族群体不是独立存在的，必定受所处社会大环境的影响，具有相应的社会属性及因族外其他群体生活内容影响带来的异域特征；民族服饰内容跟本民族的宗教信仰及所处社会环境中的民俗内容息息相关，具有宗教、神学的特征；民族服饰文化内容中的色彩、图案及形制具有相应的民族象征意义，每一套民族服饰都可以讲述一个故事。民族服饰的审美理念除了具有服饰普遍意义上的审美法则外，更多地遵循本民族的审美理念。对民族服饰文化的研究应从全新的角度，对民族服饰文化赋予新的诠释。

（一）图腾

图腾一词来源于印第安语"Totem"，意思为"它的亲属""它的标记"。图腾与氏族的亲缘关系常常通过氏族起源神话体现出来，如鄂伦春族称公熊为"雅亚"，意为祖父，称母熊为"太帖"，意为祖母；鄂温克人称公熊为"和克（祖父）"，母熊为"恶我（祖母）"；苗、瑶、畲的盘瓠传说，匈奴狼的传说，《魏书·高车传》记载："匈奴单于生二女，姿容甚美，国人皆以为神，单于曰：'吾有此女安可配人，将以与天。'乃筑高台，置二女其上，曰'请天自迎之'。经三年，复一年，乃有一老狼，昼夜守台嗥呼。其小女曰：'吾父使我处此，欲以与天，而今狼来，或神物天使之然。'下为狼妻，而产子。后遂繁衍成国，故其人好引声长歌，又似狼嗥"；侗族传说其始祖母与一条大花蛇交配，生下一男一女，滋生繁衍成为侗族祖先。

中华民族的龙具有图腾的基本特征，它是各民族共同崇奉的图腾神。《说文解字》中解："龙，鳞虫之长，能幽能明，能大能小，能长能短，春分而登天，秋分而入渊。"传说炎帝、黄帝、尧、舜和汉高祖刘邦的诞生及其形貌，都与龙有关，是龙种、龙子。古越人也以为自己是龙种，故断发文身，以像龙子，直至今日，子孙后代还常说"龙的传人"或"龙的子孙"，这些都是图腾祖先观念的残余。至于龙图腾神的观念，更为普遍，大多数民族都曾把龙视为保护神。

纳西族崇敬牛神，把牛视为远古创世的神兽。在纳西族《东巴经·创世纪》中记述了这头在大海中巨卵孵出的神牛，角顶破天，蹄踏破地，造成天摇地动，由纳西族人始祖开天七兄弟和开地七姊妹将它杀死，用牛头祭天，牛皮祭地，肉祭泥土，骨祭石头，肋祭山岳，血祭江河，肺祭太阳，肝祭月亮，肠祭道路，尾祭树木，毛祭花草，由此，牛作为神圣物用来做祭圣物，用来做祭祀天地山川的牺牲供品。

北方游牧民和游猎民多崇拜马。保安族中流传有雪白神马的神话；满族有供奉马神的习俗，清代文献中多有祭马神仪和修建马神庙的记述；达斡尔族人称神马为"温古"，这种神马不准女人骑，可随处吃、走，不准人驱赶，甚至可以在田中随意吃秧苗。神马多为全白色，全尾全鬃，从不修剪，并常在鬃尾拴五彩绸作标志。

羊图腾在许多民族中也占有重要位置。古代典籍《山海经》中记述了远古的一种无口不食却长生不老的神羊。哈萨克族崇拜山羊神，称作"谢克谢克阿塔"，认为天下山羊都归它掌管，祭它是为了山羊的繁衍；哈萨克族崇拜的绵羊神称作"绍潘阿塔"，统管天下绵羊，祭祀中求此神保佑绵羊多产；柯尔克孜族也崇拜山羊，称山羊神为"七力潘阿塔"，此神是最早驯养野羊成为家畜之神。

蛇是古越人的重要图腾之一，后演化为神。清吴震方《岭南杂记》说："潮州有蛇神，其像冠冕南面，尊曰游天大帝，龛中皆蛇也。欲见之，庙祀必辞而后出，盘旋鼎俎间，或倒悬梁椽上，或以竹竿承之，蜿蜒纤结，不怖人变不螫人，长三尺许，苍翠可爱……凡祀神者，蛇常游其家。"江苏宜兴人将蛇分为家蛇和野蛇，分别称之为"里蛮"和"外蛮"。所谓家蛇，指生活于住宅内的一种蛇，常盘绕于梁、檐、墙缝、瓦楞、阁楼的一种无毒蛇，约三尺许，人们认为家蛇会保护人，有了家蛇，米囤里的米就会自行满出来而取不空。

图腾文化是由图腾观念衍生的种种文化现象，也是原始时代人们把图腾当作亲属、祖先或保护神之后，为了表示自己对图腾的崇敬而创造的各种文化现象，这些文化现象英语统称之为"Totemism"。图腾文化是人类历史上最古老、最奇特的文化现象之一，图腾文化的核心是图腾观念，图腾观念激发了原始人的想象力和创造力，滋生了图腾名称、图腾标志、图腾禁忌、图腾外婚、图腾仪式、图腾生育信仰、图腾化身信仰、图腾圣物、图腾圣地、图腾神话、图腾艺术等，形成了独具一格、绚丽多彩的图腾文化，主要体现在服饰、文身和舞蹈中。瑶族的五色服、狗尾衫用五色丝线或五色布装饰，以象征五彩毛狗，前襟至腰、后襟至膝下以象征狗尾；畲族的狗头帽，在畲族中，盘瓠为人身狗首形象。畲族认为其祖先为犬，名盘瓠其毛五彩。高辛帝时，犬戎犯边，国家危机。高辛帝出榜招贤，谓有能斩番王首来献者，妻以三公主。龙犬揭榜，前往敌国，乘番王不备，咬下番王首级，衔奔会国，献于高辛帝。高辛帝因其是狗，不欲将公主嫁他，正在为难之际，龙犬忽作人语："你将我放入金钟之内，七天七夜，就可以变成人形。"到了第六天，公主怕他饿死，打开金钟一看身已变成人形，尚留一头未变。于是盘瓠穿上大衣，公主戴上狗头冠。台湾土著多以蛇为图腾，有关于百步蛇为祖先化身的传说和不准捕食蛇的禁忌。其文身以百步蛇身上的三角形纹为主，后演变成各种曲线纹。广东疍户（水上居民）自称龙种，绣面文身，以像蛟龙之子，入水可免遭蛟龙之害。吐蕃奉猕猴为祖，其人将脸部文为红褐色，以模仿猴的肤色，好让猴祖认识自己。图腾舞蹈是模仿、装扮成图腾动物的活动形象而舞，如塔吉克人舞蹈作鹰飞行状，朝鲜族的鹤舞、龙舞、狮舞等。

（二）象征手法

"象征"（Symbol）一词，在希腊文中指一件物器分成两半，朋友双方各执一半，再次见面时合为一块，是表示友善的信物，后来被引申为某个观念或事物的代表。象征，"是用有形的实物表达某些抽象意念的一种手法，也是民俗事象中常见的一种表现形式"。❶ "象征"作为一种手法表现了每一个民族特定的价值观念、行为方式及民族文化心理，并将这些抽象的观念外化。象征要求形象能体现事物的本体实质，并且足以暗示出它所具有的意义。黑格尔在论象征时说，象征一方面是一种在外表形状上就可暗示某种思想内容的符号，另一方面

---

❶ 叶大兵.论象征在民俗中的表现及其意义[J].民俗研究，1994(3): 5–14, 48.

它又能暗示普遍性意义。黑格尔给象征规定了两个方面的特征，一是形象与意义的统一；二是内在精神与外在形式的统一。因此，象征不仅意味着象征物含藏着一定的意义，而且代表着意义的转换，它拥有不属于它本身内涵的某些东西。色彩作为民族文化载体的重要作用是通过象征的方式实现的。民族服饰色彩的象征表达了抽象的观念和思想感情。同时，色彩具有"表情"的属性，"有着象征事物内涵的功能"，成为"表现的手段或依据"。许多民族利用服饰的色彩来激发人的想象和情感体验，采用隐喻、暗示、联想、对比、烘托等一系列手法，来表达民族特有的价值观念、行为方式和民族文化心理。❶

服饰色彩、图案的象征意义主要起源于图腾、宗教信仰和民族审美心理及其他因素。服饰色彩、图案是具体可感的形象。民族服饰色彩的象征不仅是一种表达方式（Mode of Expression），也是一种思维方式（Mode of Thinking）和存在方式（Mode of Existence），就其本质来讲，是一种语言符号系统（Lingual Symbol System），有其能指（Signifier）和所指（Signified）、结构（Structure）和规则（Rule）。民族服饰色彩的多重意义使人类存在于其中的文化系统更为丰富和完善。如藏民族服饰"五彩色"的能指即其形式层面（Formal Level），指能够用来指述、表现和传达各种意义的服饰色彩；其所指即意义层面（Significance Level），是色彩的能指层面加以指述、表现和传达的内涵。跟其他民族服饰色彩相似，藏民族服饰"五彩色"的色相（Hue）、明度（Value）、彩度（Saturation）等，可以看作是服饰色彩的形式要素；而色彩所指述的历史、神话、传说，摹状的天象、人事、图腾，纪念的祖灵及祈求的愿望、宣泄的感情和传达的文化信息，都是服饰色彩的意义要素。对于民族服饰装饰图案，从象征手法的通则角度看，也同样具有能指和所指两个层面的意义。民族服饰装饰图案取材广泛，可以是文字、植物、动物、自然现象、自然天体、宗教器物等，表现手法可以是写实的形式，也可以是抽象的形式，跟民族服饰色彩一样，宣泄着人们的情感，传达着人们对美好生活的期望。

象征的各种形式都起源于全民族的宗教世界观。❶民族服饰色彩、图案的象征是具象色彩、图案和抽象意义之间的一种关联。从总体来讲，民族服饰色彩、图案的象征功能可分为三大类：一是功利性的（Utilitarian），包括作为图腾符号、宗教符号的色彩，它们以图腾同化的方式、宗教感悟的方式，赋予色彩、图案不同的功能，使人的心理紧张系统趋向平衡，对维持社会心理平衡，保证心理安全有实用功能；二是装饰性的（Decorative），主要是指作为审美符号的色彩和图案，体现了人们的审美理想和追求；三是标志性的（Iconic），包括作为民族符号、性别符号、年龄符号、婚恋符号、等级符号、地域符号、职业符号、季节符号等的色彩和图案。

---

❶ 黑格尔. 美学：第2卷[M].朱光潜，译.北京：商务印书馆，1979：11.

第二节 中国少数民族服饰文化内容

中国是一个统一的多民族的国家，少数民族服饰文化是构成中华传统文化的重要组成部分。除汉族外，中国的55个少数民族都有自己灿烂而悠久的传统文化和艺术，形成了稳定的五彩斑斓的中华民族服饰艺术。凝聚了各民族文化特色的少数民族服饰正是该民族文化的载体之一，反映了该民族特有的文化传统和文化心理。研究、解析、理解民族服饰文化现象，是在任何时代中继承、发扬和应用民族元素进行服饰艺术实践活动的前提条件。此节内容，将对中国部分少数民族服饰文化内容及审美特征进行分析，分析时，除重点介绍该民族服饰内容外，还介绍了跟民族服饰内容相关的民族基本发展概况、人口分布、居住环境、宗教信仰、风俗习惯、节日庆祝等。

一、彝族

（一）彝族概况

彝族是一个古老的民族，两千多年前彝族人民就劳作生息在四川安宁河、金沙江两岸和云南滇池一带。据2010年第六次全国人口普查，全国彝族总人口达到871.4393万人，总人口位居第七位。现大多分布在四川、云南、贵州等省和广西壮族自治区，其中四川凉山彝族自治州是最大的彝族聚居区。凉山历史悠久，远在秦汉时期，中央王朝就在此设置郡县。凉山彝族自治州位于四川省西南部，境内地貌复杂多样，地势西北高东南低。属于亚热带季风气候。大部分地区四季不分明，干温季明显，冬暖夏凉。素有"一山有四季，十里不同天"的气候特征。凉山彝族原为游猎民族，大多生活在较原始的高山峻岭中，其经济形态是农、林、牧并举，现在多以农耕和游牧为主，生活方式原始自然。他们有自己的原始宗教和民间信仰、本族崇拜，传承和保留了我国彝族最古朴、浓郁而独特的服饰文化。

凉山彝族是一个多节日民族，常年沐浴在节日的欢乐之中。很多节日源于对祖先的祭祀、对英雄的纪念和对未来的祝颂。一年四季除了一般的选美节、牧羊节、尝新节，最盛大的就是"彝族年"和火把节。彝族年，相当于汉族的春节，一般在秋收后彝历兔月（农历十月）。火把节最初是彝族先民用火把驱虫辟邪、期盼丰收的民间习俗，后逐渐演变成今天的民间文化节日。火把节前家家户户要准备猪、牛、羊、鸡等美食，还要赶制家人过节穿的服饰。火把节历时三天，按照习俗火把节当晚人们要在晚饭后举行点火仪式，然后全寨的人手持火把到田野山坡上耍火把，穿着传统盛装的彝族青年男女手拉着手围着篝火跳"锅庄舞""踢踏舞"。

彝族有本民族的语言文字。广西彝族使用彝语，多数兼通汉语，也懂附近民族语言，如苗语、壮语等。

（二）彝族服饰文化

由于彝族居住的生态环境复杂，经济水平差异大，其服饰受社会、环境、文化的影响各有不同，在服装款式、质地、色彩、纹样上，形成了鲜明的地域特征。根据我国彝族地域分布、支系状态、语言及各地服饰的特点，可将彝族服饰分为凉山、乌蒙山、红河、滇东南、滇西、楚雄六大类型。每一类型中又有几十种款式，每一款式都具独特的穿戴方式和艺术特色。

1. **凉山彝族服饰** 凉山彝族主要居住于四川省的大凉山、小凉山区域，其服饰凝聚了质朴、厚重、宽博以及真与美的本质。独特的地理和气候特征造就了衫、罩衣、半袖、背心等多款式组合搭配，并有察尔瓦、披毡等一衣多穿的服饰特点。服饰种类繁多，款式和纹样独具特色，异彩纷呈。男性服饰凝重大方；女性服饰色彩斑斓、图案生动，工艺细致而手法多样；儿童服饰明快活泼；老年服饰古朴、凝重、宽松。

凉山彝族服饰随地域、生态、方言的不同而各具特色。在服装款式上按三个方言区大致可分为：以昭觉（图3-1、图3-2）、美姑为代表的依诺方言区，以布拖（图3-3、图3-4）、普格为代表的所地方言区，以越西、盐源、喜得为代表的圣扎方言区。这三个方言区的服饰既有共同特征，也有其各自的特色。其中，共同特征有三个方面。

图3-1 昭觉妇女

图3-2 半袖平面结构图

图3-3 穿线纳无袖坎肩的布拖女子

图3-4 穿布拖小脚裤的男子

图片来源：苏小燕. 凉山彝族服饰文化与工艺，中国纺织出版社

第一，以右为尊的服饰观念。受儒家思想以右为贵的影响，所以着衣必须是右衽。所谓右衽，就是胸前左边衣襟压在右边衣襟上，门襟朝右开。凉山彝族无论男女上衣皆大襟右衽，是承袭中华古装遗风的体现，同时也说明了彝族服饰文化与汉族传统服饰文化有着长久的渊源。

第二，男女老少皆穿百褶裙。凉山百褶裙外形呈喇叭状，裙长及地。在色彩方面，青年女子多用饱和色彩搭配，如大红、桃红、草绿、中黄、黑色等。中老年妇女则多选用比较深沉的冷色调组合，如蓝、黑、枣红、深红、橄榄绿等。制作裙子的材料有棉布、手织平纹羊毛布、麻、丝和化纤面料。行走时百褶四散、褶皱闪动、轻盈飘逸、美观大方。

第三，采用独立于衣身的立领设计，凉山彝族无论男装女装均为立领。而女装领的独特之处在于领与衣身是分开的独立结构，可随时取下，另行搭配。衣领高约5~7厘米，领面用挑花、贴花、刺绣等绣花工艺装饰，图案大多为二方连续纹样。有些领面上还缀有银泡、银片。领口钉有硕大的长方形领牌和花型领扣，材质多为银。既起到保暖作用，又将女性颈部修饰得更修长秀美。

凉山彝族三大方言地区服饰也各有特色。

（1）依诺方言地区：俗称"大裤脚"地区，男子以裤脚宽大为特点，其宽度达170厘米，观之如裙。男子穿上后尤为粗犷英武。男装上衣紧身窄袖，无领或矮领，布料多为黑色或蓝色。其袖口、门襟均有纹饰，喜用"马齿牙"镶嵌装饰。女子传统上衣主要有右衽长袖衫、右衽半袖罩衣、无领直门襟背心等搭配组合。多着百褶裙，裙子分为5节，下面3节有褶裥，最上节为裙腰，第2节为筒装，裙长100厘米左右，裙摆甚为宽大。裙腰上挂一三角形荷包用于装针线等小物品，下端垂吊工艺复杂的剑形飘带。

（2）所地方言地区：因裤脚小而称为"小裤脚"地区，即男子以裤脚窄小为特点，仅10~15厘米宽。该方言区布拖县是彝族传统文化保存最完整的地方，也是传统服饰文化保存最为完整的地方，是彝族火把节的发祥地之一，是彝族服饰的"银饰之乡"。男子上衣为棉质紧身单衣，以短为美，约40厘米，长不过脐，以不掩腰为美，高腰、窄袖口。面料颜色多为黑和深蓝色。在前襟、底摆、袖口等处用缝纫机机绣波浪纹、菱形等二方连续纹样，且纹样不突出，又以素色绣线为主，故更显庄重、朴素、神秘、高贵。男子下装为小裤脚裤子，小到只能将脚勉强伸过，裤裆宽而深，裤腰大，形如马裤。喜用垂感强而柔软的金丝绒面料，线条分明，款式潇洒方便，充分展现男性自然美，充分体现了服装的审美和实用功能的完美结合。女子上衣主要为内穿过膝长衫，外罩半袖大襟短衣，披毛毡坎肩。过膝长衫一般至膝盖上下，短可齐胯，长可过膝。宽衣窄袖，以蓝色丝绒面料为上乘，也有绸缎、斜纹、毛呢布料。在门襟、项背、袖口处镶贴宽窄青布条或加镶红、黄牙条和花边，用中式盘扣开合。半袖罩衣袖长到肘部，袖子宽肥，衣长不过臀，短至肚脐。门襟有大襟和蝴蝶襟，门襟右衽。下着百褶裙，穿起来裙褶四散，潇洒而俏美，更显女性婀娜体态。

（3）圣扎方言地区：俗称"中裤脚"地区，即男子所着长裤裤脚宽约60~100厘米。青年男子外衣紧身窄袖，两侧开衩，矮颈，环门襟、肩、袖臂、侧摆、前摆多以色布折叠成"鸡冠齿"镶嵌成立体感较强的装饰线数道，在外层再用蓝或绿色斜布条盘成窗格纹。女子内穿过臀中长衣，外罩无袖右衽背心。青年女子衣长至大腿，窄袖口，两侧开衩，底摆为圆弧形。前门襟纹样造型有两道弧。衣料多用深蓝、黑、绿等斜纹或毛呢布料。右衽背心，两侧开衩，中式盘扣，布料均为黑色或深色毛呢，偏冷而统一的色调颇显端庄而不失风韵。

凉山彝族女性头衣，在其一生中要更替多次（图3-5）。特定的头衣标志着不同年龄阶段、不同身份。横向从类型上可分为头巾、头帕、帽。纵向按年龄阶段可分为儿童戴鸡冠帽，少女顶"头帕"，结婚生育后的妇女戴荷叶帽或缠头巾。男性成年后用深蓝或黑色棉布包头称"英雄结"（图3-6）。

图3-5 盐源地区老年妇女服饰　　图3-6 戴英雄结的越西彝族男子

凉山彝族在过去等级森严、贫富差距悬殊，以黑为贵，喜红爱黄。纹样的应用也十分广泛且丰富，多选用蕨岌纹、火镰纹、太阳花等植物类花纹，窗格纹、石阶纹等器物类花纹，也有蟹纹、羊角纹等动物类纹样以及日月纹、波浪纹等集合类纹样，这些造型独特的纹样是彝族人对自然美的诠释，充满了他们的生命的光辉，且代代相传，成了彝族服饰文化的代表性符号，具有深远的象征意义。

2. **乌蒙山彝族服饰**　乌蒙山彝族主要处在黔、滇、川的乌蒙山地区及广西的隆西地区。早期该地区的服饰形制与凉山彝族差别不大，至明清时，随着贸易往来的频繁，不同文化的交织，其服饰形制产生了很大的变化。

乌蒙山彝族男子服饰以黑色或青蓝色为主色，着大襟右衽长衫、长裤，服装上无花纹，简单朴实，头缠黑色或白色的头帕，系白腰带，外出时要披羊毛披毡。女子服装在盘肩、领口、襟边、下摆等处均有花饰，是这一地区女子服饰的共同特点。

聚居于贵州省的威宁（图3-7、图3-8）、毕节、六盘水，云南省的昭通、镇远、宜良，四川省的叙永、古蔺等地区的彝族女子头上包缠黑色或白色的头帕，其形如圆盘，以绣有火镰纹和日月纹的花带交叉于包头之上，在额上饰以银勒子。着黑色或蓝色右衽大襟长衫，下

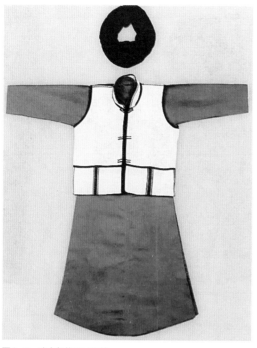

图3-7 威宁彝族男子服饰

图3-8 威宁彝族女子盛装

图片来源：中国织绣服饰全集编辑委员会．中国织绣服饰全集5 少数民族服饰卷（上），天津人民美术出版社

着长裤，腰带为白色，长衫的领口、袖口、门襟、下摆、裤口处均有彩绣纹样。聚居于广西壮族自治区隆林一带的彝族女子服饰相对简单，包白头帕，系黑围腰，花纹较少，整体较为朴素。

3. 红河彝族服饰 红河彝族主要指云南省南部红河流域的彝族聚居区。男子上穿黑色或青蓝色对襟外衣，立领，衣长较短，下穿宽脚打褶裤。女子大多着长衫，外套坎肩，着长裤，系围腰，服装上多饰银，特别是头饰用银泡、彩色绒线做装饰，整体华贵艳丽。

元阳、新平、红河、金平、绿春、墨江地区女子服饰多用艳丽的大红、桃红、湖蓝、翠绿等高对比色，以银泡、银链做装饰。服装通常为两件衣，袖子内长外短，长袖绣花，内衣大襟开衩。金平地区的女子还着绣花坎肩，束大腰带，带头上用银泡嵌花，并将长衫的后摆系在腰上露出腰带头，这一装束被称为"尾巴"。镶有银泡的坎肩是这地区女子们的钟爱，长裤往往是黑色再拼接以两块蓝色，在红河与绿春交界的地区，女子们的黑色长衫上会在托肩、袖口处补绣简练的龙纹图案。

石屏（图3-9）、峨山、蒙自（图3-10）、个旧、开远、屏边（图3-11）、金平、元阳地区的彝族女装以红色为主，绿色、蓝色为点缀色，衣裤都要用两种以上的色彩拼接而成，色彩极为醒目，这一带的服装形式为大襟、窄袖，外罩对襟坎肩，在托肩、袖口、后背、衽襟、下摆和裤口处都运用绣花、挑绣、银泡等做装饰，特别是腰部，故石屏、峨山的彝族又

图3-9　石屏式彝族妇女盛装

图3-10　蒙自市彝族女装

图3-11　屏边县彝族女盛装

图片来源：中国织绣服饰全集编辑委员会. 中国织绣服饰全集5 少数民族服饰卷（上），天津人民美术出版社

被称为"花腰彝"，不仅腰带上有精美的绣花，且腰带头上宽大地绣满各色花样垂于臀部，成为整款服饰的视觉重点。

　　这一带的女子服饰中对于"万物有灵，多神崇拜"的体现尤为明显，帽顶用红黑两色拼接，搭于前额的部分绣有两组马缨花，且用深浅交替的蓝色、绿色、粉红色布条拼就成"彩虹"色感，领围处补绣"太阳花"，年轻女子胸前戴大银盘"火拔母"，意为"月亮"，两侧是银的"阿奴兜"，后背用绣花或是彩条布装饰，意为彩虹。所着长衫的后摆、肩膀头、袖口都补绣有火焰纹。

　　4. 滇东南彝族服饰　滇东南彝族主要指云南省的广南、富宁、马关、麻栗坡、弥勒、开远、师宗及广西壮族自治区的那坡（图3-12）等地区的彝族聚居区。这一地区较为独特的是居于滇南的文山、西畴、麻栗坡、富宁及广西的那坡等地区的男子盛装，这种服装用蜡染的手法处理出极其细腻的几何纹样，由三件配套而成。这三件套的最内层是对襟长袖衣，中间为半袖衣，最外层为坎肩，形成内长外短的形式，并在两侧和后襟处开高衩，头上包缠一种方格头帕，再系以花腰带，这种盛装也是女子在结婚时送给男子的信物。

　　马关地区的彝族男子也是穿这种蜡染上衣，但形式略

图3-12　那坡县男子服饰

有不同，没有外层的坎肩，只有内外两件套，且纹样主要集中在托肩、对襟、衽边、袖口及下摆处，不再是全部都染出纹样，且以深蓝色代替。路南、弥勒、丘北、昆明等地区的男子着火草布、麻布做的对襟上衣，外套坎肩。

滇东南地区由于处于边陲地区，所以还保留了的贯头衣方袖款式的服装，但也只在节日或重要仪式时穿着。平日女子多穿右襟或对襟上衣，下着长裤，也有个别地区着裙子。图3-13为云南石林县女子服饰，图3-14为弥勒式女子服饰，图3-15为弥勒彝族新娘服饰。

路南、弥勒、丘北、昆明等地区的彝族女子服饰较为朴实，色彩以白、浅蓝为多，大襟衣前短后长，着中长裤，系腰裙加背披。路南石林、圭山、弥勒地区的彝族属撒尼支系，这一地区的女子头戴布箍，未婚女子的头箍在双耳部上下各有一对三角形的绣花布片，脑后吊一串珠再垂于胸前，布箍的色彩以红、白、黑相间而成，意喻彩虹；已婚女子在双耳部无三角绣片，头箍为黑色，饰少量花饰，背上斜挎背披，背披为长方形羊皮制成。弥勒西山区女子的头箍为梯形，束发压于背后。

弥勒地区有一部分彝族是在元、明时期由昭通迁至此地的，因此其服饰风格比较独特，是随年龄而变化的。幼年时穿花衣，戴绣花长尾帽并加饰白羽毛；少年时，戴露发帽，着深色衣镶花边；成年未婚者戴镶银泡的盘帽，着蓝色镶边短衣，外套坎肩，系镶边围裙。"大黑彝"的女子在盛装时戴一种錾花银箍，银箍上有镂空的房宇、花卉等纹样，非常细腻，帽顶用黑布镶八角形银片及三角形银片衬托的里布，整体看来像高贵的皇冠，特别是与精致的绣衣相配更是华丽无比。滇南的文山、西畴、麻栗坡、富宁及广西的那坡等地区的彝族女子

 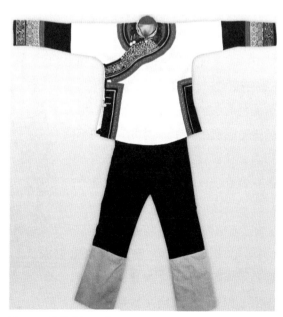 

图3-13　云南石林县女子服饰　　图3-14　弥勒式女子服饰　　　　　　　　图3-15　弥勒彝族新娘服饰

图片来源：中国织绣服饰全集编辑委员会. 中国织绣服饰全集 3 少数民族服饰卷（上），天津人民美术出版社

的服装多用蜡染及补花工艺，上衣对襟织花，在托肩、衽边、下摆、袖口处都以织锦和蜡染做边饰，下着蜡染裙分四截，每截都镶有三角形的五彩色布，所有蜡染纹样都极为精致，令人叹为观止。在节日盛典时，一些德高望重的老年妇人要着"龙婆衣"来主持祭祀，所谓"龙婆衣"是一种贯头式的服装，款式和色彩都很夸张，体现出一种古朴的神秘气息。

广西那坡地区的彝族女子在盛装时着古老的贯头衣，这种贯头衣在前胸后背处都以蜡染的形式制成日月星辰图，衣袖下摆以红色、蓝色、黑色布镶成，并绣有各种几何纹。这种服装图案被称为"龙凤图"，带有祈求如意吉祥、驱鬼辟邪的意思。腰部要带织锦腰环，这是源于古代的一个传说，相传在古代，彝族女子英勇善战，打仗时以铁皮腰环护身，后来彝族妇女以此作为一种吉祥物和护身符而流传至今。重大节日时，女子们要重叠穿这种贯头衣，并以多为美、为富。

5. **滇西彝族服饰** 镇西是古代南诏的发祥地，服饰习俗较为古老，至今仍保留着披带尾的羊皮褂的习俗。滇西彝族主要是指居住在云南省西部的哀牢山、无量山区及大理等地区的彝族同胞。滇西彝族男子传统服饰着右衽大襟长衫，裤脚较宽，腰系布带或皮肚兜，头包青帕。

巍山（图3-16）、弥渡、南涧及大理的部分地区彝族女子包黑色高筒头帕，上缠红带子，所着大襟衣为前短后长形，外套半臂形大襟短衣，色彩以红绿做对比，下着长裤。未婚女子系的围腰带有绣花，已婚女子则只围黑色围腰，臀部垂有绣花腰带，斜挎黑色布包。巍山个别地区的女子喜欢佩戴一种直径约30厘米的圆形毡裹褙。裹褙上绣有黑线和彩线的两个圆形和两个长方形，形似蜘蛛或眼睛，也有的地区绣花草纹。这一地区的少女喜戴黑色的鱼尾帽，帽上装饰有彩穗和银泡。妇女所系腰带带有彩穗飘带。剑川一带的彝族女子穿白色的长袖衣，外套对襟坎肩，下着三截百褶长裙，裙右侧有挑花麝香袋，与凉山彝族的服饰有类同之处。

景东、景谷、南华、临沧及保山地区的彝族女子喜欢将头发做成椎髻再包以黑色头帕，盛装时要戴缀满银泡的头饰，脑后再垂数条色彩斑斓的长带。穿桃红色或是绿色的上衣，围腰为黑底绣花。景谷一带的彝族女子喜着蓝色、青色上衣，用黑布在托肩、襟边处补绣几何纹样，头部包彩色的毛巾，也有女子戴

图3-16　巍山县女子婚服

"勒子"，勒子上饰有银花，已婚妇女则包黑色头帕。

6. **楚雄彝族服饰** 这一地区是彝族支系最多、最集中的地区，也是保留传统服饰文化较多的地区。这里既保留传统的"不分男女，具披羊皮""衣火草衣"以及着贯头衣、穿裙的古俗，也有着大襟衣、长裤的形式。

楚雄地区的彝族服饰可再从地域上分为三种形式，即龙川江式、大姚式、武定式。

龙川江地区主要是指龙川江流域的牟定、楚雄（图3-17）、南华、双柏等地区，这一地区的男子服饰为短衣长裤，有的男子喜着带有些许绣花的上衣。特别值得一提的是这一地区的男子喜带一种绣花肚兜，是妻子赠予丈夫的心爱之物，此种绣花肚兜为黑底彩绣，面料多为绸缎，绣工极为精巧，以体现妻子深情，纹样典雅而古朴，非常漂亮。盛装时，男子要将其挂于胸前，系于腰间，肚兜上有开口，可放置钱币、小物件，既美观又实用。

图3-17 云南楚雄彝族山草衣

大姚地区主要是指楚雄北部的大姚、姚安、永仁等地区。马缨花纹样是这一地区服饰中常见的纹样，男子着对襟上衣，在左上方的口袋绣有马缨花的纹样。下面的两个口袋则绣有虎纹，以示对虎的崇拜。

武定地区主要是指武定（图3-18、图3-19）、禄丰、永仁、元谋，昆明市的禄劝、富民以及曲靖的寻甸等地区，男子上衣宽但衣长较短，对襟、无扣，多是用自产自染的青色毛布作为面料缝制而成，下装为白色麻布长裤，裤脚宽约60厘米，头上缠有青

图3-18 武定式彝族男坎肩和长裤

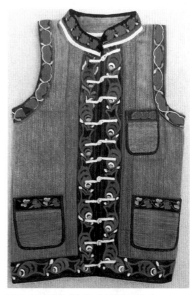

图3-19 武定式彝族"火草"男坎肩

图片来源：中国织绣服饰全集编辑委员会. 中国织绣服饰全集5 少数民族服饰卷（上），天津人民美术出版社

色头帕，外出时，披无扣的对襟麻布长衫。

楚雄彝族女子喜扎围腰，围腰制作格外精美，绣花从边缘至中心要有五六层，层层深入，一层比一层美丽，深浅对比，黄蓝衬托，虚实相映，整体感觉明快绚烂。这地区女子的发式也较为特别，非常精巧，先挽髻于脑后，髻上缠五彩线，再插上悬珠和银簪、银蝴蝶等饰物，最后再用数丈长的黑布缠成直径近30厘米的大圆盘形，圆盘四周饰以银须、绢花、银花，黑色与亮彩色的相互衬托，使得整个头饰看来美艳夺目。老年妇女相对朴实，只包黑头帕，系花围腰，还保留了披羊皮披肩的旧习。

楚雄北部的大姚、姚安、永仁等地区的女子上衣喜用红色、蓝色、黄色作为服饰色彩，还要镶以黑色、黄色、红色的花边，颜色非常艳丽，形式多为大襟或对襟衣，下为长裤或是长裙。大姚桂花女装是一种"虎纹衣"，这是一种在衣服上绣补了红色、黄色和少量绿色花布的服装，上衣为竖纹，裙子是横条纹，底色均为黑色。这种"虎纹衣"体现了当地人对黑虎的崇拜。大姚县华山一带的彝族女子有一节日称为"赛装节"，节日这天，女子们要从头到脚打扮得花枝招展，服饰上绣有艳丽的挑花刺绣，特别是头饰和围腰绣满了马缨花，整体服饰看起来缤纷多彩。

武定、禄丰、永仁、元谋、禄劝及寻甸地区的彝族女子在盛装时衣服上的绣花也很丰富（图3-20、图3-21），有的地方还要在托肩、下摆等处加饰丝穗和银穗，绣工都非常精巧。禄劝地区的彝族女子会将补绣、平针绣、钉金绣等绣法用于服装围腰，特别是在背带上绣有各种精美的花、鸟、鱼、蝶的图案，可谓美不胜收。这部分地区的女子喜戴绣花帽，但又各有不同，如武定的鹦嘴帽，元谋的樱花帽，禄丰的蝴蝶帽，永仁的鸡冠帽，禄劝和武定的女子所戴的是红毛绒帽，这些帽式成为区别不同地区彝族的重要标识。此外，寻甸、禄劝、师

图3-20　云南武定彝族妇女盛装　　　　　　　　　　图3-21　云南寻甸县彝族女服

图片来源：中国织绣服饰全集编辑委员会编．中国织绣服饰全集5 少数民族服饰卷（上），天津人民美术出版社

宗地区的彝族又被称为"白彝"，这部分地区的女子穿白色绣花的贯头衣，其盛装是在内里着无扣的彩袖短衣，外层套黑色的对襟坎肩，亦无扣，下着细褶裙，细褶裙分为"红、蓝、白"三层。

（三）彝族元素在现代服装设计中的运用

彝族服饰已有千年的历史，但现在对彝族传统服饰的需求越来越少，除了隆重活动外，彝人日常生活完全脱离彝族服饰。

2016北京国际时装周上，"楚雄彝族特色服装展示暨马艳丽高级服装定制2017作品发布会"以丰富的彝绣元素和引领时尚的设计惊艳亮相，获得了各界一致好评。本次大秀作品灵感来源于云南楚雄彝族自治州的传统节日"赛装节"，从内在来表达一种潜在的精神力量，执着、隐忍、淳朴、热情，就像是彝族人的灵魂，打造了一次传统和时尚完美融合的视觉盛宴，从古老的彝绣当中提炼出最具特色的图案及元素通过激光切割等现代工艺将传统的刺绣赋予新的活力，这样不仅体现了一种坚持自我的情怀，同时也是对传统艺术的致敬。这些作品并没有大面积采用彝绣，但是色泽、造型等细节都处处闪动着彝绣的身影（图3-22）。

图3-22 楚雄彝族特色服装展示暨马艳丽高级服装定制作品

二、苗族

（一）苗族概况

苗族是中华大地上最古老的民族，据记载已有五千多年的历史。苗族的先祖可追溯到原始社会时代中原地区的蚩尤部落。由于历史和生产生活环境的原因，苗族地区经济较落后，以农业为主，以狩猎为辅。战争和历史等原因，使苗族四处迁徙奔流，直到中华人民共和国成立，苗族才过上安定生活，苗族地区的经济、纺织业、旅游业有了空前的发展。

苗族大多居住于中国南部山区，如湘黔川边的武陵山，黔东南的苗岭、月亮山，黔南的大小麻山，广西的大苗山，滇黔边的乌蒙山等。苗族生活在高山山顶地带或石山区，气候温和，山环水绕，大小田坝点缀其间。苗族是云南少数民族中人口较多的民族之一，在2010年的人口普查中，苗族总人口为9426007人，主要分布在贵州、湖南、云南、湖北、海南、广西壮族自治区等地区，社会生活狭窄，在封闭的空间里从事着"刀耕火种"的农业；苗族生存环境及频繁的迁徙，体现了苗族各自相对独立的多元文化格局。

苗族是一个能歌善舞的民族。服饰伴随民间的歌舞融合着苗族的历史，生动地反映出苗族人民的生活。苗族的歌舞，富有古朴、粗犷的风格，表达了他们真挚、淳朴的思想情操及民间艺术的真、善、美。

苗族的主要信仰有自然崇拜、图腾崇拜、祖先崇拜等原始宗教形式。自近代以来，随着西方宗教文化的影响，一些苗族信仰基督教、天主教。苗族信仰佛教、道教较少，大多数苗族人虔信巫术。自然崇拜中，苗族人认为一些巨型或奇形的自然物是灵性的体现，因而对其顶礼膜拜，酒肉祭供，其中比较典型的自然崇拜物有巨石（怪石）、岩洞、大树、山林等。图腾崇拜中，东部地区许多苗族与瑶族共同崇拜盘瓠（一种神犬），在"神母犬父"故事中，把盘瓠视为自己的始祖。中部地区一些苗族认为他们的始祖起源于枫木树心，因而把枫树视为图腾。另有一些地区的苗族以水牛、竹子等为自己的图腾崇拜对象，龙也是各地苗族的崇拜和祭祀对象。祖先崇拜，在苗族社会中占有十分重要的位置。他们认为祖先虽然死去，其灵魂却永远与子孙同在，逢年过节必以酒肉供奉，甚至日常饮食也要随时敬奉祖先。

（二）苗族服饰文化

苗族早先生活在荒山僻野中，过着与世隔绝的生活，由于不定居，苗族传统的纺织业处于中断状态，为适应游猎时期的生活，用于遮风避雨且御寒的衣饰用料只能因地制宜，充分利用山箐中的自然资源。服装制作原料多为柔软、结实、不易折断的树叶、树皮及葛麻等。随着居住环境逐步趋于稳定，人们用于制作服装的用料也随之发生变化。人们从游猎、游耕向定居转化时，棕衣起到了承上启下的作用。随着历史的发展、居住环境的固定，麻文化又重新回到苗族的社会生活中。从历史到现实不难看出，经济基础的变革与服饰文化的发展，是密切联系在一起的，也就是说，经济的发展对服饰的更新起到了保证作用。随着社会的发展变化，人们对服饰文化的审美能力也在不断提高。过去的服装主要具备保暖、遮羞、护体的功能。现在，除具备原有的功能外，还必须具备审美的价值。

苗族服饰作为苗族形象标志之一，保持着自己的独特风格，其基本特点是，男子服装，或短装衣裤，或大襟长衫；女子的服装共同点是头上戴帽或用布包头，足穿绣花鞋，都佩戴银饰等。苗族分布较广，支系众多，服饰有明显的地域差异，省与省，县与县，甚至寨与寨之间也不相同，样式主要分为五种，黔东南型、湘西型、川黔滇型、黔中南型以及海南型这五大类别和若干款式。

1. 黔东南地区 主要流行于贵州黔东南苗族侗族自治州的16个县市和都匀、荔波、三都、兴仁、安顺，广西融水、三江等地的黔东南方言区域。

图3-23 穿大襟长衫的黔东南男子

男装：多为青色土布衣裤。上装一般为左衽上衣、对襟上衣或大襟长衫三类；下装一般为长裤，扎腰带，长巾缠头（图3-23）。

女装：上穿交领右衽、长袖半体衣；或对襟无扣、长袖、大领短上衣。襟、袖都镶花边或全衣满绣花纹。下穿百褶裙，长短有3类——长至脚面、中至膝下、短及大腿中部。系围腰、裹绑腿、植物图案点缀、多银饰。其基本特点是冷色的青、蓝、白底色，头包青布帕和青丝帕，身穿青蓝布衣或麻衫，裤子是青蓝布加白布裤腰，鞋子是青面白底。冬天缠一对青蓝布裹腿。老人喜欢穿白布袜子。妇女则喜缠白布裹脚，未出嫁的姑娘家也多用青蓝色绒线作头绳。今天的黔东南苗族服饰色彩，少者数色，颜色鲜明强烈，多者近十色，色彩丰富而有序，主次分明，给人瑰丽之感（图3-24~图3-26）。

图3-24 盛装的黔东南女子

图3-25 盛装出嫁的小黄侗寨姑娘

图3-26 黔东南苗族妇女

生活在黔东南的大唐新桥、西江千户、榕江空申的"短裙苗",无论春夏秋冬其女子穿的短裙仅有10厘米长。一般身穿大襟上衣,下穿百褶短裙,扎绑腿。领口、袖口、下摆和绑腿都是姑娘们自己绣制的彩锦,项上戴着粗大的银环。

2. **湘西型** 流行于湖南湘西州及湘、黔、川、鄂四省交界一带。这一带的苗族在历史上同汉族来往比较频繁,男女服饰变化较大。自清代雍正年间"改土归流"之后,服饰与当地汉族已大致相同(图3-27)。

男子穿对襟短衣、长裤,缠头帕,打绑腿。妇女上穿圆领大襟右衽宽袖衣,下穿宽脚裤,系绣花围裙。衣襟、袖口、裤脚均饰有花边,花纹多为折枝花鸟。天寒时,在衣外套坎肩,包头帕。节日时,妇女喜戴银饰。

3. **川黔滇型** 流行于川、黔、滇、桂等省区的苗族地区。男子穿对襟或者大襟长衫,佩戴绣花披领。女子上穿圆领、长袖、对襟短衣或右衽大襟上衣,左襟下部斜裹至右边,袖口镶宽花布。下穿蜡染或青色褶裙(图3-28)。系围腰,腰后垂挑花飘带,带上绣花,银饰较少(图3-29)。黔西北和滇东北一带,不论男女皆缀以织花披肩,大者形同斗笠(图3-30)。

图3-27 湖南凤凰湘西苗大襟绣花女上衣

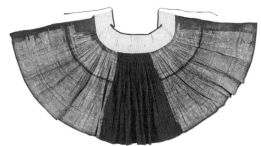

图3-28 贵州黔西定新苗族蜡染百褶裙

图片来源:北京服装学院民族服饰博物馆藏

图3-29 四川苗族布贴挑花蜡染百褶裙

图3-30 贵州威宁县一带苗族盛装

4. **黔中南型** 主要流行于贵阳、龙里、贵定、惠水、平坝、安顺、平塘、罗甸，云南的丘北、文山、麻栗和广西隆林等地的黔中南方言区域。

男子多穿大襟长衫，束腰带，着长裤。女子上装多穿大领对襟衣或交领对襟衣，下装穿中长百褶裙，包头帕或头巾。衣裙多数是黑色、白色、蓝色挑花、刺绣、蜡染风格，多层衣脚，披带、背牌等配件绣制极为精细，颇有特色。

5. **海南型** 主要流行于海南省，因海南地处亚热带，长夏无冬，苗族服饰没有季节之分。男子上衣分有领胸开对襟短衣和无领大襟衣两种，下穿长裤，束腰带，头裹头巾。女子受当地黎族服饰的影响，苗族女装以黑红色为主，纹饰较少。上装多为青布衫，下装为蜡染布筒裙，束发，包头巾，盖绣花边的尖角头帕或黑布尖顶帽（图3–31）。

图3-31 海南苗族服装

百褶裙是苗家姑娘的最爱，一条裙子上的褶有500多个，且层数很多，有的多达三四十层。这些裙子从纺织布到漂染缝制，一直到最后绘图绣花，都是姑娘们自己独立完成，再加上亲手刺绣的花腰带，花胸兜。苗族妇女的百褶裙，其裙边和裙腰一般都有两厘米宽的蜡染几何纹，间为白地，白地上有回环绳辫及平行线段。中间三条布条分别代表黄河、平原和长江，白地象征天空。苗族的百褶裙可分为长、中、短三种。长裙及脚面，中裙过膝，短裙不及膝。

苗族女性的普通装束。女便装上装一般为右衽上装和无领胸前交叉式上装两类。质地一般为家织布、灯芯绒、平绒、织贡尼、土林布等，颜色一般为青、蓝等色。女盛装一般下装百褶裙，上装着缀满银片、银泡、银花的大领，胸前交叉式"乌摆"或精镶花边的右衽上衣，外罩缎质绣花或挑花围腰。"乌摆"全身镶挑花花块，沿托肩处镶菱形挑花花块，无纽扣，以布带、围腰带等束之。头戴银冠、银花或银角。盛装颜色为红、黄、绿等暖调色。

苗族银饰可分头饰、颈饰、胸饰、手饰、盛装饰和童帽饰等，都是由苗族男性银铁匠精心做成，苗族银饰的种类较多，从头到脚，无处不饰。除头饰、胸颈饰、手饰、衣饰、背饰、腰坠饰外，个别地方还有脚饰。苗族的银饰讲究以大为美、以重为美、以多为美。银锁是苗族银装中的主要饰物，苗族姑娘胸前大都佩戴着硕大的银锁。银匠在压制出的浮雕式纹样上錾出细部，纹样有龙、双狮、鱼、蝴蝶、绣球、花草等。银锁下沿垂有银链、银片、银铃等。银锁又有"长命锁""银压领"等名称，苗族姑娘从小就佩戴，意在祈求平安吉祥，直到出嫁后方可取下（图3–32）。

苗族服装遍施图案，刺绣、挑花、蜡染、编织、镶衬等多种方式并用，做工十分考究。从刺绣图案中可以寻出苗族的历史和象征意蕴，可谓是"有意味的形式"，如文山"花苗"，在其黑色圆领斜襟窄袖衣的领边、袖肘绣有红、黄、蓝、白等花纹，纹路多呈花状、江水状，这些花纹象征着苗族祖先所居之地；红、绿波浪花纹代表江河，大花代表京城，交错纹代表田埂，花点代表谷穗。禄劝、武定、安宁一带的大花苗爱披加花披肩，上绣三道方形图案，与苗族古歌上"格蚩尤老练兵场广花三道"的说法相符，象征古代的练兵场和令旗，披肩两头的花纹代表过去京城的城市和街道……这些服饰的来由，多与上古九黎

图3-32　苗族银饰

三苗与黄帝逐鹿中原，战败后从黄河流域退到长江，又退到云贵高原的历史有关。因而，苗族的衣装图案不可以随心所欲地织绣，什么地方饰什么图案，什么图案表示什么，什么身份年龄的人该饰什么图案，都有严格的规定（图3-33、图3-34）。

图3-33　20世纪50年代贵州丹寨雅灰苗族女服

图3-34　贵州西江式苗族龙戏珠图案刺绣衣袖饰

苗族刺绣的题材选择虽然丰富，但较固定，有龙、鸟、鱼、铜鼓、花卉、蝴蝶，还有反映苗族历史的画面。苗族刺绣技法有14类，即平绣、挑花、堆绣、锁绣、贴布绣、打籽绣、破线绣、钉线绣、绉绣、辫绣、缠绣、马尾绣、锡绣、蚕丝绣。这些技法中又分若干的针法，如锁绣就有双针锁和单针锁，破线绣有破粗线和破细线。苗族的刺绣工艺独树一帜，从苗族附属的装饰部位看主要是集中在衣背、衣袖、袖肘拐、衣肩、衣领、衣边、背扇、围腰、裙缘等处。苗族喜爱刺绣就像喜爱唱歌一样，几乎视若生命的一部分。苗族刺绣工艺中

的平绒绣，采用欠针法区别色相使花纹浓淡相宜，花叶阴阳有别，达到了以假乱真的效果。苗族挑花刺绣用剪纸做底样，也有的信手绣出。其中，反映历史的绣片有："骏马飞渡"图案，代表迁徙；"江河波涛"图案中两条白色横带，代表长江、黄河，带中细小的星点代表花草和山坡，象征着苗族经过千辛万苦迁徙到西南山区。此外，背牌以刺绣工艺为主，纹样为回环式方形纹，像一座城池的平面图，代表着苗族祖先曾经拥有过的城市。

红绣与其他地区苗族刺绣不同，属剑河"特产"，主要分布在柳川、岑松、观么三个乡镇的28个村寨，服饰特征主要在于以红色为主色调，兼以黄、橙、绿、蓝、紫等色调相衬，白色镶边，满饰于胸、襟、肩、背、袖及底边和裙上，整幅红绣成品既红且满，镶于底裙上，几乎见不到一点面料的底色，其色彩富有热烈而奔放之美感（图3-35）。

图3-36所示苗族服饰被称为"河边苗"，主要聚居于清水江沿岸台江县施洞镇、施秉县双井镇、剑河县五河镇以及镇远县金堡等地。他们擅长舟楫与行商，精于刺绣及银饰加工。河边苗的刺绣以徒手"破线绣"工艺闻名，图案充满灵性，夸张大胆，更蕴含童趣。此款服饰也是苗族最常佩戴的银饰支系之一，尤其是"泡项圈"，一般都要叠戴三件以上。"泡项圈"是苗族自创的银饰造型物，源自水泡幻化而来的美神"仰阿莎"。

图3-37所示苗族服饰主要集中于毕节市的织金县、黔西县、纳雍县一带，为"歪梳苗"的一支，因女子挽髻斜插木梳而得名。歪梳苗族女子精于蜡染，亦工于盘线绣、锁绣与挑花。族内女子穿着裙子方法特殊，以宽长布幅围下身，在腰腿两侧打褶。未婚少女在"花山节"等盛大节庆活动中身背"背扇"的着装习俗，最为奇特。未婚少女在成年前，即开始制作背扇；待成年后，出现于男女青

图3-35 龙纹

图片来源：中央民族大学民族博物馆藏

图3-36 台江施洞苗族女盛装

图3-37 纳雍县苗族少女背扇衣

年寻偶的"跳花"场合时，背带便成为传达情意的象征，并暗示已可求偶，反映出当地特有的婚俗。

图3-38所示苗族服饰分布于六枝特区、纳雍县及织金县等地，为"箐苗"的一个分支。由于族中妇女头上挽着硕大的长角，当地人又称其族为"长角苗"。本套服饰即源自六枝特区梭戛乡梭戛村，属女子盛装。当地成年女子的发型甚有特色，先以约两公斤重的假发挽成"∞"字形发髻，后用一根白毛毡带将发髻系于木梳，再横卧头上，称为"戴角"。女子头佩此等标志，表示已经成年，可参加社交活动。

图3-38　梭嘎苗族女盛装

锡绣以金属锡为绣线，一般底布为黑色，以衬托银色的锡线光泽，是中国独有技艺。锡绣在材料上使用金属"锡"最终来完成刺绣品，在世界工艺美术史上当属绝无仅有，在粗犷的深色面料上缀以银白色的小锡节，质感强烈，视觉效果古朴生动。纹饰上采用的图案均为高度抽象的几何纹，这一特征有别于当地其他传统苗绣及国内苏、湘、京、粤、蜀、瓯、顾绣品类所采用的具象图案；色彩上，锡绣主体以金属"锡"的自然色为主色调，其间亦辅以黑、红、蓝、绿等彩色暗花，锡绣色彩质朴而高贵（图3-39）。

锡绣用于服饰，分三个部分，有夏装的背部饰件，背搭、前裙片和后裙片。背搭与上衣相缝贴且有自然悬垂的"雨滴线"，前、后裙片皆为系于腰间的独立饰片，并覆盖在百褶裙上（图3-40）。

图3-39　苗族锡绣服装

前裙片苗语为"青黑栋"，裙片长约44厘米，宽约17厘米，用锡绣制的花纹长度约27厘米，宽约14厘米。前裙片的图案可分为9个单元，从下往上，第一单元图案为抽象的花朵，寓意山岭与河谷，表示起伏延绵的山峦和纵横交错的沟壑。第二单元图案为抽象的牛鞍，称为牛鞍花，牛鞍代表当地人的劳动工具。牛在苗族人心目中占有重要的位置，是苗族祭祀先人的物品，是力量的象征，同时也是人们赖以生存的劳动工具，把牛鞍绣在上面，寓意苗族对牛的崇敬之情。第三单元图案为抽象的秤钩，寓意人们能像商人一样拥有丰富的商品。秤能称量物品的重量，希望有一个公平、公正的社会环境，表达苗族人民良好的生活愿

图3-40 锡绣传承人龙女三九的家传纹样残片（孙亚光摄）

望。第四单元图案为小人头，表示住在房子里小孩。第五单元为裙片的核心区，图案为耙纹，寓意勤劳、丰收。第六种图案是文花，第七种图案是尺纹，使用最多、最典型的图案是尺纹，苗族起房造屋都是用木头来做，上山伐木和做工都带上三角木尺子，这是最常用的工具。第八种图案为凸向边缘的称为屋梁，寓意苗族居住的房屋。第九种图案为邻边的三角，寓意起伏绵延的山峦沟壑。六、七、八、九单元图案与四、三、二、一单元图案相对。

后裙片苗语为"青黑耳"，裙片长约46厘米，宽约19厘米，用锡绣制的花纹长约30厘米，宽约15厘米。第一单元图案为牛鞍花，第二单元为大人头图案，寓意居住在房子里的青壮年人及老人。

前后裙片最大的区别是前裙片没有紫色暗花，而后裙片的锡绣间有用丝线点缀的暗紫色小方块暗花，同时前裙片尺纹图案的比例比后裙片尺纹图案大些。

背搭苗语为"圣欧"，花纹长约20厘米，宽约17厘米，主体图案与前后裙片大体相同，锡绣间有用丝线点缀的暗紫色小方暗花，同时下方吊有一排分三节用10厘米锡条包制的锡线，称为滴水线，表示屋檐的滴水。

苗族的蜡染，苗语称"务图"，意为"蜡染服"。采用靛蓝染色的蜡染花布，青底白花，具有浓郁的民族风情，是我国独具一格的民族艺术之花。蜡染的灵魂是"冰纹"，是一种因蜡块折叠迸裂而导致染料不均匀渗透所造成的染纹，是一种带有抽象色彩的图案纹理。苗族蜡染图案可分为几何纹和自然纹两大类。丹寨苗族喜欢以自然纹为主的大花，这种图案造型生动，简练传神、活泼流畅，乡土气息浓厚。安顺苗族蜡染以几何纹样为主，图案结构松散、造型生动。织金苗族蜡染以几何螺旋纹为主，图案结构相互交错，浑然一体。

（三）苗族元素在现代服饰中的应用

2006年，以锡绣工艺为代表的剑河苗绣被国务院公布为第一批国家级非物质文化遗产名录。2009年，以锡绣文化元素为特征，由著名服装设计师林雪飞女士设计的苗族锡绣晚礼服在瑞典首都斯德哥尔摩举行的欧洲婚纱服装发布会上，被主办方作为压轴作品表演，引起极大轰动。

图3-41所示"爱马仕"款充满民族风情的方巾被巴黎"布朗利"博物馆收为珍藏品。灵感取自中国苗族传统的百褶裙。布料织成的花冠百褶裙就像一片片如扇面展开的棕榈叶，每一摺都被精心地分开缝制再整合。

图3-41　爱马仕丝巾

图片来源：巴黎布朗利博物馆藏

三、藏族

（一）藏族概况

藏族具有悠久的历史，藏族的先民们自远古时就居住在雅鲁藏布江中游两岸。1965年9月，西藏自治区正式成立，藏族是汉语的称谓。西藏在藏语中称为"蕃"（音bo），生活在这里的藏族自称"蕃巴"，意为农业人群，"蕃巴"又按不同地域分为"堆巴"（阿里地区），"藏巴"（日喀则地区），"卫巴"（拉萨地区），"康巴"（四川西部地区），"安多洼"（青海、云南、川西北等地区）。

藏族主要聚居在西藏自治区及青海海北、黄南、果洛、玉树等藏族自治州和海西蒙古族、藏族自治州、甘肃的甘南藏族自治州和天祝藏族自治县、四川阿坝藏族羌族自治州、甘孜藏族自治州和木里藏族自治县以及云南迪庆藏族自治州和新疆维吾尔自治区，有人口约628.2187万人（最新人口普查数据），主要从事畜牧业，兼营农业。与中国大部分地区相比，西藏降水较少，空气稀薄、气压低、含氧量少，太阳辐射强，日照时间长，气温偏低，日温差大，全年分为明显的干季和雨季，气候类型复杂，垂直变化大。

藏族有自己的语言和文字。藏语属汉藏语系藏缅语族藏语支，分卫藏、康方、安多三种方言。现行藏文是公元7世纪初根据古梵文和西域文字制定的拼音文字。公元10世纪到16世纪，是藏族文化兴盛时期。有史诗《格萨尔王传》，还有《甘珠尔》《丹珠尔》两大佛学丛书，以及有关于韵律、文学、哲理、史地、天文、历算、医药等专著。

藏族信仰大乘佛教（释迦牟尼佛），大乘佛教吸收了藏族土著信仰苯教的一些仪式和内容，形成具有藏族色彩的"藏传佛教"。公元7世纪佛教从印度传入西藏，佛教寺庙遍及西藏各地，著名的寺庙有甘丹寺、哲蚌寺、色拉寺、扎什伦布寺和布达拉宫。

公元10世纪后，随着藏传佛教"后弘期"的开始，陆续出现了许多教派，早期的有宁瑞派（俗称"红教"）、萨迦派（俗称"花教"）、噶当派、噶举派（俗称"白教"）等。15世纪初，宗喀巴实施宗教改革，创建格鲁派（俗称"黄教"），藏传佛教还有一些独立的教派，如息学派、希解派、觉宇派、觉囊派、廓扎派、夏鲁派等。

藏族节日繁多，最为隆重、具有全民族意义的为藏历新年，藏历新年相当于汉族的春节，是一年最大的节庆，从藏历十二月中旬开始，人们就准备过年吃、穿、用的节日用品。

转山会又称沐佛节，敬山神，在农历四月八日。每年这一天，甘肃藏区远近群众身着民族服装，汇集跑马山上和折多河畔，人们先到寺庙里烧香祈祷，焚烧纸钱，然后转山祭神，祈求神灵保佑，转山后，支起帐篷进行野餐，演藏戏，唱民间歌谣，跳锅庄、弦子舞，骑手们还进行跑马射箭比赛，在此期间，人们还举行物质交流活动和其他文化体育活动。

旺果节是藏族传统节日之一，节期为1~3天不等，每年七月，粮食收成在望，藏民们便背着经卷转绕田间，预祝丰收，同时举行赛马、射箭、文艺表演等活动。

藏民族聚居的地理环境使其形成了特有的饮食文化，大部分藏族日食三餐，在农忙或劳动强度较大时有日食四餐、五餐、六餐的习惯。绝大部分藏族以糌粑为主食，即把青稞炒熟磨成细粉，特别在牧区，除糌粑外，很少食用其他粮食制品。

（二）藏族服饰文化

藏族现在分布的地区，基本上是历史上吐蕃强盛时期所占领的地区，藏族服饰的形成与发展也主要是在这个时期。吐蕃时期，服饰文化伴随着经济的繁荣和社会的发展而出现了崭新的面貌，从服饰的外形特征、材质以及一些习俗上逐渐形成高原地域化的特点。藏族服饰文化内涵丰富，层次多样，既有一定的结构特征，又有许多等级和地域性的差别和特定的服饰制度。

藏族在很长一段历史时期过着逐水草而居的游牧生活，服饰具有游牧民族的特色，主要以袍服为主，有防寒作用，又散热方便，臂膀伸缩自如，适应露宿生活，可当卧具，并可以随身携带生活用品。藏族服饰的最基本特征是肥腰、长袖、大襟、右衽、长裙、长靴、编发、金银珠玉饰品等。由于长期的封闭性生存，藏族服饰发展的纵向差异不大，基调变化亦小。藏族服饰的形制与质地较大程度地取决于藏族人民所处生态环境和在此基础上形成的生产、生活方式。

1. **藏族世俗服饰**（Secular Using） 藏族妇女的平时着装一般是齐腰间的小袖短衣，质地有毛、缎、布等。着邦典（围裙），披方形缀绒披肩，手带银镶珊瑚戒指，左手戴银钏，右手戴宽二寸的砗磲圈。耳环多是金银镶绿松石质地，耳环上有钩，上连珍珠珊瑚串挂在发上，下接珍珠珊瑚串垂于两肩。无论贫富，都要戴两串念珠，富者戴大蜜蜡珠，胸前除挂银镶珠石胸饰外，必戴佛盒，富者还头戴"巴珠"（图3-42）。

藏族妇女的上衣有衬衣、短袖外褂两种。衬衣以各种颜色的绸、丝、绉、印度绵绸为

图3-42 康区理塘妇女胸饰及腰饰

料，但不包括橘黄、浅黄两色，因为这两种颜色只有僧人、贵族男性、头人才能用，款式有两种，一种领柱为单扣、双扣和三排扣，嵌黑色压条为饰，主要流行于马尔康、松州、道孚一带；另一种流行在九寨沟、错尔机、若尔盖一带，是宽边圆形翻领（现代称青果领）。

藏族男性服饰分勒规（劳动服饰）、赘规（礼服）、扎规（武士服）三种。

勒规，随一年四季气候的变化，勒规也随之变化。春夏季上身普遍穿棉布或白茧绸镶锦缎齐腰短衬衫，左襟大、右襟小，再穿棉、毛料缝制的圆领宽袖长袍，藏语叫楚巴，一般用加差朵拉（七彩大花带子，用红、绿、青、紫等七色条纹装饰毛料长带，长约2米，宽约20厘米）将楚巴围系在腰间，两袖交叉经前腹围系在腰后，长袍下垂的部分边沿齐于膝盖，腰部形成一个囊带，用来装随身携带的物品。裤子腰围、开裆和裤脚都很宽广，脚穿短筒藏鞋，头戴毡礼帽。秋冬季衣裤均为牛羊皮革制品，或用人造绒革，头戴有护耳的皮帽，脚穿长筒皮鞋或皮底绒帮的自制藏鞋。

赘规，为节庆盛装和礼仪服饰，选料昂贵，做工精致，是藏族服饰的精品。男性赘规上衣有内衫和外衫。内衫，藏语称囊规或对搪，多选用丝绸和茧绸布料，颜色普遍为白色、紫色、浅黄色，对襟高领，襟边和领口均用金边或银边镶嵌，也有选各种颜色纹花的绸缎作布料的，内衫均为齐腕长袖；外衫，藏语称交规或崩冬，选印有圆寿、妙莲及其他花卉图案的锦缎为料，样式与内衫相同，只是无袖。楚巴领子、袖口、下摆或以水獭皮，或以豹皮，或以虎皮作装饰镶边，镶边宽度尺许，最窄也有五寸，有的还要在镶边上用白皮毛拼成"卐"（藏语称庸仲仁姆，象征坚固不摧、永恒常在）的图案。沿镶边内用窄于镶边的传统花色锦缎压边，再用金银扁线镶饰，有的镶三层边，最底层为水獭皮。水獭皮上面是貂皮，最上面是虎皮，几乎楚巴的整个下摆都是被镶边覆盖。裤子均为白茧绸缝制，脚穿皮底绒帮的藏式长筒鞋子。男性的首饰主要有嘎乌（佩饰的小型佛龛），斜插腰刀，楚巴后摆做波状尾褶，佩挂嵌龙银刀。

扎规，藏族服饰为左襟大、右襟小。所属宽袖长袍楚巴，由氆氇或毛呢制成，长袍下垂的部分沿齐于膝盖，颜色通常选用紫红色、浅黄色，襟边和领口均用金线或银线镶嵌，腰部形成一个囊袋，用来装随身携带用品，貂皮镶边。扎规是一种武士服，平常不穿，通常在节假日才穿用，头戴狐皮帽，腰插长刀，身佩挂护身符和长短枪。

（1）藏袍（Tibetan Robe）：藏族的长袍款式大方、实用，日遮体夜御寒，有男女冬夏之别和农区牧区之分。一般均以三幅两襟开摆式，平肩宽袖大衣襟，右襟窄，宽大的左襟盖右襟，右腋下有扣，多以银、珠、铜为扣，有的男装以彩带扎结系住。袖长超手尖约16厘米。春夏装袍料是以细呢、灯芯绒、毛料、贡缎、氆氇（藏区自纺的羊毛织品）为主，冬装是羊羔皮做里、衣料为面的皮袍，藏语称"察日扎巴""谷巾扎巴"。皮袍以约16~33厘米宽的豹皮、獭皮镶领襟、袖口、下摆，一则增加厚度保暖，二则显豪华，示人以该袍的价值，图3-43所示为女式氆氇和羊皮长袍。

图3-43　藏族女袍

女式长袍分长袖和短袖两种。上层贵族或城市妇女的袍长度以盖至足背为限，农区劳动妇女其袍长到踝关节以上，以便于行走、劳动；男式袍与女式袍式样大同小异。男士穿袍将袍下缘提到膝盖部位，大襟盖小襟，扎带束腰，前平后打褶。男式袍以豹皮、虎皮镶边，加墨色襟边为饰；女式袍以红、蓝、黑三色布镶边。这种以皮或布镶边的习俗历史悠久。随着时代的变迁，以这三种兽皮镶边已不再是功绩的等级区别，而成为习俗的是财富多少的标志，既美化了单调的皮袍，又显示了穿着者的经济实力。贵族、绅士、博学者袍长以膝下7~10厘米为宜；普通人、年轻人则最长以膝为准。上身可穿两袖，但一般露右臂将袖垂于背后；也可不穿袖，将两袖系在腰上。

在等级差异方面，贵族藏袍与民间藏袍的结构没有根本区别。差异主要表现在质地和花纹上。贵族服饰质地精细，花纹讲究，一般有蟒缎袍，由黄、红、蓝、绿、白、紫等色作基调，上面有"间希"纹祥（龙、水、鱼、云等纹），是四品以上的官员朝见或重大节日举行礼仪时穿用。"寸扎白玛加加"袍（莲凤锦缎袍）是一种有莲花、凤凰纹祥的缎袍，它和"寸扎花尔白玛"（莲花缎蒙古袍）是四品以上官员过年过节的普通藏袍，另外还有团花锦缎袍、"曲巾"袍等，是拉萨、日喀则等城市高级贵族的珍贵藏袍。

（2）藏帽（Tibetan Hats）：金毡帽，"郎西夏莫"，意为四耳帽，过去用印度进口的黑色毡呢做，帽环15~19厘米宽，圆筒形，下缘有对称的两大两小耳翼。翼以黑呢为面，里料为黑色皮毛；筒以金丝缎面，缠枝纹、卷叶纹、水波纹为饰。男帽纹饰素，筒高，戴时四耳外翻，这种帽流行于城市和农区。狐皮帽有两种，一种是用整张皮为一顶，戴时包缠头部，其头尾相系于后脑部或尾垂于肩，也可作围脖；另一种是将一张狐皮做两顶帽子，面料一般是金丝缎，筒式开衩，衩口于后，该帽男女皆宜，只是男式衩口是飘带。毡笠式帽，白色毛呢为料，帽为圆锥形，防水御寒，主要流行于与安多相邻的半农半牧区。遮阳帽（博士帽）用于春夏季，受各地藏族人民喜爱。

（3）藏靴（Tibetan Boots）：是生活在牧区的藏族、蒙古族人民不可缺少的用品。由于各地区间条件的不同，藏靴从材料到样式形成不同的规格和品种。用料的不同区分有全牛皮藏靴、条绒腰藏靴、花措稳腰截靴等；形式上有长腰、短腰之别；用途上又有单、棉之不同。此外，还有骑马穿的长筒靴，定居穿的毡靴，喇嘛穿的中筒红布腰靴等。玉树地区称为"山巴"的长筒藏靴很有特点，装饰味浓，黑色靴面正中有金色线条，两侧有对称的红色或紫色条饰，长筒上没用彩色疆精条装饰，靴头尖向上翘，不仅实用，而且美观（图3-44）。

图3-44 藏靴

（4）藏族服饰的特点：藏族服饰带有鲜明的宗教色彩，其用色、图案以及人体装饰都体现出信仰者的宗教情感以及虔诚心理。苯教是藏民族最古老的原始宗教，它是在佛教传入西藏之前，流行于藏区的原始宗教。藏族早期服饰的精神功能与原始的宗教意识相伴而生，苯教信仰中将一些有灵性、神性的物品放置在身边作为护身之用，藏族女孩带上项圈、手镯，男孩戴刀免鬼神的侵扰得平安。

对于藏民族来说，服饰具有财富的意义，浓烈而丰富的色彩也反映了富有和地位，藏族人民追求服饰的华丽和繁多之美是一种朴素的审美心理表现，与他们长期的传统游牧生活方式有关。为了方便迁徙，他们将财富变成可以穿戴的服饰。藏族人民对金银器物和天然珠宝的审美表达方式不属于现代社会时尚的审美，从观念形态上看，藏族服饰的审美中杂糅了宗教的、历史的和社会的实践活动，审美内涵中有象征宗教、身份等意义，这些附加意义决定了藏族人民的社会心理和审美情趣。藏族服饰文化，一方面体现了藏族人民在物质上的文化创造，另一方面也凝聚和渗透了丰富的民族精神和思想文化，根据地区服饰的不同，可分为以下几个地区的特点。

①拉萨：服饰搭配讲究，色调高雅，装饰不求堆砌。妇女一般穿无袖长袍，腰间系五彩细条纹"邦典"，戴耳环、项链、手镯、戒指等；男子穿毛料或织锦缎料长袍，夏季内穿藏式高领衬衣，头戴礼帽，藏语称为"甲噶厦莫"，脚穿牛皮靴子，喜欢戴戒指、手链等。每逢藏历新年或各种庆典节日时，男子穿长袖藏袍，里子为羊皮毛，外罩纯毛面料（藏语称为"巴扎"），戴织锦缎皮帽（藏语称为"次仁金锅"帽）；妇女盛装是内穿丝绸衬衣，外套无袖绸缎藏袍，腰系彩色绸缎或虹纹"邦典"，背披一条彩色氆氇的小方单，头发梳成翅膀

式样戴三角形珠冠（藏语叫"巴珠"或"木弟巴珠"，图3-45），耳饰"埃果"，胸饰"嘎乌"。

②日喀则：服饰基本式样与拉萨地区相同，但在装饰上有自己的特点，男子藏装以黑白氆氇为主，在领子、袖口、衣襟和长袍底边内沿镶有七、八厘米宽的花氆氇，主要以十字纹图为主，头戴金丝帽或礼帽；妇女着无袖藏袍，系五彩宽条纹"邦典"，外套由氆氇制成的坎肩——称为"当扎"，着盛装时头戴"巴廓"，形状似弓。

图3-45 卫莫巴珠

③山南：服饰有拉萨和日喀则两地的特点，山南妇女头戴氆氇条纹无顶小帽，外套染色印花氆氇无袖长筒外套，内穿长袖氆氇藏袍，脚穿绣花"松巴"（氆氇靴），佩戴松石镶嵌的"嘎乌"。山南妇女常戴平顶小圆帽"加霞"，有两个三角形翅扇象征鸟的翅膀，两翅向后，表示已婚，翅扇向一侧表示未婚，老年人则戴圆形帽，用黑色氆氇和金丝缎缝制。山南男子服饰较为典型的是头戴金花帽，上身穿黑色上衣，外罩用"加路"彩条氆氇镶边的白色氆氇藏袍（图3-46~图3-48）。

④林芝：贡布居民以种植、采集、伐木、狩猎为生，形成了独特的生活习惯和服饰文化。贡布居民习惯穿一种无袖套头的长坎肩，藏语称为"古秀"。"古秀"一般由氆氇制成，以黑色为主，镶以织锦缎花边，也有用猴皮、熊皮制成的"古秀"。贡布妇女不系"邦典"，戴银制腰带和项链，头戴锦缎圆形小帽，帽角在侧表示未婚，帽角向后表示已婚，男子头戴圆形饰彩缎边尖顶毡帽。其中，波密、察隅、墨脱等县，又因各自小区域的历史、文化等原因，服饰略有不同。

图3-46 氆氇条纹无顶小帽

图3-47 平顶小圆帽"加霞"

图3-48 穿白氆氇藏袍的贡嘎县男子

图片来源：张鹰. 西藏服饰，上海人民出版社

⑤昌都：康巴服饰以厚重、华贵为主，装饰喜欢繁多堆砌的风格，男女服饰同那曲东部几个县较为相近。康巴男子的藏袍镶较宽的织锦缎和水獭皮、虎皮、豹皮，头戴狐狸皮帽，头发与黑、红丝线扎成辫盘在头顶，胸前佩有多串珊瑚珠、佛盒，腰部斜挎腰刀，脚穿皮靴、白布裤。康巴妇女，着长的有袖或无袖衬衫，发式为无数细辫，头饰、胸饰、腰饰、首饰格外多，与其他地区相比，也略显纷繁（图3-49）。

图3-49 昌都妇女背饰

⑥阿里：服饰文化承袭了吐蕃时期的文化，以普兰、札达为例，妇女着藏袍、氆氇面料，披锦缎披风，内里为白色羊皮，边缘镶较窄的水獭皮。头戴珠冠，其形状为月牙形垂于脑后，额前垂下12~15厘米长的珠串，遮住面部。右肩上垂挂与头饰珠冠相同的月牙形饰物，上面缀有松石和珍珠。胸前挂珊瑚、松石、密蜡等项链，有的长至膝部，颈处围一圈较宽的用珊瑚排列而成的项圈，服饰别具一格。尤其是头饰造型与其他地区截然不同，更具富丽、华贵的特点。

⑦那曲：藏北牧民逐水草而居，生活漂泊不定，住在牛毛缝制的黑帐篷，穿羊皮袍，皮袍厚重、肥大、结实、暖和。藏袍下摆处一道三寸宽的黑绒布边是藏北男袍唯一的装饰。牧女的穿着在粗犷中有细节点缀，衣襟和下摆用黑丝绒镶嵌，然后用红、绿、黑三道6~10厘米宽的平绒装饰，这种装饰在东部、西部各县又有不同。女子的头发梳成许多小辫从前额分两边披在身后，上面装饰珊瑚、蜜蜡、松石等各类装饰品。藏北牧女的腰间常悬挂奶勾、奶勺、小刀、针线盒等物。

2. **僧侣服饰**（Religious Using） 藏传佛教僧侣装束的基本样式源于佛教世尊释迦牟尼穿的黄色袈裟、法衣和禅裙。佛教对僧人的服饰规定有三个原则：一是要区别于俗人和其他宗教；二是僧服仅为遮体，不得奢华；三是要符合戒律规定的式样、颜色和尺寸（图3-50）。

藏族僧人上身穿坎肩（堆嘎），下身穿紫红色幅裙（夏木塔布），外罩一袭相当于身长两倍半的紫红色袈裟（查散），祖裸右臂，诵经祈祷时。"查散"外还披一件斗篷式紫红色披风（达喀木），戴心瓣式的菩提心帽，穿尖端上翘、呈足掌型的特制僧靴（夏苏）。僧装在式样上虽差异甚小，但色调和面料、佩饰上有尊卑之分，黄色锦缎坎肩和红、黄、蓝、绿、紫五色缎面的"仁松木"和"甲银纳给"翘尖彩靴仅限用于活佛、大堪布等地位较高的僧人穿用。尼姑的坎肩、靴上都有镶缎，幅裙和袭装用碴橙缝制。格西学位的僧人，幅裙前腰部可佩一

图3-50 藏族僧人服装"堆嘎"

个一尺见方的口袋，一来装漱口工具，二来是知识到了一定程度的标记（现在吹法号和唢呐的僧人也佩，成为一种装饰品）。

　　僧人帽多种多样，精通"五明"（藏族所有文化的概称）的高僧戴"班霞帽"，即心瓣型的通人冠，表示心诚、善道；密宗高僧在诵经时戴"仁昂帽"（即"五佛冠"），表示五佛共存；高级僧官在参加"雪顿节"一类的活动时，要戴白色的"夏嘎尔"和圆盘高项的"徐唐"礼帽；一般僧人在诵经时戴披穗鸡冠状的"卓鲁玛"和"孜霞"帽；寺庙跳神舞"羌姆"时戴黑色"霞纳"帽和妖帽"赞霞"。另外，有的帽既是木教派至尊信物，又是教主标志，平时秘不示人，只有重大活动时才戴，如噶举派受元朝赐封的金边黑帽和红帽，就是该派两大领袖人物的标志和传承法契（图3-51）。

　　3.**藏族饰品**　藏族各地区不论男女老少都喜欢佩戴饰品，藏族饰品丰富多彩、琳琅满目。从佩戴部位分，主要有头饰、耳饰、项饰、胸饰、背饰、腰饰、手饰等。从制造的材质来看，多以银、金、珍珠、玛瑙、玉、翡翠、松石、丝、珊瑚、琥珀、古贝化石、蜜蜡、骨角等为主。还有用木头作为原料雕刻成珠子或者片状，用绒绳或丝线串在一起制成手链等饰品，上面都刻画有佛语、精美的花纹或者动物的肖像，古香古色、自然大方（图3-52~图3-55）。

图3-51　藏族僧人服饰

图3-52　藏族胸饰"嘎乌"

图3-53　藏族地区多材质项饰

图3-54　埃果儿是旧西藏贵族妇女耳坠

图3-55　卫藏地区妇女胸前佩戴的金质嘎乌及挂饰．嘎乌为金质，用绿松石镶嵌，项链用珍珠，玛瑙，红珊瑚等串联．

图片来源：张鹰．西藏服饰，上海人民出版社

（三）藏族服饰与现代服装

1. **藏民族服装在现代的发展**　服装设计师马艳丽在电影《冈拉梅朵》（国内首部聚焦现代西藏的大型音乐电影）中的服装设计，是藏民族服饰现代演艺的范例。电影中的藏族服饰，色彩丰富，运用了很多石头配饰，具有较强的视觉冲击力。这次设计中，服装并不是原始、传统的藏装，在剪裁上运用了很多现代服饰的剪裁方式，是对改良藏装的一次尝试性展示。男主角扎西的打鼓男装在传统藏袍的基础上加了一些更具现代、时尚气息的元素。女主角安羽的服装里面的薄纱裙梦幻飘逸，外面是麻布底的大袍子，上面拼贴着唐卡的元素，各种颜色的彩条布编织起来，具有现代感。

2. **现代服饰中的藏民族元素**　藏民族的色彩、图案、本土材料均可以成为现代服装设计的取材内容。服装设计师巧妙地将藏民族服饰元素应用到现代设计中，赋予了现代服饰丰富的文化内涵和特有的情感表达。

四、瑶族

（一）瑶族概况

瑶族是我国南方少数民族之一。据2010年统计，广西的瑶族人口为279.6003万人，占广西总人口的3.06%，占全国瑶族人口的62%。在广西81个县市中，69个县市都有瑶人居住，大分散、小聚居是瑶族分布的特点。"岭南无山不有瑶"，绝大部分的瑶族居住在山区，平均海拔在500~1000米。瑶族先民在秦汉时期称为长沙武陵蛮，魏晋南北朝时期称莫瑶，宋以后称瑶。瑶族因居地不同，语言有别，文化差异，支系较多，主要有盘瑶、山子瑶、坳瑶、蓝靛瑶、白裤瑶、茶山瑶、背篓瑶等，多数分布在广西安都、巴马、金秀、富川、大化、恭城6个瑶族自治县，其余分散在贺州市、凌云、田林、南丹、全州、龙胜、融水等47个瑶族乡。

瑶族村寨规模小，多则几十户，少则三五户。房屋多为竹木结构，也有土筑墙，上盖瓦片，一般分为三间，中间为厅堂，两侧为灶房，后作卧室和客房；在两侧设两门，一门为平时进出，一门为便于姑娘和情人谈情说爱进出；正门开设大门，是婚丧祭祀时人们出入之门。

瑶族的节日较多，小节几乎月月都有，各地也不完全相同，统一的盛大节日有农历十月十六的盘王节、农历五月二十九的达努节，有击长鼓、铜鼓等盛大活动。《盘王歌》是瑶族长歌的代表作，全歌长达万行，形式不拘一格。还有《密洛陀》古歌、甲子被、信歌等。瑶族信歌是指以信代歌。瑶族有本民族的语言，没有本民族的文字，语言属汉藏语系，苗瑶语族，瑶语族，部分属于苗语族，部分属于侗语族。由于长期和汉族、壮族、傣族杂居，瑶族人都会说汉语，有的还会讲壮语和傣语。

瑶族的民间工艺有挑花、刺绣、织锦、蜡染等，工艺精巧，历史悠久，颇负盛名。

（二）瑶族服饰文化

据汉文史籍所述，早在《后汉书》中就有瑶族先人"好五色衣服"的记载，以后的史籍中也有记载有瑶人"椎发跣足，衣斑斓布"的文字。由此就可以看出瑶族人民十分爱美。这种美，来自他们的劳动与生活，具有普世、丰富而又千姿百态的自然美。多数瑶族服饰中有披肩，披肩不仅仅起保护肌肉的作用，还是一种精巧的装饰，其色彩的丰富和制作的精细，并不亚于其头饰；头部装饰的种类繁多，大都长条彩带包头，层层叠叠地扎住头部，或圆或扁，或高或低，各自配上多色花巾、彩带或丝穗，风度翩翩。这些可以从各地瑶族的不同称呼上看出，如"花头瑶""大板瑶""盘瑶"等。瑶族喜爱的颜色为红、黄、绿、白、蓝等。

目前的瑶族服饰仍然五彩斑斓、绚丽多姿，保留了六七十种传统服饰，按地域划分，大致可分为：盘瑶服饰、花瑶服饰、板瑶服饰、蓝靛瑶、茶山瑶服饰、坳瑶服饰、花篮瑶服饰、布努瑶服饰、红瑶服饰、白裤瑶服饰、花头瑶服饰、土瑶服饰、山子瑶服饰、番瑶服饰、东山瑶服饰、背篓瑶服饰、过山瑶服饰、木柄瑶、平地瑶、大板瑶共20种。

大体而言，瑶族男子服饰上衣有右衽大襟和对襟衣两种，上衣一般束腰带，裤子各地长短不一，有的长及脚面，有的却至膝盖，大都以蓝黑色为主；头巾、腰带等处用花锦装饰。各地瑶族女子服饰的差异性很大，有的上穿无领短衣，以带系腰，下着长短不一的裙子；有的上着长可及膝的对襟衣，腰束长带，下穿长裤或短裤；衣领、衣袖、裤脚上绣有各种美丽的彩色图案。

1. **盘瑶**　盘瑶男子服饰形制为黑布对襟或交领上衣，黑色长裤，包瑶锦头巾。有的地区男子在外衣外加一件瑶锦披肩，披肩前后镶有流苏。女子服饰色彩都为蓝靛染成的青黑色，上饰以红色织锦或绒球。上衣多为右衽交领衣，外披瑶锦披肩，下着黑色或蓝色长裤，为黑色镶宽蓝边的长围裙，系刺绣与丝穗装饰的腰带。盘瑶婚礼服最为漂亮豪华，新娘礼服也称"合衣"，由四块头巾、一条腰带、两条裤子组成，必须由新娘自己缝制，标志着自己对幸福美满生活的向往。新郎婚服则由母亲制作（图3-56、图3-57）。

图3-56　田林盘瑶女子服装

图3-57　来宾金秀盘瑶男子服饰

图片来源：刘红晓，陈丽. 广西少数民族服饰，东华大学出版社

2. **花瑶** 花瑶男子常用黑色头帕将头包成很高的圆筒状，头帕两端有彩穗从包头顶部自然下垂。他们喜将多件上衣重叠穿在身上，内衣为浅色对襟短衣，外衣为右衽黑布衣，并且从里到外一层比一层短，衣摆依次露出2厘米，最外一层衣长约50厘米，一眼望去，所穿衣服尽收眼底；下着黑色窄腿长裤，犹如马裤一般，显得剽悍利索。遇到盛大节日，男子进芦笙场必须穿着盛装，上身内穿蓝、黑色对襟短衣，外穿对襟或右衽斜襟马甲；头戴三岔银锥头巾，颈部戴银项圈和银压领；下穿黑色窄腿长裤。女子上身穿"亮布"交领右衽衫，交领处绲白边，衣长仅及脐，后至小腿中部，称为"狗尾衫"；内穿多层胸兜，长至腹部；下着黑色百褶裙，裙摆镶彩色花边，打黑绑腿。该地女子发式特别讲究，将长发分成多股，在头上盘成髻状（图3-58、图3-59）。

图3-58 溆浦县花瑶服饰 　　　　　　　　　　　　图3-59 花瑶女子服饰

3. **板瑶** 板瑶女子的盛装很有特色，长发盘于头顶后用黑布包缠，再戴上人字塔形木架，冠上披瑶锦，挂串珠、银链、五彩丝穗，插银牌、纸花，彩线交织，色珠串串，极为富丽，称为"狗头冠"；上身穿"亮布"右衽交领衣，内穿圆领"亮布"背心，背心胸前从领口到腹部缀有数十粒圆形银牌和一枚长方形大银牌；下穿长至膝盖的百褶裙，裙内穿黑布长裤，裙外扎七彩条纹百褶围裙。常装与盛装的区别仅在于头巾。

4. **蓝靛瑶** 蓝靛瑶男子多穿对襟翻领黑布衣，领口、袖口有刺绣花纹，胸前戴20厘米左右的流苏带，黑长裤，包黑色流苏头巾。女子服饰款式则基本相同，但头饰样式较多。上衣为翻领黑色对襟上衣，衣后摆长及膝，平时常将前片下摆提起扎于腰间，有些人将后前片下摆都提起扎在腰间，衣领、衣襟、袖口绣小花边，胸前饰四束长近20厘米的红色丝穗并用银花固定在领前；外披黑色镶瑶锦边的披肩，用红色织带系于胸前，带上饰有红穗、珠串和银牌。下着宽裤筒、青黑色长裤。百色田林一带瑶族女子喜欢用白色棉线扎头，并将长发卷于头顶，用形如圆盘的银头盖将头顶盖住，银头盖四周有三排银币式的饰物；在额前包上多层蓝白花头巾，再将白棉线从两侧绕至前额，遮住前半部银头盖，用串银珠捆扎固定，形成别具一格的头饰（图3-60）。

图3-60 河池蓝靛瑶女服

5. **茶山瑶** 茶山瑶成年男子，一般头上盘发髻，用头带包结，发髻的顶端露在外面，上衣为黑色交领短衣，下着黑色长裤。茶山瑶女子服饰形制为：将头发盘于头上并用红色瑶锦带缠绕，再用绳有花边的白头巾包头；上穿斜襟交领黑色长袖短衣，衣领、衣襟、下摆、袖口处均用红色瑶锦镶饰；下着黑色窄腿长裤，套镶红色织锦边的黑色绑腿，用带穗的红色织花带系小腿；腰系两端绣有彩花的白腰带，并在后腰打结，带端图案显露在外；腰部围镶有红色织锦的黑色小围腰；斜挎红色瑶锦花包。全身上下为黑、红、白三色组成，色彩鲜亮而不失稳重。银饰在茶山瑶服饰中占有十分重要的地位，幼儿不分男女从一周岁起就开始佩戴银器（图3-61~图3-63）。

图3-61 茶山瑶女装

图3-62 金秀茶山瑶服饰

图3-63 金秀茶山瑶头饰

图片来源：北京服装学院民族服饰博物馆藏

6. **坳瑶** 坳瑶男子头缠蓝、白花纹的头巾；身穿无扣交领对襟黑布长衣，衣长至小腿中部，束白色绣花腰带；下着黑色长裤。坳瑶女子长发盘于头顶，并戴用竹笋壳织成的梯形竹帽，盛装时在竹帽四周插上五枚银簪，两侧缠绕银链，并将铲形的银牌插入额前发中；上身穿交领对襟的中长黑布衣，衣襟饰有红边并绣有卷草图案；下着黑色短裤，小腿套绑腿，并用红色丝穗带系扎；系腰的白布带上用瑶锦带扎紧，戴多个项圈和项链。

7. **花篮瑶** 花篮瑶男子包白色或红色头巾，上穿交领黑色长袖短衣，用腰带束紧，下着黑色长裤。盛装时戴银项圈，腰带上挂有彩穗的银制烟盒。出门背长刀，刀分为平刀和钩刀两种，背在腰间右侧，显得威武刚强。花篮瑶女子的帽子非常讲究，先将长发梳为半边头，即发梳平于眉线再倒挽于头巾，夹上银夹，并用多层黑色头巾包上，头巾包得很低，遮住眉毛，仅露出双眼；黑头巾上再包白头巾，使包头外部形成梯形。整个包头黑白红色彩分明、非常醒目。

女子上身多穿黑色右衽交领衣，衣长过臀，领和襟边绣黄、红等彩色花边，衣袖和下摆分别绣30厘米宽和10厘米宽的

图3-64　花蓝瑶土布对襟窄袖女上衣、布短裤、挑花腰带

图片来源：北京服装学院民族服饰博物馆藏

黄、红色图案，图案纹样细腻，工艺精湛（图3-64）；以白色挑花腰带系于腰上，并用红色有穗的织带系紧，腰带上悬挂银链和银花；下装则随季节不同而不同，春夏穿及膝短裤，秋冬穿长裤，扎黑白花纹的织锦绑腿，并用红色有穗的织带系紧；披肩在黑地上挑绣着精美的红、黄花边，饰珠串和流苏；戴银项圈和银手镯，颈上围白围巾，与白头帕、白腰带相呼应。上下色调古朴，黑白分明。

8. **布努瑶** 布努瑶男子头上包有挑绣花的黑头巾，头巾两端的彩穗垂于脑后，上穿无领或短立领对襟蓝布短衣，下着黑长裤，腰挂银烟盒、烟斗等。女子服饰款式基本相同，穿黑色右衽短衣，襟口、底摆、袖口有刺绣花边，胸前挂多个半月形银项圈，并系响铃、丝穗、银牌；下着黑色百褶裙，裙内穿长裤。

9. **红瑶** 红瑶男子服饰基本与壮族、汉族服饰相同，上衣为黑色立领对襟短衫，下着长裤，头缠黑头巾。女子蓄发盘髻，年轻未婚女子盘"螺蛳髻"，已婚妇女盘"盘龙髻"。红瑶姑娘都有两种不同材质的上衣，一种是用织机织出的瑶锦制成的；一种是用黑土布在后背、两肩和前襟上刺绣各种图案，如人形纹、狗纹、龙纹和船纹等，图案内容丰富，做工细致。下着蜡染花裙，花裙分四层：裙腰为白土布；上部裙身为黑土布；中部裙身为蜡染布；下摆用红、绿等色彩比较鲜艳的丝绸缝制；裙子前面无褶，后面有细密的褶。裙外穿青黑色围裙，再系彩色织锦腰带，缠黑布绑腿。红瑶可以从其服装上区分出年龄，年轻人穿红色织锦衣或全红刺绣衣，结婚生孩子后所穿服装为半红半黑色，做奶奶后着装就是全黑色的，只有彩色织锦腰带与年轻人相同（图3-65）。

图3-65 龙胜地区红瑶服饰

10. **白裤瑶** 白裤瑶服饰简洁而质朴，男子皆穿白裤，因此得名"白裤瑶"。男子服装以五大件为主：白色或蓝色包头巾；对襟无扣短上衣；青色布腰带；白色紧腿大裆裤和刺绣精美的绑腿。盛装时穿多件上衣，从里到外，一件比一件短，并露出衣摆的十字花边。白裤瑶男服的特点在于白裤，其裤裆宽大，便于行动，紧瘦的裤腿便于狩猎，白裤上的五条红色线条象征着他们的祖先为本民族尊严带伤奋战的十指血痕，是缅怀祖先及其业绩的图案。白裤瑶女子服饰也是以五大件为主，白布或蓝布包头巾；无领无袖贯头衣，衣身只在肩部缝合，两侧开口，冬季穿右衽有袖衣；蜡染百褶花裙；腰带和绑腿。贯头衣背部绣有方形"瑶王印"图案。蜡染的百褶裙从上至下由三部分组成：黑布裙腰、蜡染裙身和裙底摆，裙底摆由刺绣精美的红色丝绸绳边，底摆绳边向上7.5厘米处，外加一条6厘米宽的橘红色丝织无纺布边。整条裙子色彩对比强烈、美观大方（图3-66~图3-68）。

11. **花头瑶** 花头瑶女子由于头上均罩着一块彩色挑花绣帕，故得名"花头瑶"。花头瑶女子穿前襟短至膝，后襟长及踝的上衣。衣领镶有花纹，花纹的外边镶白布。胸前两边多吊穗，穗的上端用彩珠穿起来，下端为红、绿、黄丝线，垂至腹部。袖子靠袖口的一半，各用13厘米红、蓝花布相接镶在黑布上，美观大方。女衣无扣，穿时腰部系一条宽约8厘米的腰带。腰带用红、黄、黑、白等几种颜色的绒线织成。花头瑶原本穿长裙，后改穿长裤；由于受到周围其他瑶族的影响又改穿短裤，长约50厘米，裤脚口用丝线镶边，下扎绑腿，上

图3-66 白裤瑶黑土布对襟窄袖男上衣、五指纹短裤

图3-67 白裤瑶女子服饰

图3-68 白裤瑶夏季女子服饰

图片来源：北京服装学院民族服饰博物馆藏

面绣有花纹。花头瑶女子的发型很特别，头发由前往后梳至脖子处即向头顶收起，绕在头顶，然后用银罩罩住，插32块形如汤匙的银片，顶上用一个八角星的圆形银片盖住，用红绒线绕头部7~8圈，最后用一块约17厘米长的正方形头巾盖住头顶，头巾上绣有各种美丽的图案。花鞋分两种："镶边鞋"和"乘海鞋"，前者多是姑娘在节日喜庆时穿着，后者则专供姑娘出嫁时穿。

12.　**土瑶**　土瑶男士便装时包素花头巾，以白色为主，上着蓝色、里子为白色的对襟布扣衣。盛装时在胸前挂串珠、彩穗。下着大裆、宽裤口蓝长裤。女子服饰类似旗袍，开衩较高，下摆及踝。长袍外套短衣，款式与男装相同，内穿长裤，后腰处饰以瑶锦，全身上下色彩庄重而艳丽。女帽也很有特点，主要用油桐树的皮壳制作，垂直地涂上黄、绿相间的颜色，再涂以桐油，色泽油亮鲜艳。帽顶盖数条毛巾，毛巾上撒披串珠，串珠越多，则说明女子越勤劳富裕（图3-69）。

13.　**山子瑶**　山子瑶男子服饰为上衣下裤式样。上衣立领、琵琶襟，立领、襟口、下摆、袖口等处均有花纹装饰；裤子的脚口处也有花纹装饰；头缠黑色镶花布边的头帕。肩上搭两端有几何纹样和流苏的白色围巾。女子上身穿立领右衽大襟长衣，长至大腿中部，襟口处镶有红色花边和流苏；衣外披瑶锦流苏披肩，长至后背中部；腰间系瑶锦流苏彩带；下着短裤，腿扎五彩瑶锦绑腿。头饰由两层瑶帕组成，里层的瑶帕在正中对叠后，形成倒"山"形状，佩戴在头上，外层用黑地、中间有圆形太阳纹的头帕包裹，并用红绒线扎紧。

14.　**番瑶**　番瑶男子服装为上衣下裤式样，造型简单。他们的服装用靛青布料制成；头上包黑色的头帕，头帕两端垂有红、黄、蓝丝绒线；胸前佩戴"辟邪银佩"。番瑶女子喜佩银饰，种类繁多，图案各异。头发上一般插12支银簪，状如孔雀开屏，美不胜收。银簪系有银链，银链系有银铃，声与色的结合，造就了番瑶女子美丽与富贵的象征。番瑶视月亮为世间之母，因此胸前佩戴的月牙银项圈非常讲究，不同年龄的女子银项圈条数各有差别。此外珍珠饰品也是不可或缺的饰品（图3-70）。

15.　**东山瑶**　东山瑶男子服饰非常简单，上穿黑色无领对襟马甲，在领、襟、底摆、袖窿处镶花布边；下着长裤。女子服饰为上衣下裤式样。上衣为右衽大襟衣，长至臀部，襟口镶红色花边，前胸悬挂着绣花手帕；佩绣花长围裙，扎

图3-69　贺州土瑶新娘服

图3-70　巴马番瑶女子头饰

织锦腰带。女子多用白色或蓝色棉纱布作头巾，风姿朴实，甚为大方（图3-71）。

16. **背篓瑶**　背篓瑶男子包黑色头帕；上身内穿白色立领对襟衣，外穿蓝、黑色立领对襟衣，外衣长约40厘米，内衣约长44厘米，可将内衣露出来，与外衣形成鲜明对比；下着大裆及宽裤口的蓝、黑色长裤。女子服装式样有上衣下裙和上衣下裤两种，百色凌云地区女子上衣为黑色右衽大襟短衣，襟口、领口处镶有6厘米宽的花边；下着黑色无任何纹饰的百褶裙，内穿黑色宽腿长裤；头饰分五层：最内层用白布缠头，第二层用灰白细格子布缠头，第三层用黑布缠头，第四层用编成发辫式样的红绒线缠头，最外层用白线将五色绒线系扎在头顶。凌云地区的部分背篓瑶女子服饰款式更为简单，为上衣下裤式样，上衣为蓝色右衽大襟中袖短衣，襟口、领口处镶有4厘米的黑布边和一条2厘米宽的花布边；下着黑色宽腿长裤；有些背篓瑶地区的头饰分为四层：最内层用白布缠头，第二层用灰白细格子布缠头，第三层用花布缠头，第四层用两端有刺绣花边的黑色头帕缠头，并将头帕尾端伸出头帕，呈羊角状（图3-72）。

17. **过山瑶**　过山瑶男子头包层层黑色头帕，并在黑色头帕外加瑶锦花带；上身内穿白色立领对襟衣，外面穿蓝、黑色立领对襟衣，外衣短于内衣，内衣与外衣形成鲜明对比。外衣门襟内侧、口袋处、袖子靠上四分之一处镶嵌五色丝绒线制成的装饰纹样；扎宽红布绑带，并用七彩珠串系扎，外层用瑶锦覆盖。上衣为交领长衫，两侧开衩，衣长至膝，领口、袖口、开衩及底摆处镶嵌瑶锦花边（图3-73）。

18. **木柄瑶**　木柄瑶女子服饰为上衣下裙式样，上衣为蓝、黑色交领右衽短衣，襟边、底摆绲浅裤口的蓝、黑色长裤，裤外侧缝有五色丝绒线制成的装饰纹样。该地女子服饰中最引人瞩目的是头饰，共分三层，最内层是40层红布黏制而成的布板，第二层将瑶锦铺在蓝色布边，袖口镶花边，上衣底摆下端悬挂四串彩珠穿串的毛球；裙尾黑色褶裙，并在底摆处镶浅蓝色布边，下打黑色绑腿。

图3-71　全州县东山瑶女子服饰

图3-72　背篓瑶女子盛装

图3-73　崇左宁明过山瑶女子头饰

19. **大板瑶** 大板瑶服饰以威仪、色彩斑斓为美，主要用黑色或蓝黑色棉布制作，再配以色彩斑斓的花边图案，其中"八板"是大板瑶的主要标识。大板瑶认为自己是麒麟和狮子的后代，因此他们的传统服饰保留了夸张的头饰造型——顶板高达33厘米（1尺）左右，用红布折叠成6.7厘米×13.3厘米（2寸×4寸）大小后重叠装订，该布板由80层布料黏制而成，

图3-74 防城港大板瑶女子服饰

这种独具特色的头饰被当地壮族人称为"板八"；再用红花布、白花布做盖固定在头上，壮观美丽。大板瑶服饰为上衣下裤式样。上衣为黑色交襟，前后衣摆和袖口处都有红布、白布镶边，并在镶边处均匀地缝上4条或5条白线；领口和胸前两边各镶一块红布，在红布上镶上白边，红布中间绣上线条和花卉图案等；再配上项圈、项链、彩色花线、花坠。下着黑色长裤，从裤脚口开始往上绣各种线条和花卉图案，少则十几圈，多则达40多圈，直至膝盖（图3-74）。

20. **平地瑶** 平地瑶女子用自治的方格灰色花巾包头，喜着深蓝色的短衣，右开襟，襟边、袖口和裤脚分别镶道道红边，服装为上衣下裤式样。

瑶族传统手工技艺以织花、挑花、蜡染、制丝及绘染技艺精湛而著称，世世代代传承下来的手工技艺被当地的女子巧妙地运用在日常生活中，制成了极美的服饰、被面、头巾、帽子等。一般喜用太阳纹、生命树与神竿纹、蜘蛛纹、龙犬纹、蜈蚣纹、蛙纹等，花纹的配色和格式都有严格的规定，如人形纹、兽形纹限定用白色或黑色（图3-75~图3-77）。

图3-75 来宾金秀盘瑶头帕上的太阳纹

图3-76 白裤瑶男裤腿血手印

图3-77 桂林龙胜红瑶女子上衣处的蛇纹

图片来源：刘红晓，陈丽. 广西少数民族服饰，东华大学出版社

五、蒙古族

（一）蒙古族概况

　　"蒙古"较早记载于中国《旧唐书》和
《契丹国志》，其意为"永恒之火"，别称
"马背民族"。"蒙古"最初是蒙古诸部落中的
一个部落名称。13世纪初以成吉思汗为首的
蒙古部统一了蒙古地区诸部，逐渐形成了一
个新的民族共同体，"蒙古"也就由原来的部
落名称变成为民族名称，成为中国东北主要
民族之一，是蒙古国的主体民族（图3-78）。

图3-78　蒙古族服饰

图片来源：上海博物馆藏

　　内蒙古自治区简称内蒙古，位于中国北
部边疆，西北紧邻蒙古和俄罗斯，面积约
118万平方公里，人口约598.1840万（2010年第六次全国人口普查统计），以蒙古族和汉族
数量最多，此外，还有朝鲜族、回族、满族、达斡尔族、鄂温克族、鄂伦春族等。全区分设
9个直辖地级市，3个盟；其下又辖12县级市、17县、49旗、3自治旗。首府呼和浩特以及包头、
赤峰、乌兰浩特、乌兰察布、乌海、呼伦贝尔、通辽、鄂尔多斯等为自治区内主要城市。

　　蒙古族逐水草而居，游牧在辽阔的草原上，有着独特的文化和多姿多彩的民族风情。畜
牧业是他们历史上赖以生存发展的主要产业，被称为"马背民族"。内蒙古自治区疆域辽阔、
地跨"三北"（东北、西北、华北地区）。当自治区南部早已是万木繁荣的春天时，北端依然
是冰雪覆地的寒冬。内蒙古属典型的中温带季风气候，具有降水量少而不匀、寒暑变化剧烈
的显著特点。冬季漫长而寒冷，多数地区冷季长达五个月到半年之久。夏季温热而短暂，多
数地区仅有一至两个月，部分地区无夏季。气温变化剧烈，冷暖悬殊甚大。降水量受地形和
海洋远近的影响，自东向西由500毫米递减为50毫米左右。晴天多、阴天少，全年日照时间
普遍都在2700小时以上，长者达3400小时。冬春风多风大，年平均风速在3米/秒以上，蕴
藏着丰富的光热、风能资源。

　　蒙古族人建立的中国元朝的大统一，在中国历史上具有深远的意义，结束了中国唐末以
来国内分裂割据和几个政权并立的政治局面，奠定了中国元、明、清六百多年国家长期统一
的政治局面，促进了国内各族人民之间经济文化的交流和边疆地区的开发，促进了中国统一
的多民族国家的巩固和发展，尤其是中国元朝首次实现了全中国历史上的最大范围的大统一
并把以前的中原王朝无法统一的青藏高原纳入直属版图，在中国多民族统一的形成和发展史
上具有重要的地位。

　　蒙古高原各部大致可以分为两类，草原游牧部落和森林狩猎部落。草原游牧部落主要从

事畜牧业；森林部落主要从事狩猎，也进行采集和捕鱼。实际上，不是所有的部落都可以明确地归为森林部落或草原部落，有的森林部落正在向草原部落过渡，而草原部落则又往往继续从事狩猎活动。

畜牧业是草原部落经济、生活的主要来源。游牧民饲养羊、牛、马，有的部落还养骆驼。牛羊的肉、奶和奶制品是主要的食物。牲畜的皮可制衣服；毛可制成毡毯与绳线，也是制作毡帐的主要材料。在不同的季节，为了适应放牧的需要，牧民要移换牧地，选择水草丰美的地方做夏营地，寻找可避风寒的谷地作冬营地。各个部落都有大致固定的地域，牧民们每年冬夏，沿着习惯形成的路线在牧地间迁移。

狩猎业是森林部落经济的主要来源。狩猎民居住在用木头和桦树皮搭盖的棚子里，穿兽皮，吃野牛、野羊肉。他们狩猎的方式主要是集体围猎，常以部族为单位联合举行。狩猎的季节多在冬季，"凡打猎时，常食所猎之物，则少杀羊"，狩猎是游牧经济的重要补充。

古代蒙古族人最早信仰萨满教。萨满教崇拜神灵，把世界分为三种：天堂在上，诸神居之；地为之中，人类居之；地狱在下，恶魔居之。掌教的巫师宣称自己集万能于一身，除了能役使鬼魅为人祛除灾难外，还能占卜吉凶，预言祸福。萨满教的祭祀有祭天、祭地、祭敖包、祭火、鲊答等活动。元朝时萨满教在蒙古社会占统治地位，在蒙古皇族、王公贵族和民间中有重要影响。皇室祭祖、祭太庙、皇帝驾幸上都时，都由萨满教主持祭祀。成吉思汗和他的继承者对各种宗教采取了兼容并蓄的政策。流行的宗教有黄教、佛教、道教、伊斯兰教、基督教、萨满教等。蒙哥汗时期，蒙哥汗和皇族除信奉萨满教外，也奉养伊斯兰教徒、基督教徒、道教弟子和佛教僧侣，并亲自参加各种宗教仪式，元朝时也采取同样的政策。元朝时期伊斯兰教徒的建寺活动遍及各地，基督教也受到重视和保护。佛教国师八思巴曾向忽必烈及其王后、王子等多人灌顶，佛教取代了萨满教在宫廷里的地位，但佛教的影响仅限于蒙古上层统治阶级，蒙古族人大多信奉的仍然是萨满教（图3-79、图3-80）。

从风俗习惯上看，蒙古族同当地汉族一样从事以农业生产为主的多种经营活动，在生产、消费（衣、食、住、行）、人生礼仪、节日、信仰等方面的风俗习惯和当地汉族几近相似，蒙古族与其他各民族的交往以汉文化为平台。

图3-79　元朝蒙古可汗

图3-80　元朝蒙古苏加巴拉皇后

（二）蒙古族服饰文化

蒙古族服饰具有浓厚的草原风格。蒙古族长期生活在塞北草
原，不论男女都爱穿蒙古袍。蒙古袍的特点是袖长而宽大，高
领、右衽，多数地区下摆不开衩。男袍一般都比较肥大，用深蓝
色、海蓝色或天蓝色的衣料制作，衣领、衣襟、袖口皆有艳色的
镶边，女袍则比较紧身，多用红色、绿色或黄色的绸缎类制成，
衣扣多用黑绦子绣制，或缀以特制的黄铜扣子（图3-81）。

图3-81　蒙古族女服

蒙古袍按季节分为单袍、夹袍、棉袍和皮袍，款式多样，开
衩或不开衩，宽下摆或窄下摆，马蹄袖式样或其他袖式样等，因
此，尽管蒙古族各部都穿蒙古袍，但因地区不同，有所差异。

阿拉善（Alashan）地区蒙古族男子身着左右下摆开衩的蒙
古袍，腰间束绸带，外套坎肩，腰带前系一绣花褡裢，内装鼻烟
壶等珍贵品；手指戴金、银、铜制戒指，年岁大的脖子戴一串经珠。妇女的打扮既华丽又整
洁，她们身着不开衩的蒙古袍，已婚妇女上套开襟坎肩，未婚妇女不穿坎肩，均系腰带。妇
女的头饰很有讲究，头蓄两条长发辫，装入发套，分垂两侧，从坎肩的袖笼里塞进，把下面
露出来，耳悬金银环，手戴银镯子，指上戴金银戒指。

清代科尔沁（Horqin）蒙古族因居住地与满族毗邻，其装饰风格深受满族文化影响，头
饰为珊瑚珠串，头插各式簪钗，袍服制作亦吸收满族服饰风格，注重绣花、贴花、盘花等工
艺的运用（图3-82、
图3-83）。

内蒙古鄂尔多斯
（Ordos）地区的蒙古
袍与其他地区式样不
同，袍较长，两侧开
衩，大襟右边系扣，
不论男女，一般都备
有腰带。男子喜欢穿
蓝色或棕色袍，长袍
较肥大。女子喜欢穿
红、粉、绿、天蓝色
绸质袍，较紧身，显
示女子身材的苗条与

图3-82　科尔沁蒙古族女式长坎肩

图3-83　科尔沁蒙古妇女传统服饰

健美。鄂尔多斯作为成吉思汗八白宫所在地，大量元朝时期杰出的艺人、工匠汇聚于此，将蒙古帝国宫廷文化、精湛的工艺带到鄂尔多斯，是鄂尔多斯蒙古族妇女头饰雍容华贵的主要原因之一。鄂尔多斯蒙古族妇女头饰，造型庄重、华贵，用料考究、精良，做工繁杂、精湛，工艺上采用捶打、编结、錾花、镶嵌、雕纹等技法，饰件图案以各种花卉、虫草、吉祥纹样居多，造型精美、玲珑剔透，用料多为珍贵的红珊瑚、珍珠、玛瑙、绿松石、银等。红珊瑚色泽纯正，与珍珠、琥珀并列为三大有机宝石，是祭佛的吉祥物，代表高贵权势，被蒙古人视为祥瑞幸福之物，称为"瑞宝"，是驱凶辟邪，吉祥富贵，幸福与永恒的象征；玛瑙色泽艳丽，被认为是神的赐予；白银、珍珠象征着圣洁。

新疆维吾尔自治区巴音郭楞蒙古族自治州、博尔塔拉蒙古族自治州以及和布克赛尔蒙古自治县居住的察哈尔部、土尔扈特部等部落的蒙古族，受维吾尔族、哈萨克族等民族的影响，服饰具有民族交融性的特征，但依旧保持了蒙古族服饰的基本特点。男子一般头戴瓜皮帽、尖顶帽，身穿长袍，腰扎红、绿绸带或黑、蓝布带。腰带两侧佩挂蒙古小刀、烟荷包等饰物，脚穿长筒皮靴；妇女头戴"哈珠勒噶"凉圆帽，上绣花纹，顶结红绒或红丝长穗；妇女的袍式多样，多为红、绿、蓝色，领口、袖口、胸襟及下摆都有刺绣；妇女留长发辫，未婚少女梳的辫子从一根到几十根不等，已婚妇女则把头发从中间分开，在两边梳半圆形的辫子，套上用黑色料子做的辫套，饰以黄边及彩线刺绣，上戴金银珠宝。

居住在内蒙古呼伦贝尔草原和俄罗斯西伯利亚地区的布里亚特蒙古族，以游牧、狩猎为主要生产方式，男女皆穿长袍、靴子。布里亚特蒙古族的服饰既有一般蒙古族的风格，又受到俄罗斯和鄂温克等民族的影响。男子冬季戴红缨角帽，帽边和帽耳是羔皮或水獭皮等贵重皮毛，身着羊皮长袍扎彩绸腰带，脚穿自制布里亚特式厚毡高腰蒙古靴；春秋两季身着布袍，脚穿皮靴；夏季，男子头戴呢子角帽，称为"尤登"，身着布夹袍，脚蹬单皮靴，身披宽大的较厚呢子做成的朝布（意为雨衣），以防下雨或夜晚在外寒冷。女子穿戴同男子一样的帽子和靴子，身着女士袍，前胸打褶，已婚女子着肩部打褶的长袍。肩部是否打褶是女性已婚、未婚的醒目标志，两种袍均不系腰带。冬季女性则在长袍之外再罩一件皮、棉坎肩。

察哈尔蒙古族服饰继承和发扬了传统蒙古族服饰的款式和风格，多采用元代皇宫的颜色，服装的领口、大襟不绣花，领边、领座、大襟、垂襟和开衩衣边用绸布进行镶边，体现了察哈尔蒙古族服饰的宫廷韵味。

居住在内蒙古锡林郭勒草原和蒙古国南部地区的乌珠穆沁蒙古族是蒙古民族的一个古老部落，该部落以服饰华丽而闻名。乌珠穆沁蒙古族的服饰多采用绣有纹饰的红、绿、蓝等多种颜色的布料制成，领口和袖口宽大并装饰有各类吉祥图案。乌珠穆沁人的蒙古袍比别的地区要显宽大，长袖高领，纽扣在右侧，衣边用漂亮的花边点缀。

现代蒙古袍的颜色，男子多喜欢穿蓝色、棕色，女子则喜欢穿红、粉、绿、天蓝色，夏天更淡一些，有浅蓝、乳白、粉红、淡绿色等。蒙古族人认为，像乳汁一样洁白的颜色，是最为圣洁的，多在盛典、年节吉日时穿用；蓝色象征着永恒、坚贞和忠诚，是代表蒙古族的色彩；红色像火和太阳一样能给人温暖、光明和愉快，所以平时多穿这样颜色的衣服；黄色被看作是至高无上的皇权的象征，所以过去除非活佛，或者受到过皇帝恩赐的王公贵族，其他人是不能穿用的。

蒙古高原四季分明的气候环境，使帽子成了蒙古族人不可或缺的生活用品，其功能和样式更加丰富，凝结为一种蕴含深邃文化的载体。在漫长的社会发展过程中，帽子的功能超出了使用价值范畴，上升为个体审美、社会身份的标志物，不同时期和不同款式的帽子，折射出蒙古族人的物质生产、加工工艺、精神境界和艺术水准。

蒙古先民最早用貂皮、狐皮、羊皮等兽皮制作帽子，后来逐渐也用棉、麻、丝等材料，材料主要来自周围的农业地区。蒙古族人把巾、帽沿用至今，男士系扎头巾的方法、样式与妇女有所区别，而且一般不戴颜色鲜艳的头巾。蒙古帽子原先分为男女以及礼仪、官吏、军戎、僧侣等不同的种类。在古代社会里，蒙古族人的帽子是表明社会身份的最明显的标志之一，因此有贵族与贫民、黄金家族与百姓之区分。蒙古帽子大体上有冬、夏两种类型。在12~13世纪，蒙古族男士在帽顶插上海青鸟或游隼的羽毛，把款式设计成猛禽形状，后来称其为栖鹰冠的帽子。栖鹰冠在传统蒙古族冠帽中最具代表性，故宫典藏"历代帝王像"中成吉思汗、忽必烈所戴冠帽均为栖鹰冠。栖鹰冠从古延续至今，是蒙古帽中最典型、使用最普遍的帽饰。栖鹰冠的由来与蒙古某些部落把海青鸟当作自己的祖先（图腾崇拜）有关。当时的蒙古成年男子戴尖顶或圆顶栖鹰冠，贵族可汗（部落首领）的栖鹰冠还要讲究质地，夏天用上等锦缎，冬天用狐、貂皮制作，并配以金、玉顶珠。贵妇人戴宝革卡（宝革涂革或罟罟）帽（图3-84）。

图3-84 蒙古族帽饰

摔跤比赛（Wrestling）是草原牧民最喜爱的运动项目，蒙语叫博克，在蒙古草原历史悠久。蒙古族摔跤比赛服装包括坎肩（Waistcoat）、长裤（Pants）、套裤（Leggings）、彩绸腰带（Belt）。长裤宽大，套裤上图案丰富，一般为云朵纹、植物纹、寿纹等，图案粗犷有力，色彩对比强烈；内裤肥大，用10米大布特制而成，利于散热，避免汗湿贴于体表。套裤用坚韧结实的布或绒布缝制，膝盖处用各色布块拼接组合缝制图案，纹样大方庄重，表示吉祥如意。各部分配搭恰当，浑然一体，具有勇武的民族特色。

蒙古族银饰品具有精美的造型，采用铸炼、捶打、编结、雕镂、錾刻等各种工艺，造型美观，纹饰讲究，多用太阳纹、八宝、花草等传统图案，是牧民们喜欢的日常用品。有图样淳朴的扣子，也有小桥流水、楼台亭榭、风景如画的扣子，还有做工精美、高贵典雅的花草、蝴蝶、双鱼、梅花、莲花、星星、蝙蝠、葫芦、寿字、福字等造型的镂空扣子。牧民佩挂的火镰，大多用银子装饰，镶嵌银钉，镂刻有寿纹、双狮、花草、草龙，有的还浮雕兽形、鹰形图案，显得庄严古朴。蒙古族的银饰品以多、大、重为美，从头到腰处处点缀，华丽而庄严，除了银质材料以外，簪首大多镶嵌珊瑚、玛瑙、翡翠。银簪是最常用饰品之一，经常用来绾束头发，有蝴蝶、单柳叶、双柳叶、三柳叶、孔雀尾、连环结等形状。

蒙古民族在长期的生产和生活实践中，创造了许多具有民族风格的花纹图案。其中有以五畜和花鸟为内容的动植物图案，以山、水、云、火为内容的自然风景图案，以吉祥如意为内容的"乌力吉"（吉祥）图案等（图3-85）。

腰带是蒙古族服饰不可缺少的重要组成部分，一般多用棉布、绸缎制成，长三四米不等，色彩多与袍子的颜色相协调，束腰带既能防风抗寒，骑马持缰时又能保持肋骨的稳定、垂直。男子扎腰带时，多把袍子向上提，束得很短，骑乘方便，腰带上还要挂"三不离身"的蒙古刀、火镰和烟荷包。女子则相反，扎腰带时要将袍子向下拉展，以显示女性身段。

蒙古族人生活在高寒环境中，加之长期的游牧生活，服装、服饰必须有较强的防寒作用，又便于骑乘，长袍坎肩、皮帽、皮靴成为他们的首选。蒙古族偏爱鲜艳、光亮的颜色，这些色彩让人感到明朗、欢愉；从款式看褒衣博带，既体现人体的曲线美，又能体现蒙古族宽大丰厚、粗犷坦荡的性格。

图为萨满教道士服饰，陈列于蒙古国家历史博物馆（National Museum of Mongolian History），头饰上有两只虎铃，直径约5~6厘米（Dancing demons of Mongolia，Nieuwe Kerk，Amsterdam，1999）。在此服饰中，虎铃是一种护身符，起辟邪的作用（图3-86）。

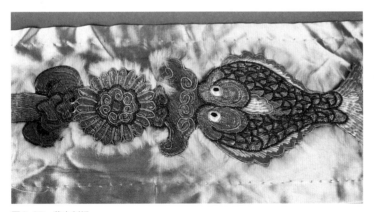

图3-85 蒙古刺绣

图3-86 萨满教道士服

图片来源：蒙古国家历史博物馆藏

（三）现代蒙古族服饰

蒙古族服饰作为一种文化符号，也受到现代文化潮流的影响，在其发展过程中展现出自己的发展趋势。

（1）融合特征：信息社会的到来，社会成员的自由流动，使得蒙古族服饰打破了传统的封闭性，呈现出高度融合的总趋势。一是蒙古族部落服饰之间的融合，即未来的蒙古族服饰式样，在整体上继承和保留了蒙古族传统服饰的基本式样，如袍子、坎肩、帽子，但原有的传统服饰特征趋于淡化；二是蒙古族服饰和其他民族服饰的融合，即蒙古族服饰式样，在整体上继承和保留了蒙古族服饰的基本式样，但在其局部的处理和整体设计上会吸收其他民族的理念和样式。

（2）礼仪特征：蒙古族聚居地区生产生活方式的现代化，使得蒙古族服饰渐渐失去了传统意义上的实用功能，如传统的主要以保暖和方便生产生活的服饰功能。文化的传承性和民族情感的固化性，使得蒙古族服饰以礼仪化的形式得以再现，一是其装饰美化生活的功能表现为蒙古族的节日盛装，呈现出新奇、华贵和喜庆的特点；二是传承、发展和展示其文化特色有了新的舞台，表现为蒙古族的戏剧服装，呈现出传统、艳丽和艺术的特点。

（3）时尚特征：新的服饰材料和世界服装设计的理念使蒙古族服饰文化的外延更加拓展，内涵更加丰富，呈现出鲜明的时尚化趋势。首先，服饰材料和颜色的多样化。大量的合成材料、混纺材料、化纤材料的出现，使蒙古族服饰颜色的层次更加多样，观赏性更强；其次，款式设计上的创新性，表现在继承传统的基础上，吸收世界流行服饰的设计理念，大胆借用其他民族服饰内容，对蒙古族传统服饰的局部或某些元素进行变形或夸张，使得蒙古族服饰呈现出简洁、明快、舒展、大气、休闲、流行的特点。如女袍的下摆吸收了连衣裙和百褶裙的特点，使蒙古袍的上部更合体，下摆更宽松，显示了现代蒙古族人的青春活泼；坎肩吸收了休闲牛仔上衣超短、露脐的特点，并对肩部进行夸张扩展；袍服的袖口式样多样创新，将原为实用的马蹄袖进行改造，或改为袖口的上贴装饰，或只取毛边的袖口装饰，或将传统的紧窄袖加以夸张，改成宽松的大袖等。

六、满族

（一）满族概况

满族，全称满洲族，辛亥革命后被称为满人，是中国的一个少数民族。满族是中国最古老的民族之一，也是唯一在中国历史上曾两度建立过中原王朝的少数民族。满族的历史和文化，无论过去还是在现在，对整个中华民族的历史和文化发展，都有着重要的启示作用。满族现今散居中国各地，以居住在辽宁为最多，其他散居在吉林、黑龙江、河北、内蒙古、新疆、甘肃、山东等省区和北京、天津、成都、西安、广州、银川等大、中城市，形成大分散之中有小聚居的特点。中国东北白山黑水的广袤地区是满族的发祥地。"白山黑水"，长白山地区和黑龙江流域，属大陆性气候，位于温带和寒温带的湿润、半湿润季风气候地区。夏季短暂炎热，冬季漫长寒冷。北部年降雨量不高，无霜期短；南部由于受海洋影响，年降雨量较高，无霜期较长。这种自然环境为满族的生存发展提供了物质条件，滋养和塑造了满族独特的民族文化。

满族在文化方面具有巨大的创造力，与其由渔猎民族转入农业民族，由奴隶社会转入封建社会的历史进程相辅相成。与汉民族文化的交流，是满族文化发展的有利条件，它缩小了满族与汉民族在文化生活上的差距。

满族人信奉多种宗教，早期信仰萨满教。萨满是以能够进入忘我失神的神灵附体状态的人物。根据迷狂状态的不同表现，可分为灵魂脱离身体的"脱魂型萨满"和外面的精灵进入体内的"凭灵型萨满"，萨满在人和神之间发挥着媒介作用。从结构形态来看，萨满教由神话要素、媒介要素、仪礼要素组成。狭义萨满教，主要指以西伯利亚为中心的东北地区各民族，特别是以古斯民族中所流传的民间信仰为典型，并把萨满教的范围限制在那些地方的民间信仰上；广义萨满教，东从西白令海峡，西至斯堪的纳维亚半岛及北美、澳大利亚、北极因纽特人在内的所有原始巫术都包括在萨满教范围内。目前，国际通用的萨满教概念指广泛意义上的萨满文化现象，而非专指通古斯人的萨满教。广义的萨满教不像基督教、佛教、伊斯兰教那样是一元多体的，萨满教可能是多远一体的自然宗教。萨满教没有严格的宗教经典，多数都是口传。汉族也是信仰萨满教的民族之一，这里所说的萨满教是广泛意义上的萨满教。根据国内的资料看，西伯利亚及其附近地区是萨满的中心。在西伯利亚活动的原始人群，主要是通古斯原始社会群体。"萨满"一词，是通古斯语族的语言。从这三方面来讲，西伯利亚是萨满教发祥圣地。❶

在萨满教神谕中，占据最大比重的内容几乎主要是对自然界——宇宙变幻的至高天穹神祇的崇拜。山川湖海、风雷电闪、日月风云、昼夜交替等，都融在原始先民广义的白天概念中。群星在萨满神赞中被描绘成活跃的世界。古人们想象天有生机，繁忙劳碌而不是死气沉沉。天，在原始古人心目中，最伟岸、最难测、最神圣。大地再艰险，赤足可蹈、裸身可卧；而天忽明忽暗、忽雷忽雨、忽雾忽晴，天的世界成为远古人类神秘莫测、难以理解而又与生存息息相关的圣域。萨满教天穹崇拜意识，就是源于人类原始时期长期对天象的曲解。

萨满的宗教活动主要是与自然崇拜、图腾崇拜和祖先崇拜有关的各种祭祀活动。对自然的崇拜，所以满族人祭天、祭地；图腾崇拜，使满族人对动物神、植物神十分尊崇。祭狗、祭佛多妈妈、祭柳；满族人对祖先更是敬畏有加，各种年节和举行各种活动都要祭告祖宗。满族入关后，儒家学说与佛教等深入人心，与满族传统信仰发生冲突，但由于在八旗制度束缚下的满族人民始终居住于相对封闭的聚居区中，加上满族人民固有的民族意识以及对传统

---

❶ 赵展.满族文化与宗教研究[M].辽宁：辽宁民族出版社，1993：317.

文化的依恋心理，使萨满教的习俗，甚至在满族语言已无法保存的时候，仍得以在家庭内世代传承。此外，满族人平日在家中供"祖宗（神）板"，院中竖索罗竿，祭祀时请萨满跳神，在祭祀天、地、山、川、禽鸟动物的同时，还崇拜关帝、观音，说明在满人的萨满教信仰中，渗入了外来宗教的神祇。

满族许多节日与汉族相同，如春节、元宵节、二月二、端午节和中秋节。节日期间一般都要举行珍珠球、跳马、滑冰等传统体育活动。满族的其他节日有颁金节、走百病、添仓节、二月二、虫王节、中元节、开山节等。每遇到重大节日，满族人民都会举行隆重的仪式，进行庆典、祈祷，由于目的不同，节日服饰内容有所区别，服饰在节日中起到了不可或缺的作用。

（二）满族服饰文化

满族先民长年居住山林河谷，渔猎活动使他们养成精于骑射的特长。妇孺亦均娴于骑射。男婴降生后，在大门上挂一副弓箭，预示他将来能成为一名出色的射手。满族始终保留传统服装发饰，男子剃发，身着袍褂，女子穿长衫。

满族服饰充满着浓郁的民族特点，反映了鲜明的民族风格。首先，它有明显的历史痕迹。历史上，女真人"善骑射、善耕种、好渔猎"，每见鸟兽之踪便置之于死地，食其肉，衣其皮。满族则步其后尘，也喜欢穿其衣；其次，满族服饰地方性十分突出。如东北地区冬天寒冷，满族人不分男女老少都有戴帽的习惯；再次，满族服饰反映了生活习惯。对于一个骑射民族来说，一切装束都要有利于马上奔驰，满族的服饰都反映了这个特点；最后，满族服饰既保留了汉族服饰中的某些特点，又不失本民族的习俗礼仪，为现代中国传统服饰奠定了基础，如现代生活中流行的"中山装"是由马褂子改进而来，中国旗袍源于满族女旗袍，坎肩仍是中国流行的时装。

清代满族基本都编入八旗，有旗人之称，满族男女老少四季皆宜的服装被人们称为旗装，式样分男、女两种。清代男子一般装束为长袍或长衫配马褂、马甲，腰束长腰带。清初男子旗装为圆领、大襟、箭袖（马蹄袖），四面开衩，系扣襻，腰中束带。四面开衩是为了骑射自如，箭袖是为射箭方便，又可御寒保护手背。冬季在棉袍外往往套一件长到肚脐、四面开衩、对襟的短褂，称马褂（满语鄂多赫），亦有外套——马甲（俗称坎肩）。满族女子早先也善于骑射，所以女式旗装也是前后左右四开衩，宽腰直筒，式样基本与男袍同，只是在领口、前襟、袖口等处镶饰花边，天寒时则外加马褂或马甲于袍外。民国年间，旗袍多改为胸襟宽松、腰身微紧、臀部稍宽、下摆略收的式样，这种贴身合体的旗袍，显示出女性端庄典雅及身段之美。20世纪50年代末，男式旗装在满族聚居区逐渐废弃。

满族的服饰色彩多以白色、蓝紫色为主，红、粉、淡黄、黑等色也是其服饰的常用色。白色在满族服饰中是一个重要的颜色，满族传统上有尚白的习俗，以白色为洁、为贵，白色象征着吉祥如意，所以在满族服饰中常在红色、蓝色等其他颜色的旗装上镶白色的花边（图3-87）。

满族妇女擅长刺绣，在衣襟、鞋面、荷包、枕头等物品上刺绣花卉、芳草、鹤鹿、龙凤等吉祥图案。满族补绣是满族民间工艺，或称"钉线"，主要流行于东北地区农村。以家织布和棉线为原料剪缝而成，黑白色为主调，间用它色。纹饰以榴开百子、吉庆有余、葫芦盘长、福寿长春、八宝等吉祥图案为主，多配以较粗重的黑色边饰，常绣于枕顶、荷包、幔帐、坐垫之上。

虽然满族的服饰有很强的民族传统特色，但也随其历史的发展在不断地演变着，特别是满族入关以后，长期与汉族杂居，在服装款式、服饰色彩与服饰图案上都有不同程度的演变。服饰图案中常出现许多汉族的福、寿、万等字的吉祥符号。满族人的服装及其佩饰独具特色，内容丰富（图3-88、图3-89）。

图3-87　满族宝蓝色暗花绸五彩绣挽袖夹氅衣

图片来源：北京服装学院民族服饰博物馆藏

图3-88　满族女孩的典型服装

图片来源：威廉·洛克哈特收藏

图3-89　香港歌女的服饰

图片来源：本杰明·基尔本拍摄

旗袍（Qipao，Cheongsam），满语称"衣介"，古时泛指满洲、蒙古、汉军八旗男女穿的衣袍。清初时衣袍式样的特点为，无领（Colarless）、箭袖（Horse-hoof-shaped Sleeves）、左衽（Buttons on the Right）、四开衩（Four Slits）、束腰（Belted at the Waist）。箭袖，是窄袖口，上加一块半圆形袖头，形似马蹄，又称"马蹄袖"。马蹄袖平日绾起，出猎作战时则放下，覆盖手背，冬季可御寒。四开衩，即袍下摆前后左右，开衩至膝。左衽和束腰，紧身保暖，腰带一束，出行时，可将干粮、用具装进前襟。男子的长袍多是蓝、灰、青色，女子的旗装多为白色。满族旗袍有一个特点，就是在旗袍外套上坎肩（Waistcoat）。坎肩有对襟（Buttons

Down the Front）、捻襟（Buttons on the Right）、琵琶襟（Pipa Lapel）、一字襟（"—" Lapel）等。穿上坎肩骑马驰骋显得十分精干利落。在满族南迁辽沈入中原后，与汉族同田共耦，受汉族"大领大袖"服饰的影响，由箭袖变成了喇叭袖，四开衩演变为左右开衩。

窝龙带，是满族传统服饰，亦称马甲，实为无袖的马褂，有领，衣长及腹，多为两侧开衩，在领、襟等边缘处饰以各色花纹。有对襟、大襟、琵琶襟等式和棉、皮、夹、纱之分。清朝坎肩，是满族进关之后，与汉族融合，受汉族衣着影响的结果。坎肩不是满族原有的服装，是受汉族"半臂"影响演变而来，最初形式为无领、无袖、对襟，坎肩另有背心、蔽甲方、披袄、搭护等名。内蒙古的满族男子多喜琵琶襟式坎肩，其式是将衣襟缝成弧形，即襟从领口至右肩处贴胸而下，但不到底，而又左转至肚脐处，以致下襟缺一小截，其式是为上下马方便之故。妇女穿的坎肩要绣花镶边，坎肩有棉有夹，或丝或布，多套在袍子外面，多为对襟式，对襟下端多为如意头式，衣缘多镶以艳丽花边。清代该服饰窄小，多穿于旗袍内，清末以来尚宽大，多套于旗袍外，因其美观实用，至今在科尔沁右翼前旗满族屯满族乡及喀喇沁旗十家满族乡仍有年长者穿着。"巴图鲁"（满语勇士）坎肩在八旗子弟中很流行，后来有的加上两袖，被称为"鹰膀"，更显英武。

套裤（Leggings），是满族的一种裤子，是一种没有前后裆，只有两个裤筒的裤子。清代，其形式为上口尖，下裤管平，穿时露出臀部及大腿后面上部。有棉、夹、单之分，面料有布、缎、纱、绸、呢等，多为男子所服。北方由于气候寒冷，穿时则把裤脚管用丝织的扁宽带子扎紧。满族妇女有时亦穿套裤，在裤管下镶绲如意头饰，下用一对纽扣扣紧。

马褂（Mandarian Jacket），是清代满族男子上衣，穿在长袍、长衫之外，长不过腰，袖仅掩肘，短衣短袖，便于骑马，故得此名。满族袍下摆宽大，两侧开衩较高，也是为了便利骑乘。满族妇女早先也善骑马，所以旗袍也是前后左右四开衩、宽腰身直筒式。清代男子一般的装束是长袍或长衫配马褂、马甲，腰束长腰带。马褂长至肚脐，左右侧缝和后中缝开衩；袖口平直（无马蹄袖端），有的袖长过手，有的袖长仅至手腕；开襟形式有对襟、大襟、琵琶襟等。女式马褂款式有挽袖（袖比手臂长的）、舒袖（袖不及手臂长的）两类。衣身长短肥瘦的流行变化，与男式马褂差不多。但女式马褂全身施纹彩，并用花边镶饰。

马蹄袖，是清代满族男女旗装之袖式，亦称箭袖。清初，满族男子所服旗装，袖口较窄，袖端多加一长可露指的半圆形兽皮（后改布质），因其形状酷似马蹄而称为马蹄袖。优点是征战、打猎时射箭方便，御寒保护手背。清中期以后，该袖式的服装渐从便服转为礼服，便服多为平袖，礼服仍为马蹄袖，平时多卷起，在办公事、喜庆节日、拜见上司、叩见长辈时，必须先左后右地放下马蹄袖，才可行拜见礼，也有将马蹄袖用纽扣系于便服袖口，以作为礼服之用者。满族妇女礼服亦多为马蹄袖式，至民国年间，逐渐不用。

满族妇女不缠脚，所穿鞋子绣有花饰，鞋底中央垫有木质鞋跟，与颈部、发髻相配，满族妇女走起路来要保持挺直的状态，显得高贵、有尊严。满族的女式旗鞋，称为"寸子鞋"，也称"马蹄底鞋"，鞋底中间即脚心部位嵌10厘米多厚的木头，用细白布包上，木跟不着地的地方，常用刺绣或穿珠加以装饰，因鞋底平面呈马蹄形，所以得名；另外一种鞋的底面呈花盆形状，称为"花盆底鞋"；老年妇女和劳动妇女所穿旗鞋以平木为底，称为平底绣花鞋，亦称"网云子鞋"。满族的女鞋，表面都有绣花，袜子多为布质，袜底也纳有花纹。鞋面，富家多以缎为质，贫者布为之，皆彩绣花卉图案，素而无花者，最为禁忌，以其近凶服。贵族妇女常在鞋面上饰以珠宝翠玉，或于鞋头加缀璎珞，少女至十三四岁始用，民国以后，已不多见；乌拉，为农村下层满族人民冬季穿用的一种皮革制作的鞋，用牛皮或猪皮缝制，内絮乌拉草，既轻便又暖和，适于冬季狩猎、跑冰，是很有特点的满族服饰之一，一直在东北农村穿用（图3-90）。清代文献记载："鞠牛豕皮为履，名曰渥腊。"此渥腊就是乌拉鞋。西清《黑龙江外记》中描述："冬日行役，率着乌拉……软底而藉以草，温暖异常。"《黑龙江述略》记载："土人著履，曰乌拉，制与靴同，而底软，连帮而成，或牛皮，或鹿皮，缝纫极密，走荆棘泥淖中，不损不湿，显亦耐冻耐久。"

　　旗髻（Banner People'Bun）指"两把头"（图3-91）、"大拉翅"等满族头髻。两把头的梳法是先将长发向后梳，分为两股，下垂到脖后，再将两股头发分别向上折，折叠时一边加黏液，一边复压使之扁平，微向上翻，余发上折，合为一股，反复至前顶，用头绳（红丝线或棉线绳）绕发根一圈扎结固定，其上插扁方，余发绕扁方上，使扁方与发根之柱状合成T字形，前戴大花卉及珠结，侧面垂流苏。后来，旗髻逐渐增高，两边角也不断扩大，上面套戴一顶形似"扇形"的冠，一般用青素缎、青绒做成，称为"旗头"或"官装"，俗称"大拉翅"，其结构为形似扇面的硬壳，内用铁丝按头围大小做圆箍和骨架，用布裕褙做胎；外包青缎和青绒布，做成纯装饰性大两把头，既能美饰头发，又可摘戴自如。《清宫词》有云："凤髻盘出两道齐，珠光钗影护蜻蜓。城中何止高于尺，叉子平分燕尾底。"该发式，顶发梳成圆髻，脑后发呈燕尾式。另以黑缎、绒或纱制成"不"字形皂板，曰"头板"，其底部以铁丝制成扣碗状，谓之"头座"，扣于头顶发髻上，并用发缠绕，使之固定，这种"高如

图3-90　乌拉

图3-91　清代妇女两把头正面和背面

"牌楼"之固定装饰，用时套在头上。通常于头板正中戴彩色大绢花，称"头正"或"端正花"，并加饰珠、翠、玉簪、步摇和鲜花，或于右侧缀一彩色长丝穗，这种发式因头板如两翅张开而得名（图3-92~图3-94）。

图3-92　清代大拉翅

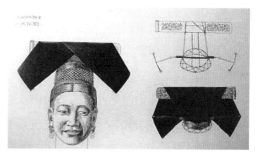

图3-93　大拉翅结构图

满族妇女的发式变化很大，姑娘时代，只简单地把头发在脑后挽一下，到快出嫁时，把头发梳成辫子并挽成单发髻，结婚后的发式有双髻式、单髻式等多种，双髻式发型把头发从头顶分梳为前后两部分。前髻梳成平顶状，以便戴冠，颈后髻梳成燕尾状，在颈后伸展开来，它使得颈部总要保持挺直的状态。清代满族贵族妇女发式，盛行于光绪、宣统年间。

图3-94　清朝末年宫廷服饰

图片来源：弗兰克·卡彭特，弗朗西斯拍摄

辛亥革命结束了清朝政府的统治，社会发生了急剧的变革，这一变革也涉及满族服饰的变化，主要的表现是男子剪了辫子，头顶前半部不再剃去，留了头发，也不再戴红缨帽，但满族妇女仍在头顶梳旗髻。"民国"十年左右，在岫岩，最上等的单衣用葛纱之类制作，颜色多为白。春、秋夹衣用呢、绸或布做成，冬穿棉衣，穿皮衣为少数，长袍、马褂、套裤仍沿旧习。农民为劳动方便，多穿蓝布短衣，夏天戴斗笠，光脚；天寒时戴毡帽，穿皮。妇女兴穿旗袍，不分满、汉，冬季寒冷，袍内穿小棉袄，外套短褂，城镇妇女已有穿裙子的。男人穿礼服者不多见，夏天戴草帽，冬戴皮帽，春秋戴缎制瓜皮帽；冬天穿棉鞋或毡鞋。如今，除极个别山区老年人穿长袍外，满族男女服饰均与汉人无异。满族妇女的旗袍以其朴素、美观、大方、合体的优势，经不断改进，迄今仍为妇女穿用，并在世界上有一定影响。

至20世纪30年代，满族男女都穿直筒式的宽襟大袖长袍。女性旗袍下摆至小腿，有绣花卉纹饰。男性旗袍下摆及踝，无纹饰。40年代后，受国内外新式服饰新潮的冲击，满族男性旗袍逐渐废弃，女性旗袍由宽袖变窄袖，直筒变紧身贴腰，臀部略大，下摆回收，长及踝，形成现代各式各样，讲究色彩装饰和人体线条美的旗袍样式。由于旗袍非常适合中国妇女的体形、贤淑的个性和民族气质，后来这一源于满族的传统服装渐渐成为中国传统时尚。

（三）满族元素在现代服装设计中的运用

满族的民族服饰文化是文化变迁和绚丽多彩的中华民族服饰文化的重要组成部分。满族服饰不但继承了汉族在历史上衣着的长处，而且把经历过检验、实践，证明既适合于生活需要、又有民族特色的东西保留了下来，将继承、借用、创新，有机地融为一体，是当代中国民族团结、民族融合、民族借鉴的重要内容之一。满族服饰的形成、发展和变迁，促进了满族的不断进步也为中国民族服饰之间相互影响、相互作用提供了实际的例证。满族服饰发展和变迁的轨迹对研究中国民族服饰之间的相互关系以及推进中国民族服饰文化的共同繁荣、对现代服装设计中传统民族服饰文化与流行时尚的结合等方面都有着非常重要的意义。经过长期的积累与沉淀，满族女装服装样式演变发展成为现今的旗袍，在现代生活中被广泛穿着，已成为现代中国女性的国服，成为中华民族女性服饰的象征，在现代服装中表现着丰富的文化内涵。

满族服饰是中国传统服饰文化的重要组成部分，主要以立领、盘扣、开衩、龙凤等题材团花图案、立体圆扣等服饰元素体现在现代服饰中。这些服饰元素包括镶、嵌、绲、绣等变化丰富的装饰技法，已经成为"中国元素"的象征，应用这些元素的服装被界定为"中式服装"。

图3-95 满族萨满元素设计作品

礼仪性表现，开放政策使我国各行业对外交流活动日益频繁，出席各种外事活动时为了表明身份，礼仪性服装需要穿着中国特色的民族服饰，中式服装自然最为恰当，尤其是女性的旗袍。在百姓生活礼俗中，婚礼等场合穿着旗袍也成为一种习俗，尤其是新娘的礼服，大多是大红色龙凤团花镶金织锦的旗袍，象征富贵祥和。

尚坤塬·2017中国国际大学生时装周上，东北电力大学发布的毕业生作品主题"吉林乌拉"，有很强烈的民族感和地方感。在萨满文化和松花江流域满族文化主题下，借鉴了满族建筑色彩、满族服饰色彩、民族器具色彩、民族历史的想象色以及浓重的民族文化色彩，极大的设计空间和想象力给主题赋予了丰富的满族元素应用设计（图3-95、图3-96）。

图3-96 满族元素旗领设计作品

七、纳西族

（一）纳西族概况

纳西族系古羌人后裔，自西北河湟地区南迁，与土著人融合而形成。"纳"即"黑"，"黑"即"大"，在先民的观念里，"光明"是看得见的，因而是有限的；而"黑暗"是看不见的，因而是无限的，所以在民族语言中把"黑"引申为"大"，称大江为"黑水"，称大山为"黑山"，称自己为"纳西"即"大族"之意。中国的纳西族主要聚居于云南省丽江市古城区、玉龙纳西族自治县、维西、香格里拉（中甸）、宁蒗县、永胜县及四川省盐源县、木里县和西藏自治区芒康县盐井镇等，现有人口326295人，主要聚居地丽江属高原型西南季风气候，气温偏低，昼夜温差也很大。丽江的大部分地区冬暖夏凉，年平均气温在12.6~19.8℃，最热月的平均气温为18.1~25.7℃，最冷月平均气温为4~11.7℃，年温差小，但日温差较大，年极端最高气温25.1℃，最低气温 –27.4℃，每年的5~10月为雨季，7、8月集中。

宗教文化，东巴教是纳西族的特有宗教。东巴文化因保存于东巴教而得名。主要包括东巴文字、东巴经、东巴绘画、东巴音乐、东巴舞蹈、东巴法器和各种祭祀仪式等。巫师，被称为"东巴"，意为智者，是宗教活动的组织者、主持者，由于他们掌握东巴文，能写经、诵经，能舞蹈、绘画、雕塑，懂得天文、地理、历法，所以成为纳西族古文化的重要传承者。东巴教植根于西藏苯教的信念，"东巴"的字面意思是"聪明人"。纳西族的东巴教认为精神和灵魂永远不会消逝。

纳西文字有两种，即东巴文和哥巴文。东巴文是一种兼备表意和表音成分的图画象形文字，被认为是目前世界上唯一存活的象形文字，其文字形态十分原始，属于文字起源的早期形态。东巴文是居于西藏东部及云南省北部的少数民族纳西族所使用的文字。哥巴文是纳西族的一种音节文字，"哥巴"意思是"弟子""徒弟"，因为哥巴文创制于东巴文之后，又有不少字是东巴字的简化形式，所以取名"哥巴"，表示以东巴文为师的意思。

纳西族人民在长期的生产劳动和社会实践中，创造了大量的文学作品，有神话、传说、诗歌、故事、谚语、谜语等。纳西族原始口传神话主要有天文神话、山岭植物神话、动物神话、射日神话等。天文神话有《太阳月亮的来历》《七星与昂星》等。这类神话从不同侧面反映了纳西族先民朴素的太阳崇拜和女性崇拜，以及对天文学现象最原始的想象。植物神话《矮松的来历》，形象地解释了松、栗地域分布的自然现象。动物神话《人鸡换寿》《人狗换寿》，反映出狗、鸡在纳西族初民生产生活中所占的位置。射日神话《顶靴力士》，鲜明地突出了人的力量，表达了纳西族先民战胜干旱这一自然力的强烈信念。

（二）纳西族服饰文化

《南诏野史》下卷载，纳西族"男雉发戴帽，长领布衣；女高髻，或戴黑漆尖帽，短衣长裙。"这里的"布衣""长裙"是麻布衣裳，直到明清，除丽江古城外，山区的纳西人以穿麻布衣裳为主，如乾隆《丽江府志略》称纳西族"男子头绾二髻，旁剃其发，名三搭头，耳坠绿珠，腰挟短刀，膝下缠以毡片，四时着羊裘；妇女结高髻于顶前，戴尖帽，耳坠大环，服短衣，拖长裙，覆羊皮，缀饰锦绣金珠相夸耀。今则渐染华风，服食渐同汉制"。

纳西族的服饰因地域不同而略有差异。纳西族男子的传统穿戴分两种，一种见于丽江一带，一种见于中甸三坝一带。丽江纳西族男子蓄短发，戴毡帽或缠包头，上身内穿麻布和棉布衣，外披羊毛毡或穿羊皮坎肩，下穿黑色或蓝色长裤，腰束带，穿布鞋、皮鞋；中甸三坝一带的纳西族男子穿麻布衣裤，衣为右衽或对襟、长袖外套，衣长到腹部，缠红布包头。各地的纳西族男子服饰都比较简洁，色调明快，显得纯朴自然。坝区受汉族的影响，穿戴与汉族相似，中甸和宁蒗一带则与藏族服饰相近。男性上身着白麻布衣裳，长1.6米左右，无领，似和尚衣，左衽襟，上口钉有一个布纽扣。腰部钉两个纽扣。下身穿短宽的普通裤，因宽裤腰，不用系裤带，扭紧后反别在腰间即可，腰系羊毛织的红布带，将一头带须垂于腰下。下肚系三角形皮肚兜，分为三层，一层装旱烟，二层装铁火镰、火石和火草，三层装钱等贵重物，垂在裤裆前，有的将铁烟锅和皮烟袋斜插在腰带上，把铁火镰垂在肚前，头上打黑布套或戴老虎下山帽，身上外罩山羊皮褂，脚穿老山鞋。另有男子穿大襟长衫、肥腿裤，系羊皮兜，扎绑腿；也有穿短衫长裤的。老人则穿麻布制成的无领长衫、青布坎肩，系腰带（图3-97）。

纳西族女子服饰有两种类型，第一种在丽江一带，人数较多，分布较广，妇女身穿大褂，外加坎肩，着长裤，腰系多褶围腰裙。丽江纳西族女子留发编辫，顶头帕或戴帽子，穿立领右衽上衣，上衣为布纽扣、长袖、宽腰，前幅短，后幅长，用蓝色、白色等布料制作。外罩一件用浅湖蓝色、蓝色、紫红色、大红色、黑色等颜色的棉布或毛质布料、灯芯绒缝制成的右衽圆领的坎肩，系围腰或搭裙。下着黑色或蓝色、灰色长裤，脚穿绣花鞋、布鞋或胶鞋，背披七星羊皮背饰。这种羊皮背饰是纳西族女子服饰中最具特色的部分，做工精美，造型别致。其上七个日月星辰图案，用彩线绣制，呈两排缀饰在羊皮背饰的表面。第二种见于中甸白地，中甸白地一带纳西妇女，所穿长褂开长口，绣彩边，腰系彩带，百褶裙过膝，背披白毛山羊皮。这里的纳西族妇女留长发，束于脑后或编成长辫，上饰有花纹的圆形银牌。身穿开长衩的搭襟白色麻布长衣，襟边为黑色并加彩绣，腰系黑底起彩色线格花并垂毛线须穗的腰带，下穿长裤的有彩色条纹的长百褶裙，穿毡鞋或靴，背披白毛山羊皮，

图3-97　纳西族男服

服饰色调素雅，古朴大方。宁蒗永宁一带纳西妇女，头戴大包巾，身着大襟小褂，腰系彩带，百褶裙长可及地。各地纳西族女子普遍戴耳环、戒指和手镯，有些胸前挂银须穗（图3-98）。

图3-98　纳西族女服

纳西族青年女性的服饰色彩偏重明快、艳丽，中老年女性的服饰色彩多采用青、黑等色的面料，显得庄重素雅。清代以前，纳西族民间衣服的颜色以黑白为主，青壮年多着白色，老年人穿黑色，黑色表示尊贵。土司们有朝廷赐给的华贵官服和官帽，在见官、迎宾、拜客时穿用，平时很少穿戴，在家时多穿黑锦缎做的长袍马褂，戴瓜瓣式小帽，土司妻女穿的裙子，长及足背，以示高贵（图3-99）。

羊皮披肩是纳西族的一大特色，寓意为"披星戴月"。纳西人爱披羊皮，唐代樊绰《蛮书》卷四中说："麽些蛮（纳西）……男女皆披羊皮，俗好饮酒歌舞。"这种背饰用羊皮制成，披于背部，故俗称为"羊皮披肩"，后来

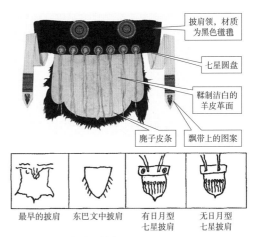

披肩领，材质为黑色氆氇

七星圆盘

鞣制洁白的羊皮革面

麂子皮条

飘带上的图案

| 最早的披肩 | 东巴文中披肩 | 有日月型七星披肩 | 无日月型七星披肩 |

图3-99　纳西族 七星披肩

成为妇女的专用，男人则穿羊皮裤。"七星"羊皮披背，寓意为"披星戴月"，说明纳西妇女勤劳过人，吃得起苦。羊皮披肩是丽江纳西妇女服饰的重要标志，羊皮披肩多精选黑色、白色的绵羊或山羊皮，经过反复鞣制后，剪裁而成。不同地区的羊皮披肩形制不同，中甸、维西等地的纳西族妇女羊皮披肩几乎没有什么装饰。丽江一带的纳西族妇女的羊皮披肩以毛色纯黑为最佳，上部横镶一段黑氆氇（毛织品）或黑呢子，内衬天蓝色棉布，其下装饰七对皮条穗。羊皮披肩典雅大方，既可起到美化作用，又可暖身护体，以防风雨及劳作时对肩背的损伤。披肩由整块纯黑色羊皮制成，剪裁为上方下圆，上部缝着6厘米宽的黑边，下面再钉上一字横排的七个彩绣的圆形布盘。对纳西羊皮服饰寓意的解释是，羊皮之上两枚较大的圆盘分别代表日月，七枚稍小的圆盘代表七颗星，象征着纳西妇女"肩负日月，背负繁星"，七枚小圆盘中心下垂的14根皮细线，表示日月星辰放射出的光芒，寓光明温暖之意。

披肩的形制从没有规则的整张动物的皮毛向有一定形状和线条的方向发展，反映了纳西族人对规则美、整齐美的追求。整张动物的皮毛所体现的是一种充满力量的野性、粗犷美，经过修剪加工后的披肩所体现的是一种端装、纤细的美，这种对美的不同追求与纳西族不同阶段的文化精神相对应（图3-100）。

纳西族图腾内容，主要种类有青蛙图腾、虎图腾和黑色图腾。

图3-100　纳西族　披肩

青蛙崇拜，主要体现在纳西族服饰和民间流行神话故事中，在神话故事中，青蛙被视为纳西族的祖先。木丽春在《纳西族的图腾服饰——羊皮》一文中阐述道："纳西族的羊皮服饰，是他们把羊皮形象地剪裁成蛙体形状，而缀在羊皮光面上的大小圆盘图案，示意蛙的眼睛，所以纳西族的羊皮服饰是寓着青蛙图腾的服饰。"这一结论的主要依据，一是"圆盘丝绣的描花图案，纳西语称'巴妙'，意即蛙的眼睛"；二是纳西东巴典籍有以《巴格图》来判定方位和为人取名等记载，蛙形羊皮就是纳西族的图腾服饰，如上图所示，在纳西族服饰的脊带连接处，缀有两个直径在15厘米左右的圆形绣锦描花。其下约12厘米的羊皮光面下摆横缀7个圆形描花绣锦，在这7块圆形绣锦上又分别引麂皮细绳，共14根绳。以黑色羊皮为佳，羊皮裁剪时要描摹青蛙的形状来剪裁。

虎图腾，纳西族许多艺术作品中，叙述了蛋生老虎、万物造虎、乌鸦添饰虎纹的过程，象征吉祥和威荣。虎成了氏族兴旺发达的徽标，先民战无不胜的大势。虎与英雄同患难、共存亡，成了先民永传胜利美名的圣体，折射出纳西先民的虎肢解化生世界的宇宙观，天作虎头，地作虎皮，太阳作虎肺，月亮作虎肝，石头作虎骨，泥土作虎肉，风作虎气，泉作虎血，星星作虎眼……整个宇宙构造凝固于虎体，从虎体也可扩展出一个大宇宙。

尚黑习俗，首先与图腾崇拜有关，各民族所崇尚之色是该民族原始图腾的颜色，色彩语言所载徽志和祈佑的意义即来自图腾的徽志和护佑的意义，人们将图腾的色彩附着于身上，可以方便地通过色彩语言获得图腾的护佑。西南地区特有的自然环境使图腾的颜色以青、黑居多，青、黑色除了驱邪祈佑外，也有美的意义。这也是西南少数民族多崇尚黑色的来源之一。其次，黑色与自然崇拜和鬼神崇拜有关。人们对大自然的崇拜首先表现为对天和地的崇拜，《周易》说黄帝等制定冠服制度，"盖取之乾坤"，在当时人们的观念中，乾为天，色玄；坤为地，色黄，上衣像天而服用玄色，即黑色，下裳像地而服用黄色，以服饰色彩像天地而与天地发生感应。在西南少数民族的意识里，天、地多是白、黑或青、黑之色，对天、地的崇拜衍生出了对天地色彩的崇拜，其中渗透着对自然神灵的幻想。另外，对鬼神的恐惧、敬畏也与民族尚黑有关，因为人们认为"鬼"居住的地方多是黑暗之所，因此穿用黑色，与鬼怪相混，以避开鬼神的追捕（图3-101）。

图3-101　纳西山寨的图腾

在历史传统上，纳西族"不事神佛"，惟祭天为大，崇拜自然神，热爱自然，崇尚天性，乐天知命，被誉为"自然之子"，纳西族尚黑也尚白，其自称"纳"，纳即黑，"黑"即"大"。《史记·历书》记载："（高祖）自以为获水德之瑞，更名河曰：'德水'，而正以十月，色上黑"。西汉初年承秦制，卿大夫服饰仍尚黑。《竹书纪年》记载，在夏人、商人、周人这些民族四周，有其他民族交错杂居，长期杂

图3-102　纳西族黑色百褶长围裙，民国，腰围71厘米，裙长75厘米

图片来源：北京服装学院民族服饰博物馆藏

居交往的结果是带来文化上的相互影响、吸收、融合，华夏民族无论在政治、经济、军事、文化诸方面，都比周边邻近民族先进，其他民族自然会受到华夏民族尚黑的习俗的影响，或使本民族的尚黑习俗得到进一步的强化。黑色崇拜在早期处于纳西文化的主体地位，是纳西文化胚胎、祭天影响的产物（图3-102）。在黑色崇拜时期，纳西族先民的活动区域与夏部族及以后的夏王朝同属一个区域，后受到周的征伐而被迫西迁。"在纳西族迁徙路线上接触过秦国、秦朝、汉朝皆以黑为贵，以黑为大，时间近500年之久。尤其是汉朝，中央王朝与纳西族先民有了政治、经济、军事、文化上的联系，其间的影响关系是客观存在的。"另外，与纳西族先民早期杂居过的古羌、吐蕃（8世纪中叶之前）、乌蛮都以黑为贵，后期大杂居居住过的彝、傈僳族都以黑为贵，以黑作为自称专名。纳西族崇拜黑色和白色，但白色崇拜是唐宋后期才出现的❶，著名史诗《东埃术埃》中就有其尚白的记载。

装饰纹样，纳西族服饰纹样种类多样，有反映日常生活的纹样，也有反映宗教文化的纹样。纳西族是一个热爱大自然的民族，有强烈的生态观，生活中的各种自然物都可以成为其服饰纹样的题材对象，如茶花、菊花、树木、太阳、土地、蓝天、草地、蜜蜂、蚂蚁、人物等都是纳西族纹样的主要来源。纳西族宗教意识强烈，纳西族认为日月星辰为吉祥美好、镇鬼驱魔的符号，木石在东巴经中具有神人同格的特征，即为创神物，又为人类始祖阳神和阴神的本体，而蝴蝶、蚂蚁等是教会人们劳作的动物。所以这些东西都成为纳西族服饰纹样中不可少的对象。纹样造型不是简单的拼凑，而是其本身及人们主观意识与审美结合而形成的稳定形态，规则有次序，具象与抽象并存。

纳西族服饰色彩，纳西语中有"纳西部木妥"（纳西适穿蓝）的谚语，纳西人认为他们

❶ 王春玲.解读西南少数民族崇尚的色彩语言——"黑"[J].贵州民族研究，2007(5)：40-45

适合穿蓝，除了与搭配有关，还与纳西族对黑色的认同有关。黑与白是两个极端的颜色，在色彩文化中，它们所代表的也是两种完全对立的文化境界。但是，在纳西族的色彩审美中，这两种颜色得到了统一，表现出一种和谐美，这种统一在七星披肩上得到了允分的体现，因为七星披肩外面为鞣制洁白的革面，里面是黝黑的毛面，黑与白统一于一体。纹样色彩选择上主要凸显服装色彩的整体性和和谐性。

服装配饰，纳西族妇女喜带黑色头饰，这在史料中有记载，《滇南闻见录》上卷："女人头戴帽，形如荷叶，以布为之，黝以漆，富者用绸，冬时裹用毯，质甚重，复与首，顶耸而檐，名尖尖帽，背亦披羊皮。"纳西族未婚姑娘爱束长辫于腰后，或戴头帕、帽子，妇女们还喜欢佩戴耳环、戒指或玉手镯及金、银项链等饰物（图3-103）。

巴东黑靴，巴东举行驱鬼仪式时穿的尖头黑靴，因为巴东教认为黑色具有神力和威力，只有用黑靴才能把鬼踩死（图3-104）。

图3-103　纳西妇女用牦牛尾巴上的毛编成粗大的假发辫，再在假发外缠上一大圈蓝、黑两色丝线，并将丝线后垂至腰部

图3-104　穿驱鬼仪式装的男子

（三）纳西族民族元素的现代应用

在乌鲁木齐丝绸之路服装服饰节上，由北京著名服装设计师韦荣慧设计，极富云南少数民族特色的服饰大放异彩，其中的"孔雀之乡""东巴东巴"及"高原风采"等系列表现了设计师对云南神秘风情的向往和感触。这是模特在展示经过艺术加工后的云南纳西族服饰。

此外，Vacio 2010秋冬系列，其主题灵感来自中国"纳西族"的美丽传说"披星戴月"。梯田式结构与纹理，"日、月、星、辰"民族图腾刺绣，建筑立体裁剪的组合，打破传统的平衡设计，体现了自由、松紧有致的整体构造和民族强大的精神力量。华贵的黑色、热烈的红色、闪烁的炫金色，迸发出炽烈的情感，抽象的蓝色和白色系糅合传统元素，共同演绎Vacio 2010秋冬系列（图3-105）。

图3-105　韦荣慧作品

八、黎族

（一）黎族概况

黎族是一个历史悠久的古老民族。早在一万年前，黎族先民就已开始在海南岛生息繁衍。

在商周之际，黎族先民定居海南岛。黎族大部分集中居住于海南岛五指山及南部沿海沿岸地区，地处热带北缘，北回归线以南400公里，低纬度，属热带季风气候，干湿季节分明，夏秋多雨，春冬干旱，狂风暴雨严重。有《陵水县志》记载："吼声如雷，飞瓦拔木，鸟骇兽惊，居民作矮屋避之，逾时暴雨大作，最能伤损万物。"约在新石器时代晚期，黎族便进入农耕时代，开始种植旱稻，后又种植水稻。

黎族按语言差异主要分为五大方言区：哈方言区、杞方言区、润方言区、赛方言区和美孚方言区。哈方言黎族在黎族中人数最多，主要居住在乐东县，陵水、三亚、东方、昌江、保亭等地也有散居。杞方言黎族主要居住在琼中、保亭二县，乐东县的部分地区，昌江县的王下、陵水县的大里乡等地均有分布。

黎族盛行祖先崇拜，尤为重视祭祀"鬼祖先"。铜锣，既是宗教法器，又是信传工具和民间乐器，是黎族社会生活中的重要器物，是权力、地位、财富和威望的象征。据《黎岐纪闻》记载："俗好铜锣，小者为钲，亦锣类也。有余家购而藏之，以为世珍；大抵旧者藏者佳，新制不及。藏铜锣多而佳者为大家，亦犹外间世家之有古玩也。"黎族神话传说中始祖为女性，称为"黎母"，雷公摄卵生黎母，食山果，巢林而居。至20世纪50年代，黎族社会依旧残余母权制，有氏族族外婚、"不落夫家"的母居制，女性社会地位高，已形成一种传统。

（二）黎族服饰文化

黎族是海南岛的世居民族，黎族先民在漫长的历史过程中，创造了丰富独特的民族传统文化，留下了大量宝贵的文化遗产，其中最绚丽夺目者，为黎族织锦，有"黎锦光辉艳若云"的美誉。黎锦是黎族纺、织、染、绣四大工艺的统称，也泛指四种工艺加工创造的棉纺织品。大件有黎幕、黎单、黎饰、崖州龙，小件有挂饰、围腰、挂包、胸挂、花带、衣帽、筒裙等（图3-106、图3-107）。

1. **男装服饰文化**　不同方言区的黎族服饰有着不同的风格和特点，男子服饰主要有上衣、腰布和头巾。男子上衣开襟、无纽扣，仅由一条绳子绑住。上衣的背后下部边缘无边穗。"丁"字形的腰布过去被称为"包卵布"，古称"犊鼻裤"。还有一种下服为开衩裙子，上宽下窄，没有花纹图案，用绳子在腰部固定。

（1）哈方言地区. 该地区男子传统发式为长发，也有结髻于额前似角状的，与四川彝族

图3-106 黎族男子服饰

图3-107 黎族织锦纹饰

男子的发式相似。哈方言男子固有的服饰是腰布和上衣。腰布由上端的梯形布和下端的长方形布构成，质地多为木棉或野生麻粗布。上衣有长袖和短袖两种，都是用两块长布条构成，两侧缝着衣袖，背面中间开襟，无纽扣，无领，常常缝以蓝色花边（图3-108）。

图3-108 哈黎棉质对襟男长衫

图片来源：北京服装学院民族服饰博物馆藏

（2）杞方言地区：该地区受汉文化影响较早，服饰汉化程度比较深，男子主要是把头发从两侧前后卷起来，比其他方言地区男子卷得更为细致，在额前挽髻。男子的帽子做法较为特殊，由一张称为"卡里腰达"的椰子叶制成。男子常缠有蓝色大头巾，也有红色或红蓝两色的。服饰由腰布和上衣构成。杞方言地区男子并不常穿上衣，腰布由海岛棉或野生麻等纤维粗布制成，裁剪简单。上衣无袖无领，无纽扣，仅有两条小绳子系着，多敞开前胸。上衣为自然色彩，灰色较多，裁剪也十分简单，无花边，只是在衣脚下边扎上较多的穗子。

（3）润方言地区：该地区男子装束特点是留发结髻于脑后，上缠红色或蓝色头巾，还在结髻后面插上一把自制的梳子。润方言地区男子与其他地区男子装束不同在于用两块头巾包头，第一块红而阔的缠在内层，第二块深色较窄的缠在外面，再捆一条织有蓝色花纹的小花缠。男子服饰主要是由上衣和丁字裤组成，丁字裤较简单，规格不大，仅能遮盖羞处的局部，把垂在前面的带子缠在腰间。由于该地区男子服饰受汉族影响较早，故上衣多为汉式，或者已经变化了的汉上衣，如在祭祀时，着在汉服基础上加以改造的黎族特色的刺绣上衣。

（4）赛方言地区：同样的，由于汉化较早，此地区男子装束简单，过去把发髻置于额前，不插发梳，一般到了冬天才用黑色或深蓝色布巾缠在头上。下身穿长不过膝的吊裙，裙上织有蓝色或者青色的几何形花纹图案。上衣是用棉或者麻纤维织成的粗布料，长袖开胸、无领无口，胸前仅用一对小绳系结。

（5）美孚方言地区：该地区男子的装束与润方言地区一样，不同之处为发髻在脑后稍高一点，且把发簪插入发髻里。有时佩戴大蒲葵叶编成的帽子，再以竹片加固，结实耐用。下装与其他方言地区不同的是，没有围腰的丁字裤，而是着用两条方形的深蓝色粗布缝制的前后开衩短裙。上衣由两条相同的方形布构成，以遮住上身的前后两侧，无领，仅有一颗布纽扣，也有的无扣。

2. **女装服饰文化**　妇女服饰主要有上衣、下裙及头纱，都织绣着精美的花纹图案。上衣分直领、无领、无纽对襟衫或贯头衣。下裙又称筒裙，通常是由裙头、裙身带、裙腰、裙身和裙尾几幅单独织成的布缝合而成。因而更适合于织花绣花。头巾也是主要服饰之一，由于支系和地区差异，头巾式样花色及系法各有不同。

（1）哈方言地区：该地区在海南黎族五大方言区中人口最多，分布地域最广，主要分布在乐东、东方、陵水、三亚、昌江等市县，不同县市服饰又有差异，各具特点。三星黎式：妇女上着无扣对襟上衣，个别在领口有一扣，前襟长于后襟，多选用青或蓝布，缘边都绣有花纹，以乌鸦花为特点。下着筒裙，有长短之分，长筒裙较宽，短筒裙则窄（图3-109）。由裙头、裙腰、裙身和裙尾四幅面料合成，也有少于或多于四幅的。裙身多织有凸出花纹，在花的沿边绣称"夹牵"。这些织花筒裙经纬密度大，质地厚，十分耐穿。四星黎式：妇女上着对襟直领上衣，前襟较后襟长，前后襟都镶花边，脊背部绣有部族图腾花纹，并拴有银铃铛、线穗等。下着裙，由裙头、裙身、裙腰和裙尾组成，属短裙，多织有抽象化动物纹，志仲地区代表性的纹样是猫纹，抱由地区的是"黄猄在森林中"的抽象图案。崖陵式：妇女上穿对、偏襟上衣，多镶花纹，有菱形纹、几何纹、鸟纹、蝴蝶纹，也有素而不花的，但都喜爱镶边。裙略长，有花纹，裙头有人字形、几何形、动物形图案装饰。裙腰多彩条，裙身有婚娶人物，裙尾为横列点锦纹。

（2）杞方言地区：主要集聚在五指山，因居住区不同，黎族妇女服饰式样也不尽相同（图3-110）。昌江王下式：妇女着对襟上衣，直领无扣，后襟多绣花。下身着的筒裙，长及膝盖，多织几何花纹，人形纹穿插其间，图案古朴、粗犷。琼中通什式：妇女上衣圆领、刘

图3-109　哈黎对襟女上衣，织绣筒裙

图片来源：北京服装学院民族服饰博物馆藏

襟、无扣或有一排金属纽扣，或胸前有一块遮胸布，后幅有花边。下着短筒裙，长仅及膝，多花纹。人纹、鸟纹、柱花为其特色。营盘镇以西红毛式：这里妇女服饰有一定特点，什运一带上衣和上述的几个样式差不多，但有红花黑布肚兜，上衣有袋花，腰花多为鸟纹，象征幸福。短柱花是当地的标志。

（3）润方言地区：润方言黎族又称为本地黎，主要居住在白沙黎族自治区县境内。白沙式服装最富有特色，妇女上身穿宽阔的贯头衣，衣两侧有双面绣。筒裙短且窄，上不能遮小腹，俯腰时即露出臀部，这是最古老的式样（图3-111），素有"超短裙"之称，主要分三种形式。白沙式：妇女穿贯头衣，不分前后，后来后面有留毛边，发展为有正反面穿法。衣两侧有精美秀丽花边，为两面绣。高峰式：妇女服饰同白沙式，但下边为两层花边，花纹多为几何

图3-110　海南杞黎圆领对襟女上衣

图片来源：北京服装学院民族服饰博物馆藏

图3-111　海南润黎双面绣裙，明末清初

图片来源：北京服装学院民族服饰博物馆藏

纹、动物纹，工艺粗犷，流行单面绣，也穿短裙，有四层花。元门式：妇女上衣为圆口，领口上拴穗，前后襟边沿花边已简化，衣侧仅有两条窄花边，也为单面绣，裙边花粗大。

（4）赛方言地区：赛方言黎族主要分布在保亭南部，少量杂居于三亚地区。该地区妇女上衣多是蓝色或者深蓝色，老年妇女多穿黑色，长袖右衽高领，与旗袍领相似，大衣襟朝左开，并从衣领向右斜排，有不等距的布纽扣。下着长而宽的筒裙，织制精细，色彩考究，图案复杂。

（5）美孚方言地区：主要分布在东方和昌江地区。妇女上衣多为深蓝色或黑色，长袖开胸，无纽扣，仅用一对小绳代替。下着由五幅布连缀而成的筒裙，筒裙样式与众不同，特别宽长，长度及踝，穿时还需在前面打一个褶绉。

由于支系和地区差异，头巾式样花色及系法也各有不同。哈方言妇女的头巾主要是从汉区买回来的黑布，并在两端绣花，工艺精湛。内容多为人物、动物和满地锦纹，图案结构严谨，色彩和谐悦目。润方言妇女的头巾分两种，一是有织绣的花纹图案，另一种是净色，以黑色和深蓝色为主。赛方言妇女的头巾是用一条长约一米的黑布头绳，经常套在头上，再

在脑后髻下面打结，形成两根一长一短的垂带，长的垂至后腰间，短的仅至颈部或齐肩，头顶和发髻均露在头巾之外。

最能反映黎族传统文化之特色，彰显黎族妇女丰富想象力和创造力及灵巧技艺者，莫过于黎锦的花纹图案（图3-112）。黎族纹样多达160余种，大体上可分为人形纹、动物纹、植物纹、日常生活用具纹、几何纹、汉字纹这六大类。其中，最令人瞩目的属蛙纹。研究黎族文化的专家邢关英在其著作中写道："蛙图腾，黎族同胞使用的铜锣和鹿皮鼓都铸有青蛙纹。铸有青蛙形象的铜锣，被视为宝物，称为铜精。黎族有五大方言区，各方言群的妇女织绣筒裙是有青蛙纹图案。妇女文身时，也刺有青蛙的花纹。"

图3-112　黎锦的制作

换言之，蛙纹是黎锦纹样的灵魂主导。由于黎族地处沿海沿岸，又为热带季风气候，水灾便成为主要威胁。黎族先民无力抵抗这种灾难性的自然现象，便将希望寄托于超自然的神秘力量，通过祭祀祷祝以求神灵庇佑，而被认为能够预报风雨的蛙就成为首选，且在稻作文化的大背景下，蛙被看作是季节和水旱的先知，因此逐渐被黎族氏族和部落奉为图腾。蛙纹也是黎族原始崇拜母体的遗存，是世代传承的图腾记忆。黎族蛙纹作为有图腾标志物所衍生发展而来的一种美好记忆符号，深深扎根于积淀深厚的黎族传统文化中。

（三）黎族设计元素的应用

2017年5月16日，在北京751D·PARK中央大厅举行的中央民族大学美术学院毕业作品发布会，以"Channel·黎"为主题的设计表达了对黎族传统服饰的回眸与敬礼，也是他们对现代时尚真挚而深入的思考（图3-113）。既是他们以敏感的心来对黎族服饰工艺的诠释，也是他们以服装为载体对黎族传统文化的探索。"Channel·黎"主题的时装发布，浸浴着浓郁的黎族文化元素。在时代潮流的尖锐冲击中，民族传统文化元素如影随形的细腻与之相辅相成，在现代文明习惯的直接率真的呐喊中接驳上了中国式的含蓄浪漫。

图3-113　中央民族大学美术学院毕业作品

九、哈尼族

（一）哈尼族概况

哈尼族是中国西南边疆古老的民族之一，绝大部分分布在云南省南部红河与澜沧江的中间地带，其中哀牢山区的元江、墨江、红河、元阳、金平、绿春、江城等县，是哈尼族人口最集中的地区，占当地各族人口总和的一半以上，占哈尼族总人口的76%，其余分布在无量山区、红河以东各县。

哈尼族与彝族、拉祜族等同源于古代羌族。古代的羌族原游牧于青藏高原。公元前384~前362年，秦朝迅速扩张，居住于青藏高原的古羌人游牧群体受到攻击，流散迁徙，出现若干羌人演变的名号。"和夷"是古羌人南迁部族的一个分支，当他们定居于大渡河畔之后，为适应当地平坝及"百谷自生"的地理环境和条件，开始了农耕生活。哈尼族在于大渡河畔定居农耕之后，因战争等原因被迫离开农耕定居地而再度迁徙，进入云南亚热带哀牢山中。根据史籍记载，公元前3世纪活动于大渡河以南的"和夷"部落，就是今天哈尼族的先民。

民族语言为哈尼语，属汉藏语系藏缅语族彝语支，现代哈尼族使用新创制的以拉丁字母为基础的拼音文字。

哈尼族主要从事农业，善于种茶。哈尼族种植茶叶的历史相当久远，西双版纳格朗和的南糯山，是驰名全国的"普洱茶"的重要产区，哈尼族地区的茶叶产量占云南全省产量的三分之一。哈尼族选择半山居，哈尼族人家都建有耳房，建有双耳房的建筑形成四合院。西双版纳哈尼族住的则是竹木结构的楼房，旁设凉台。

哈尼族能歌善舞。"巴乌"是哈尼族特有的乐器，用竹管制成，长20~23厘米，7个孔，吹的一端加个鸭嘴形的扁头，音色深沉而柔美。舞蹈有"三弦舞""拍手舞""扇子舞""木雀舞""乐作舞""葫芦笙舞"等。流行在西双版纳地区的"冬波嵯舞"，舞姿健美，节奏明快，气氛浓烈，具有浓厚的民族特色，是群众喜爱的一种舞蹈形式。

哈尼族信仰自然崇拜和祖先崇拜。认为天地间存在着强有力的天神、地神、龙树神和具有保护神性质的寨神、家神等，必须定期祭祀，祈求保佑。对于给人们带来疾病和灾难的各种鬼神，则要通过祭祀和巫术加以制约、驱赶。

（1）多神崇拜：哈尼族信奉的神灵众多，有氏族神、职能神和善神、恶神之别，在生产和生活中充满了神鬼观念和献祭活动。居于人间的众神是仅次于"摩咪"的最威严的主宰者，大致可分为山神、石岩神、地神、树林神、水神、火神六种氏族神。恶神代表是"常"，善神代表是"树林神"。哈尼族最崇敬神树，因此，在安村立寨的同时，要在村子里选定一"神树林"，并把其中一棵最壮实的常青树当作"神树"，平时严防牲畜进入这神圣的林地。

（2）鬼魂崇拜：哈尼人认为一个人有12个灵魂，灵魂缺少或丧失，人会生病，甚至死亡。因而就形成了一系列的招魂保魂的信仰方式。这种活动都要定期或不定期举行，以保证人畜平安健康。哈尼族认为人死后灵魂并没有随着人肉体的死亡而消失，而是变成了鬼。鬼在哈尼人的宗教观念中是作为"敌人"加以提防的，非正常死亡的人会变成恶鬼。一旦发生非正常死亡，必须进行特殊的祭祀活动，将死者灵魂送到特定地方，以免危害人，因而就产生了各种以驱鬼为目的的宗教活动。

（3）祖先崇拜：哈尼族非常崇拜祖先，认为过世的祖先灵魂是永存的，是护佑子孙后代的。哈尼族人祖祖辈辈都相信，当生命结束之后，他们都将经过各自的祖先指引，成为保护子孙后代的祖宗神。在哈尼族家庭中，火塘是神圣的地方，上面设有祭台，据说，每到节日，祖先的灵魂都要回到其原来居住的家，与子孙同享节日欢乐，因此节日期间，家家户户要举行隆重的祭祖仪式。

（4）自然崇拜：哈尼人赖以生存的自然环境给人们带来了无尽的实惠，同时使人们对自然对象产生了强烈的感激与敬畏心理，进而形成自然崇拜。哈尼族自然崇拜种类丰富，主要分为日月星辰、风雨雷电、山川湖海、动植物、火与石的崇拜。他们认为神能降福于人，也能祸害于人，所以人们常常举行各种祭神活动，以求得神灵欢心，免受其害。

（5）图腾崇拜：哈尼族中的图腾崇拜主要是动物图腾，在哈尼族的神话传说中有很多记载，被崇拜的对象有鱼、龙、虎、鹰、蛇等，动物图腾被赋予了非凡的象征意义，甚至被神化。

六月年（苦扎扎）是哈尼族一个传统的农业生产的节日，节日期间杀牛祭祀，祭天神、土地神和祖先神。五月、六月村里容易发生疾病，田间容易遭受虫害，因而清扫水井，夜晚点燃松明火把，照亮屋内，驱赶邪恶，火把插到田间路旁，送走瘟神。

（二）哈尼族服饰文化

哈尼族人一般喜欢用自己染织的藏青色土布作为衣料。男子穿对襟上衣和长裤，以黑布或白布裹头。西双版纳地区的哈尼族人穿右襟上衣，沿大襟镶两行大银片，以黑布裹头。哈尼族男子的传统服饰是对襟上衣和长裤，以黑布或白布裹头，男子把头巾包得严严实实、平平整整，看上去显得很精神。男子自幼戴圆帽，15岁起改为黑色或白色包头布。未婚时包色彩艳丽的红头巾，到结婚改用黑色头巾（图3-114）。

哈尼族妇女服饰从头到脚可分为四个部分：无巴、马牙（帽子、包头巾）、帕洪/帕得（衣裳、围腰）和帕苦（腰带）。

妇女着无领右襟上衣，穿长裤，衣服的托肩、大襟、袖口、胸前和裤脚皆镶彩色花边。西双版纳及澜沧一带，妇女穿短裙，裹护腿，胸前拼成串银饰，戴镶有小银泡的圆帽。墨江、元江、江城一

图3-114 哈尼族男服

带妇女，有的穿长筒裙或皱褶长裙，有的穿稍过膝盖的长裤系绣花腰带和围腰。妇女一般喜欢戴耳环和耳坠，不少地区的妇女还戴银制项圈和大手钗。妇女是否已经结婚在服饰上有明显的区别，有的以单、双辫区分，有的以垂辫和盘辫区分，有的以围腰和腰带的花色区分等。哈尼族女子的传统民族服饰则由于不同的支系、年龄和地域而显得五彩斑斓、多种多样。

（1）毫尼支系：女子身穿青色连衣短裙，腰间系一绿带或蓝带，带尾垂于腰臀左侧。少女时期，腰间系洁白或粉红围腰，婚后则系蓝围腰。哈尼族中，服饰不用银泡或很少用银泡的只有毫尼人。头饰从粉红、天蓝、淡黄、靛青等色布中选三色条布包头，横直交叉（图3-115）。

（2）碧约支系：碧约是哈尼族中唯一穿白色衣服的支系。女子身穿右衽长袖短上衣、长筒裙（帕吃），以小银币为纽扣，戴银耳环、银手镯。未婚姑娘戴六角小帽，留一条独辫垂于脑后，长至腰部。小帽用藏青色土布缝制，每角都镶有银泡。顶部镶嵌一颗大于每角小银泡五倍的大银泡，并用红绿丝线点缀着大银泡的边缘。已婚女子将小帽改为包头，将发辫挽向额前之上成瓦楞形。碧约妇女的头饰后低前高，远远看去，像一只高高昂起的鸟头，极像哈尼族崇拜的白鹇鸟（图3-116、图3-117）。

图3-115　毫尼女子服饰

（3）白宏支系：女子上身穿对襟或右开襟紧身露脐短衣，胸前的四个纽扣代表四大行星，胸前的八角形银饰代表太阳。下身穿双褶短裤，裤脚不过膝。小腿上紧箍着用藏青

图3-116　碧约女子服饰

图3-117　碧约女子瓦楞形包头服饰

色土布缝制的腿套，腿套上绣有彩色花纹，正上方有一朵红毛线做成的小绒花。已婚妇女要用定情物制成一块绣花团帕，遮盖于腰下，以此表示对长辈的尊敬，也是区分是否婚嫁的标志，白宏人称其为"皮秋"。女子头饰华丽，绣有彩色花纹并缀满银泡、红缨。未婚女子梳独辫，盘于头顶，戴平顶黑布帽或以头巾包头。已婚女子要梳两根发辫，戴靛青色三角帽，发辫藏于帽中（图3-118）。

（4）卡多支系：女子身穿青色或蓝色右开襟短衣，下着筒裙，用彩色毛线披在前胸和后背，耳戴芝麻铃，一串镶满银泡的带子紧箍前额，一束红色和绿色的绒线花插于后脑。老人身穿靛青色对襟上衣和筒裙，耳戴银圈，缠藏青色圆形包头，大如斗笠。外围的腰带上点缀着人物、农作物、畜禽、山川、河流、田舍等图案，再现的是民族迁徙时代的各种传说和事件（图3-119）。

图3-118 白宏女子服饰正面、背面

图3-119 卡多女子服饰正面、背面

（5）西双版纳僾尼支系：僾尼妇女头戴镶有小银泡并饰有料珠的方帽，胸前挂成串的料珠，多穿右襟无领上衣，下穿短裙，绑护腿。其头饰和挂饰很多，凡是自然界好看的东西都成为僾尼人的装饰品，如羽毛、银泡、彩线、贝壳等，表示对美好生活的热爱之情（图3-120～图3-123）。

（6）奕车支系：奕车女子最性感，上身穿靛青色对开式短袖土布衣，无领无扣，宽宽的无色腰带扎系腰间。下身赤足裸腿，一年四季仅穿一条贴体黑色短裤，长仅及大腿根，以下全部裸露，短裤前面呈现"人字形"的七道褶子，一眼看去，好像穿了七条短裤。过去，奕车人以衣服件数作为衡量衣服美丽与否的一个重要标准，身上衣服越多，服装越美，越能显示出家庭的宽裕程度。头戴形如三角形的白色尖顶帽（帕崇），长约20厘米，用条形白布中间对折缝制而成，后面有彩线绣花纹的燕尾（图3-124、图3-125）。

图3-120　僾尼女子平头头饰

图3-121　西双版纳僾尼女子尖头头饰

图3-122　西双版纳僾尼女子盛装

图片来源：中国织绣服饰全集编辑委员会. 中国织绣服饰全集6 少数民族服饰卷（下），天津人民美术出版社

图3-123　哈尼族僾尼靛青对襟女上衣，民国

图片来源：北京服装学院民族服饰博物馆藏

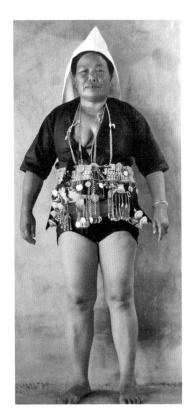

图3-124　奕车女子服饰

图3-125　奕车女子外套"雀朗"

图片来源：云南省标准化研究院. 滇之锦绣—云南特有少数民族服饰考析，中国质检出版社，中国标准出版社

哈尼族崇尚黑色，认为黑色象征着庄重、圣洁和美丽，将黑色视为本民族的吉祥色、生命色和护佑色。因此，黑色和接近黑色的藏青色成为哈尼族传统服饰的主要色调。关于哈尼族"尚黑"的习俗，与其原始宗教信仰、迁徙的历史以及生存环境密不可分。流传最广的是，相传远古之时人、鬼原为同胞兄弟，人为兄，鬼为弟，后因人鬼情趣、本性各异而常常吵闹争斗。天神"摩咪"于是划地为界，将人鬼分开以免发生纠纷。人分在阳光灿烂、泉水流淌的树林之地，鬼只分得阴暗的箐谷和丛林之地，"摩咪"为防止鬼纠缠人类就将先前遮身用的黑布披在人身上，于是黑布就一直守护着人类。在哈尼族看来，黑布就是天神"摩咪"用来拯救和守护人类的圣物，在虔诚信仰的支配下，哈尼族普遍尚黑，而黑色在哈尼族的服饰上也就备受推崇。哈尼族喜穿黑、蓝色衣服与其强烈的生命守护意识也是相符的。哈尼族是一个经长期迁徙而逐渐定居下来的民族，颠沛流离的历史与封闭严峻的生存环境使他们形成了强烈的生命守护意识。在这种意识的影响下，能够帮助他们趋利避害的黑色和与黑色相近的颜色就自然成为他们服饰的首选颜色。此外，哈尼族以梯田农业为主要生产方式，而黑色在吸热保暖、耐磨损、易清洁上具有独特的优势。

尽管哈尼族支系繁复，从而使得其服饰丰富多彩、各具特色，但从总体上看，"短露"毫无疑问是哈尼族服饰的主体特色，在妇女服饰上表现得尤为明显。哈尼族妇女喜穿露脐短胸甲，百褶超短裙，外套绣花外衣，胸甲饰满银泡，头饰更是繁杂，缀满银泡、红缨、牙骨和花草虫贝。哈尼族"短露"服饰文化的形成与他们的梯田文化和居住环境密不可分。强健的身体是哈尼族从事梯田劳作的必备条件，因此，健美成为哈尼族的审美追求，短而露的服饰能展示其强健的体魄，同时方便进行农耕劳作，是其审美追求在服饰上的体现。其次，哈尼族居住在向阳的半山坡，气候温和，很适合穿"短露"的服饰。

哈尼族华贵的服饰风格主要体现在丰富精致、闪亮夺目的银饰上，这不仅与哈尼族独特的社会历史背景密不可分，也展现了其万物有灵的宗教信仰和云南盛产银的地理环境特点。由于哈尼族较为封闭的生存环境，其身上的衣饰理所当然成为他们显示财富、身份、地位的主要媒介和体现其美丽外表的重要载体。其次，哈尼族崇拜日月星辰，同时相信那些和日月星辰一样闪亮的事务都可以守住人的魂魄。在哈尼族的民俗信仰中，星星象征多子，月亮是主宰生育的女神。为了辟邪和祈求人丁兴旺、世代昌盛，哈尼族喜欢用银泡点缀服饰，使其华贵无比。而且，云南自古就盛产银，大自然丰厚的赐予为哈尼族提供了许多装点服饰的银制品（图3-126）。

哈尼族人在长期的生活实践中创立了有别于其他民族的服饰图案，这些服饰图案种类繁多、形式精美、寓意吉

图3-126 红河哈尼族女子手饰

图3-127　哈尼族僾尼挑花挎包

图3-128　哈尼族白鹇鸟刺绣

祥，充分体现了哈尼族的智慧与才情。

（1）几何形图案：几何形图案作为使用范围最广、变化种类最多的图案影响着哈尼族每一个支系的服饰文化，传达着哈尼族人民最朴素的审美追求和审美取向。菱形纹、三角纹、折线纹、雷纹、云纹等在几乎所有哈尼族支系的服饰上都有出现，以某一基本造型为元素，经重复、排列、演变、组合等形式形成新的载体（图3-127）。

（2）植物图案：植物图案是由哈尼族人民生产生活中常见的植物经过提炼、夸张、简化等设计手法创造出来的，它抓住了植物的外形特征、色彩、质感及气质，是哈尼族人民审美情趣和生活愿望的绝佳表现。主要包括莲花纹、八角纹、卷草纹等。

（3）动物图案：动物图案是哈尼族服饰图案中结构最复杂、造型最生动、形态最多样的，主要有鱼纹、犬齿纹、蝴蝶纹、白鹇纹等。它由哈尼族人民生产生活中常见的动物夸张、变形而来，是他们习俗习惯、信仰崇拜的艺术反映（图3-128）。

（4）文字图案：哈尼族服饰中的文字图案形态简洁、内涵深刻，是哈尼族人民审美取向和价值取向的绝佳反映。回字纹、万字纹以及寿字纹是哈尼族最常用的三种文字图案。

十、布依族

（一）布依族概况

布依族是一个古老的民族，上古就生活在今贵州地区，历史可以追溯到奴隶社会时期，是云贵高原东南部的原住民。布依族历史悠久，名称繁多，被称作"濮"或"僚""都匀蛮"。唐代史称"西南蛮"；宋元以后称"蕃""仲家蛮"；元、明、清称"八番""仲苗""青仲""仲家""水户""仲蛮"，中华人民共和国成立后，统称布依族。布依族人口主要集中于贵州，该省布依族占布依人口的94.11%，另外云南的罗平、四川的宁南、会理等地也有布依族聚居区。其他省份均有布依族分布，以杂居为主。中国布依族总人口2870034人（2010年第六次人口普查数据）❶。

布依族使用布依语，汉藏语系壮侗语族壮傣语支，国外有学者称为"北泰"语，是中国

---

❶ 国家统计局，《2010年第六次人口普查数据》。

的大语言之一。在贵州省的布依语按照语音特征大致可以分为三个土语区：第一土语区使用人口最多，主要分布在黔西南布依族苗族自治州，与广西壮语北部方言的桂边土语、桂北土语可以直接通话；第二土语区使用人口为其次，主要分布在黔南布依族苗族自治州和贵阳郊区，与第一土语区可以直接通话，与广西北部壮语方言也十分接近；第三土语区使用人口最少，主要分布于贵州省镇宁、关岭、紫云、晴隆、普安、六枝、盘州、水城、毕节、威宁一带，这个土语区的语音有着比较独有的特征。布依族的文学、音乐戏剧、节日文化等都具有显著的民族特色。与布依族服饰文化相关的内容主要为其民族宗教信仰、社会环境、自然环境及民风民俗等。

从地理环境来看，布依族从上古时代至今，主要居住区为黔西南布依族苗族自治州，地处贵州高原南部，属亚热带季风湿润气候，年均温14.0~19.0℃，年降水量1100~1500毫米，北盘江、马岭河纵贯州境，山区森林资源丰富，为贵州主要林区之一。干栏建筑（吊脚楼，图3-129）是布依族文化、生产生活方式与自然环境、亚热带湿润气候结合的产物。布依族的生活中伴随着歌与舞，他们

图3-129　布依族吊脚楼

在愉快的歌中劳动，在劳动中创造快乐。布依族勤耕善织，在长辈的悉心指导下，在歌的伴随中，女性七八岁学绣花、织布、蜡染。布依族古歌《造万物》唱道："布依族子孙，要学老祖宗。要想穿衣裙，就勤快种棉；要想衣裙美，就勤快种蓝靛。"

布依族信仰多种神灵。山有山神、水有水神、社有社神，每个村寨都建有土地庙。鬼神有善恶之分，布依族认为善神能赐福于人，保佑六畜兴旺，五谷丰登；恶鬼则相反，可捉弄人生病，降下灾祸。每一种信仰的神都是一大群体，每个群体有若干成员。神灵之间有等级之分，各有名字和职司，职司最高者为"报翁"，即皇帝。还有统领军队的将领、执法的法官等。布依族的祭祀和占卜都由本民族"濮摩"，即巫师主持。占卜分为鸡骨卦、竹卦、蛋卦、米卦等。自明及清以后，佛教、道教、天主教传入少数民族布依族地区，布依族除既有的祖先崇拜和自然崇拜以外，道教、佛教的许多神祇和菩萨亦受到敬奉。

戏剧服饰是布依族服饰文化的重要组成部分。地戏是布依族常见的戏剧形式，因为是在平地演出，不搭戏台，所以称为地戏。主要乐器是锣、鼓等，一般在春节期间演出。演唱地戏时，演员都穿戏服，戴面具，面具戴在额上，其下悬一块青布遮住脸面。演出武戏时，主将的背上插四面小令旗，面具插上野鸡毛，身穿战袍，手持刀、枪武器（图3-130、图3-131）。

在布依族文化中，面具是一种"有意味的形式"，被赋予了超自然的威力，是另外一种

灵魂的载体。人一旦戴上它，就意味着获得一种神权，一种话语权。因此，面具会掩盖原来的"自我"，而使人的身份乃至心理特性也发生变化。正如一位在魔鬼乐队中扮演魔王的假面舞者形容他化妆时的感觉时这样说："当我拿起面具的时候，当我把面具戴上的时候，我完全变成了另一个人。我不再感到自己是人，我面前见到的都是魔鬼！真的魔鬼！"❶

图3-130　木刻地戏　　　　图3-131　傩戏面具

布依族的节日服饰丰富多彩、琳琅满目，寓意深刻。在布依族生活中，一年十二个月几乎月月有节日。除与当地汉族人民过的春节、清明节、五月端午节、七月半、八月十五中秋、九月重阳等节日一样外，还有独具民族特色的二月二、三月三、四月八、六月六等节日。

"六月六"是布依族一个纪念性和祭祀性的传统日，其隆重程度仅次于大年春节，故有的地区称为"过小年"。20世纪80年代初，"六月六"被定为布依族代表性传统节日，每年这天，各地隆重集会，举行庆祝活动。各地布依族对"六月六"的称法不尽相同，有"天王节""虫王节""龙王节""歌节"，或赶"六月场""六月桥"等。叫法虽然不一，但含义基本相同，都是借插秧完毕农事小闲之际，祭田神、山神、龙王、天王、虫王、盘古王等神灵，祈求风调雨顺，农业丰收。虽具迷信色彩，但却表达农民挚诚的心愿。各地"六月六"活动方式，各具特色，服饰亦包括其中。

"查白歌节"是黔西南兴义一带布依族一个纪念性的节日。每年农历六月二十一日至二十三日在黔西南自治州首府兴义市顶效镇的查白场举行，是为纪念古时当地一对为民除害，为抗暴殉情的男女青年查郎、白妹而得名。每年这几天，周围远近各县和毗邻的广西、云南等地各族群众三四万人，前来参加歌节，规模宏大，气氛热烈，蔚为壮观。查白歌节主要的活动内容有赛歌、认亲访友、吃汤锅、祭山等，一般连续3天，第一天是高潮。

（二）布依族服饰文化

《贵州图经新志》卷一风俗记载："仲家（布依族古称）皆楼居，好衣青衣。男子戴汉人冠帽，妇女以青布一方裹头肩，细榴青裙多二十余幅，腹下系五彩挑绣方幅如缓，仍以青衣袭之。"《旧唐书·西南蛮》载："男子左衽、露发、徒跣。妇女横布两幅，穿中而贯其首，名为通裙。"布依族的传统服饰是男着衣衫，女穿衣裙，妇女衣、裙均有蜡染、挑花、刺绣图案装饰。因为布依族居住在热带地区，气候炎热温暖，这种宽松的衣裙符合气候特点。布

---

❶ 理查德·M.道森.庆典中使用的物品[M].上海：上海文艺出版社，1993：41.

依族服饰类型受地理环境和社会条件的直接影响，形成了有地区差异的服饰文化，总体来看，传统布依族妇女服饰如下：头缠蓝、青包布，包头饰均有各类花纹图案的耍须（缨）；身着青、蓝色的圆领大襟短衣，右衽，身大袖宽，沿右衽无领衣襟镶绣一道7厘米左右宽花边，上衣的下角边部镶绣各式彩色绲边，内衣袖口较外衣长而小，外衣袖口大而短，内衣袖口绣织精美的花纹、图案，外露的花色层次重叠和谐、醒目，与外衣的短袖协调相配，下身或为裤子，多深青、蓝色，裤脚较宽大，绲有栏杆（花边）；布依族男女多喜欢穿青、蓝、黑、白等色布衣。青壮年男子多包头巾，穿对襟短衣和长裤。老年人大多穿对襟短衣或长衫。妇女的服饰各地不一，有的穿蓝黑色百褶长裙，有的喜欢在衣服上绣花，有的喜欢用白毛巾包头，带银质手镯、耳环、项圈、银泡等饰物。布依族的服饰以蜡染、刺绣、花边、纺织为主要特色。

黔西南的布依族多着蓝、黑、青、白服饰，布料多用自种棉花，自纺、自织、自染，色泽天然。布依族蜡染布料可制成门帘、帐帘、床单、饰品等，显得古朴、纯美；刺绣衣襟、围腰、枕套、荷包，图案取材于自然或传说中的人物故事，配色协调，鲜艳悦目。这些衣物首饰、蜡染绣品等，在节日、赶场、"浪哨"（青年男女谈情说爱）时，伴随着民歌，形成了布依族独特的文化氛围。

布依族服饰装饰纹样主要有米颗纹、鱼骨纹、龙纹等。布依族是个农耕民族，种植水稻的历史悠久，特别喜爱将与稻耕有关的自然物作为图腾进行崇拜。布依族服饰纹样中的米颗纹与谷崇拜有关，鱼骨纹来源于鱼图腾，水波纹、漩涡纹与水崇拜有关，螺旋纹、龙纹与龙蛇图腾崇拜有关，云雷纹来源于天崇拜……都与稻耕文化有密切关系。布依族村寨一般依山傍水，因而熟悉鱼的繁衍过程和习性。布依族原始先民以鱼为图腾崇拜物，并从鱼身上抽象出在布依族服饰及蜡染中常用的三角纹和菱形纹。龙是布依族的图腾，《说文解字》有"闽、东南越、蛇种"之说，龙蛇相类似，蛇图腾即龙图腾。龙图腾反映了远古时代布依族和其他民族的关系，龙是古代百越民族的图腾崇拜，布依族是百越民族之一，也把龙列入图腾崇拜内容之内（图3-132）。

布依族女子服装有两种类型，一是穿短衣、长裙。上衣是对襟短衣，上面装饰有刺绣和蜡染

图3-132 布依族土黄色勾龙纹锦

图片来源：北京服装学院民族服饰博物馆藏

图案，下身是百褶长裙，经常同时套穿三四条裙子，系黑色长围腰。未婚女子头盖绣花帕，婚后改戴"假壳"（这是一种前圆后方的头饰）。二是穿大襟衣、长裤。衣裙上镶花边，系绣

图3-133　贞丰布依族服饰　　图3-134　布依族女装

花围腰，下穿尖钩绣花鞋。有的地区的女子以发辫挽头数圈，婚后头缠花格帕或包头巾。男子穿对襟或大襟短衣、长裤，盛装时穿长衫，包蓝或白蓝方格布料的头巾，有时戴瓜皮帽。布依族的背孩带和儿童头饰，具有精致的绣工并缀满银饰物（图3-133、图3-134）。

布依族的服饰文化具有地区差异，如贵州的镇宁、关岭、郎岱（六枝）、普定、晴隆、普安、盘州及黔西北一带的布依族妇女，婚前长辫挽头，婚后长住夫家时改戴"更考"（俗称"假壳"），贵阳市郊、黔南州西部、黔西南州和安顺地区一些县，妇女上身多穿大襟衣，下着长裤，多数地区衣裤边缘镶栏杆，但各地有所差异。

图3-135所示服饰源自镇宁县扁担山村，为布依族年轻女子盛装服饰。这一支布依族集中于安顺市镇宁县、关岭县、普定县、紫云县，黔西南州晴隆县，以及六盘水市六枝特区、水城县、盘州、毕节市威宁县、织金县一带。婚前，女子梳辫，戴织花头巾；婚后，仍暂居娘家一段时日，直到新郎家妇女乘新娘不备，强解其发辫，换上"甲壳"后开始在夫家长住生活。"甲壳"是一种帽子，形似簸箕，以竹笋壳为架，用青布结扎而成，戴时再加一块花帕子，是布依族妇女婚后的标识。

云南罗平县布依族老年妇女保留传统服饰，头缠蓝色包布，身穿青色无领对襟短衣，身大袖宽，衣摆、下角分别镶绣花边及绲边；下身穿蓝黑色百褶长裙，有的系青布围腰或绣花围裙，脚穿精美翘鼻绣花鞋，整套服装集纺织、印染、挑花、刺绣于一体。贵州独山、都匀、福泉等县妇女服饰与当地汉族基本相同，老年妇女服饰大体与民国初年的汉族妇女衣服式样相似（图3-136）。

布依族服装面料多为自织自染的土布，有白土布，也有色织布。色织布多为格子、条纹、梅花、辣子花、花椒、鱼刺等图案，达两百多种，反映了布依族人民多神崇拜、自然崇拜的理念。服饰色彩多为青蓝色底上配以多色花纹，有红、黄、蓝、白色等，既庄重大方，又新颖别致，反映了布依族人纯朴善良、温和热情的性格。

布依族服饰的制作集蜡染、扎染、挑花、织锦、刺绣等多种工艺技术于一身。这些元素已被广泛运用于现代服装设计中。刺绣是针线在织物上绣制的各种装饰图案的总称。用针

图3-135 贵州镇宁地区布依族女服水涡纹蜡染衣袖，织锦衣袖上衣，水涡纹蜡染百褶裙

图3-136 镇宁县扁担山布依族妇女服饰，衣长61厘米，肩袖115厘米，裙长83厘米，腰围98厘米

将丝线或其他纤维、纱线以一定图案和色彩在绣料上穿刺，以缝迹构成花纹的装饰织物。蜡染是用蜡刀蘸熔蜡绘画于布后以蓝靛浸染，既染去蜡，布面就呈现出蓝底白花或白底蓝花的多种图案。同时，在浸染中，作为防染剂的蜡自然龟裂，使布面呈现特殊的"冰纹"，尤具魅力（图3-137）。挑花是抽纱工种的一种，亦指刺绣的一种针法，也称"挑织""十字花绣""十字挑花"。挑花是一种具有极强装饰性的刺绣工艺。在棉布或麻布的经纬线上用彩色的线挑出许多很小的十字，构成各种图案。织锦是用染好颜色的彩色经纬线，经提花、织造工艺织出图案的织物。扎染古称扎缬、绞缬、夹缬和染缬，是在染色时将织物部分结扎起来使之不能着色的一种染色方法，是中国民间传统而独特的手工染色工艺技术之一。

图3-137 清代布依族蜡染花边
此布料由贵州布依族手工纺织，并以传统手工方法蜡染

（三）布依族元素在现代服装设计中的运用

2017"大浪杯"女装设计大赛的铜奖设计师马亮的参赛作品"鱼水瑶"，即是源于布依族很多神话传说中体现的与之有着血缘关系的原始观念，以现代的设计理念及着装方式来体现设计在继承传统中的不断创新。汲取了布依族蜡染的青、白两色，针织构造的装饰纹样与天然的棉麻面料相融合，传达出一个具有丰富的审美意识和丰富多彩生活的创造性民族（图3-138）。

图3-138 2017大浪杯铜奖作品"鱼水瑶"

2017 EVE CINA时装秀，首次将流传千年的布依文化带上国际舞台，将传统的布依族图案以及元素提取重组，运用现代的表现手法来重新定义民族特色，完美地将整个布依族的传统文化要素和核心特色呈现出来（图3-139）。

图3-139　2017 EVE CINA时装秀

十一、傣族

（一）傣族概况

傣族历史悠久，傣族先民为古百越中一支。"傣"意为酷爱自由、和平的人。傣族有自己的文字，记载了关于傣族的历史传说、宗教经典和文学诗歌。傣族是一个跨境民族，与缅甸的掸（傣）族、老挝的主体民族佬族、泰国的主体民族泰族、印度阿萨姆邦的阿洪傣都有着渊源关系。全球傣（泰、掸）族总人口6000万以上，大部分傣族自称为"傣""泰"，又称为"掸""阿萨"。

中华人民共和国成立以后，据考古工作者在云南省滇池、景洪等地和其他省、区发掘出的新石器时代的文化遗迹，以及近年来在泰国班清、北碧等地出土的大量石器、青铜器等历史文物证明，远古傣语各族的先民生息在川南、黔西南、桂、滇东以西至伊洛瓦底江上游，沿至印度曼尼坡广阔的弧形地带，即我国云南、广西大部、四川、贵州，以及老挝、泰国北部、缅甸、印度阿萨姆广大区域，后向西南迁徙。史籍《史记·大宛列传》《汉书·张骞传》中有傣族的历史记载，皆称傣族为"滇越"，《后汉书·本纪·孝和孝殇帝纪》等书称傣族先民为"掸"或"擅"。魏晋时期，称傣族为"僚""鸠僚""越""濮"；到唐宋时期，傣族被称为"金齿""黑齿""膝齿""绣面""绣脚""白衣"等；元明清时期，称傣族为"白夷""百夷""伯夷""摆夷"等。

我国傣族主要分布在云南省西双版纳傣族自治州、德宏傣族景颇族自治州和耿马傣族佤族自治县、孟连傣族拉祜族佤族自治县。其余散居云南省的新平、元江、金平等30余县。傣族居住于山间平原地区，属亚热带气候，自然生存环境多水、潮湿，气候温和，被称为"水的民族"。因为其潮湿多雨的气候以及为了躲避虫兽危害、洪水袭击的原因，属于干阑式建筑的竹楼成为傣族人民的传统民居（图3-140）。

图3-140　傣族竹楼

图片来源：戴华刚. 中国国粹艺术读本—民居建筑，中国文联出版社

生活在"孔雀之乡"和"白象乐园"的傣族人民崇拜孔雀和大象，并以它们来象征五谷丰登和吉祥如意。孔雀公主的美丽传说使象征幸福与纯洁的孔雀髻、孔雀衣和孔雀舞在傣族地区广为流传。傣族人认为水是圣洁、美好、光明的象征，是生命之神，所以他们爱水、惜水、敬仰水。在傣乡村寨，可以看到风格各异的水井塔，有宝塔形、金钟式形、折角多边式、屋宇形等多种造型。塔内正面镶着一面镜子，提醒担水人爱惜水。塔外壁雕刻着交尾双龙、白象、凤凰、金鹿等傣家喜爱的动物，空隙处镶满各式的明镜。

傣族的贝叶文化，是傣族传统文化的一种象征性提法，之所以称为"贝叶文化"，是因为它保存于用贝叶制作而成的贝叶经本里而得名。贝叶文化包括贝叶经、用棉纸书写传抄的经书、唱本和存活于民间的傣族传统文化事项三个方面。傣族生活中开天辟地的天神，发明创造的英雄，繁衍后代的祖先，普度众生的佛陀，各种神灵、鬼怪、山水、树木甚至赐福给人类的整个大自然，都融入每个人的心中，成了神圣的崇拜对象，形成了完整的信仰体系。

傣族几乎全民信仰南传上座部佛教，特别是40岁以上的人几乎都要到奘房中受戒修行，参加每年三个月的入夏安居，诵经赕佛。西双版纳、景谷等地，傣族男子都要出家为僧一段时间，在佛寺内学习傣文、佛法、天文地理等知识。人们认为只有入过寺的人，才算有教化，因此，只有入过寺的男子，才能得到姑娘的青睐。家境好的小男孩七八岁入佛寺，3~5年后还俗。当他们穿戴一新由亲人护送，在众人欢笑声中进入佛寺，便自豪地认为已经开始得到了佛的庇护，能长大成材了。然后他们剃去头发，披上袈裟，开始平静地诵读经书，学习文化，自食其力，回家后被称为"康朗"，即还俗的僧人，但德宏及周边地区的傣族没有入寺为僧后又还俗的情况。

由于傣族普遍信仰小乘佛教，很多节日与佛教有关。傣历六月举行的泼水节是最盛大的节日，届时大摆宴席，宴请僧侣和亲朋好友，以泼水的方式互致祝贺。在傣族节日中，重大节日是傣历新年、泼水节、入夏安居节（关门节）、出夏安居节（开门节）等，每逢重大节日，傣族人穿上最漂亮的服饰，尽情欢愉，服饰在节日庆祝中起到了重要作用。

"泼水节"是傣族人民送旧迎新的传统节日，时间在公历4月中旬，傣历6月，傣语称"桑勘比迈"。节日期间主要有祭拜祖先、堆沙、泼水、丢沙包、赛龙船、放火花及歌舞狂欢等活动，并且要赕佛、大摆筵席，宴请僧侣和亲朋好友，以泼水的方式互致祝贺。

"关门节"傣语叫"进洼"，意为佛祖入寺，是云南傣族传统宗教节日，每年傣历9月15日（农历七月中旬）开始举行，历时3个月。关于"关门节"的由来，史书有这样的记载，每年傣历9月，佛到西天去与其母讲经，3个月才能重返人间。佛到西天讲经期内，数千佛徒到乡下去传教，踏坏了百姓的庄稼，耽误了他们的生产，百姓怨声载道，对佛徒不满，佛得知此事后，内心感到不安，从此以后，每遇佛到西天讲经时，便把佛徒都集中起来，规定在这3个月内不许到任何地方去，只能忏悔，以赎前罪，故人们称为"关门节"。

开门节，亦称"出洼"，傣语为"豪瓦萨"，傣族的传统节日，时间在傣历12月15日

图3-141　傣族开门节

（约在农历九月中），源于古代佛教雨季安居的习惯。开门节，象征着三个月以来的雨季已经结束，表示解除"关门节"以来男女间的婚忌。即日起，男女青年可以开始自由恋爱或举行婚礼。节日这天，男女青年身着盛装去佛寺拜佛，以食物、鲜花、腊条、钱币等敬献，之后，举行盛大的文娱集会，庆祝从关门节以来的安居斋戒结束。主要内容有燃放火花、点孔明灯、唱歌跳舞。青年们还将舞着各种鸟、兽、鱼、虫等形状的灯笼环游村寨，因此时正逢稻谷收割完毕，也称为庆祝丰收的节日（图3-141）。

（二）傣族服饰文化

傣族因分布区域不同，服饰也有区域性差异，男性的传统服饰保存已不多，传统服饰的特点主要通过妇女的穿着打扮来体现，可以划分为西双版纳类型、德宏类型、元江—新平类型、元阳—红河—金平类型四种。

傣族男子服饰，上身为无领对襟或大襟小袖短衫，下着宽腰无兜净色长裤，多用白色、青色布包头，有的戴毛呢礼帽，天寒时喜披毛毯，四季常赤足，保留着古代"衣对襟""头缠布巾，喜挂背袋、带短刀"的特点，衣料曾多用自织"土布"，现已渐少用。

傣族妇女服饰因地而异，有的地区的女子穿浅色合体背心，套大襟或对襟短衫，上衣一般收腰，衣角翘起，配花筒裙，束银腰带；有的地区的未婚女子穿大襟短衫、长裤，束小围腰，婚后穿对襟短衫、黑筒裙；还有的地区的女子重视腰部装饰，上衣腰际或裙腰有刺绣装饰，或用银泡镶成花纹，或缠彩色腰带。女子头饰也很丰富，或挽发于顶，以插梳和鲜花为饰；或编发辫盘头，或束髻戴黑布高筒帽，或戴青布平顶帽、小竹笠。女子首饰中以金银珠宝制成的"凤冠"和用作定情信物的银制腰带最为珍贵（图3-142）。

图3-142　傣族服

西双版纳的傣族妇女上着各色紧身内衣，外罩白色、绯色或淡绿色紧身无领窄袖短衫，下穿彩色筒裙，长及脚面，并用精美的银质腰带束裙，留长发，并挽髻于顶，插梳子或鲜花，典雅大方；也可用大布巾包头。外出时喜挎自织筒帕，撑传统平骨花伞，这一地区，妇女有穿鞋的习惯，常见的有尖花鞋、草鞋和拖鞋。

德宏州瑞丽、畹町等边疆地区的傣族与西双版纳的傣族由于濒临国界线，都受缅甸文化影响，且共同信仰小乘佛教，因而服饰极为相似。德宏和耿马未婚女子平日多穿白色或粉色的齐腰短衫，下着长裤，腰系绣花围腰，发辫盘于头上，发梢自然垂下。节日时多穿彩色紧身对襟短衣，围黑色小围腰，两侧顶边绣彩色花纹，交叉于臀部，两根围腰带子则绕至前右侧，下垂至膝下，其上绣满与围腰两侧相似的彩色花纹，着黑色长裤，但赕佛进"奘房"时则必须穿筒裙。已婚年轻妇女通常着浅色对襟上衣，依旧窄袖短衣，但胸围、腰围都变得宽松一些；穿两条黑色筒裙，外裙由下往上折起，紧束臀部，显出女性丰满的形体线条，或穿单层黑色筒裙，系一条黑色小围腰，头发挽髻于顶部，多用长条浅色毛巾包头，中老年妇女则改戴用黑布缠成的高筒帽。

居住在元江、新平等县的傣族，因为喜欢在腰部点缀许多装饰物，故名花腰傣。花腰傣妇女身着镶绣银泡的小褂，外套一件锦缎镶边的超短上衣，仅23厘米长，展示出女性腰饰的华美，红色织花腰带在腰间层层缠绕，小褂下摆垂着的无数银坠，均匀排列在后腰，串串芝麻响铃在腰间晃动，长长的丝带将精美的"花央箩"系在腰边，黑红色的筒裙，镶满银泡的筒包，高高的发髻、别致的小笠帽，耳侧旁挂着花银响铃。按花腰傣古风，穿裙时必须从头顶往下套，不能从脚下往上穿，而且左右两侧必须呈斜状，左方略高，右方略低，否则，会被视为不美。小腿打青布绑腿，冬天可以保暖，夏天防蚊虫叮咬，不过现在绑腿已很少见，多用各种筒袜代替。花腰傣分大头、小头两种，大头花腰喜欢打伞，小头花腰喜欢戴边缘上翘的斗笠。

元阳、红河两地傣族服饰大同小异，衣饰有冬夏之分，夏季时上衣为黑色圆领右衽短袖衣（冬季是长袖），袖用花布缝制，襟边、下摆、袖口、腋下两侧皆饰宽窄不一的刺绣花边，下穿至膝的黑色筒裙，绑腿刺绣有几何形、花形或文字（福、寿、喜等）图案。包头为黑色，前额上端装饰有一块3厘米宽的五彩刺绣，末端的三角形直竖着暴露于上方。未婚者的包头末尾两截是五彩刺绣，披垂于脑后，已婚者则无。

金平傣族妇女上着白色对襟长袖衣，纽扣为蝶形银扣，下穿长筒裙，腰系绿色或红色的飘带。发式或盘髻，或盘发辫。芒市地区傣族女子婚前穿浅色大襟短衣、黑色长裤、系绣花围腰，婚后改穿对襟短衣，深色筒裙，头上包长穗头帕（图3-143、图3-144）。

傣族其他文化内容有镶牙和染齿，傣族人把镶牙和染

图3-143　傣族女装

图3-144　傣族妇女服饰

齿视为人生的成年礼俗。傣族青年男女，一般自14~17岁左右，就要把白色牙齿换成金的或银的。染齿的年龄多为十四五岁左右，他们喜欢把自己整齐的白牙染成黑色或深紫色。深紫牙齿，是最漂亮的牙齿。女青年如果把牙齿染得又黑又紫，就会被人夸奖染了一副漂亮又耐用的好牙齿。有时，镶牙或染齿与否，会影响到能否顺利完婚，有"凿牙完婚"和"染齿完婚"之说。

文身（Tattoo），是傣族男子的重要特征，是傣族男子壮美的标志之一，男子文身显得勇敢英武，受姑娘们青睐，傣族男子人人文身，一般多在12~30岁进行。过去一般青年的文身，都是蓝色或黑色，只有贵族可用红色文身。傣族的文身与宗教巫术相结合，派生出多种多样的文身方法，如黥、刺、纹、墨是主要方法，即在皮肤上面刺纹，留下印痕或图案，通过镶、嵌，把宝石嵌入体肉，让皮肤长至伤口愈合为止。文身内容的表现手法丰富多彩，主要有线条纹（有直线条、曲线条、水波纹线条等）、几何纹（有圆形、椭圆形、云纹形、三角形与方形等图形）、动植物纹（有虎、豹、鹿、象、狮、龙、蛇、猫、兔、孔雀、金鸡、凤凰以及树或草的叶子、花等）、文字纹（有巴利文、傣文、缅文、暹罗文的字母或成句的佛经、咒语、福禄等），其他还有人形纹、半人半兽纹、佛塔纹、工具纹等。傣族文身有专门制造的文身工具、特殊配制的原料，有固定的文身程序，还有一定的仪式和禁忌（图3-145）。

图3-145 傣文咒语文身

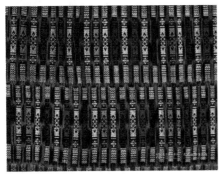

图3-146 傣族筒裙织锦

图片来源：北京服装学院民族服饰博物馆藏

在傣族服饰文化中，傣锦是重要的服饰材料。傣锦是一种古老的手工纺织工艺品，其织锦工艺历史悠久，图案丰富多彩，具有浓厚的生活色彩。傣锦图案是通过熟练的纺织技巧创造出来的，多是单色面，用纬线起花，对花纹的组织要求非常严谨，织造时傣族妇女将花纹组织用一根根细绳系在"纹板"（花本）上，用手担脚蹬的动作使经线形成上下两层后开始投纬，反复循环便可织成傣锦。一幅傣锦，需几百乃至上千根细绳在"纹板"上表现出来，若结错一根细线，就会使整幅傣锦图案错乱。傣锦织工精巧，图案别致，色彩艳丽，坚牢耐用。图案有各种珍禽异兽、奇花异卉和几何图案等，每一种图案的色彩、纹样都有特定的含义。这些寓意深远五彩斑斓的图案，显示了傣族人民的智慧和对美好生活的追求和向往（图3-146）。

傣族女子心灵手巧、能织会绣，其服饰制作的工艺由母亲从小传给女儿，一直流传。傣族传统服饰多是自制的土布、丝线纺织、丝线十字绣，以浸染的蓝色和黑色面料来缝制，面料上多织有方块、八角、龙、凤、花、鸟、蛇纹图案的暗花。

（三）傣族元素在现代服装设计中的应用

傣族织锦图案是几千年演变的最终成果，不论是在形式方面还是在文化价值方面都能够对现代服装设计的发展起到启示作用。今天，傣锦工艺在继承传统的基础上得到了发展和提高。除了制作筒裙、挎包、床单、被面窗帘、手巾外，还设计制作出了傣锦屏风、沙发垫等新品种。傣族服装品牌"水韵·娑罗"由中央民族大学民族服饰研究所、中国服饰人才研究会和西双版纳共同设计开发，以厚重的傣族文化为底蕴，以绚丽多姿的傣族服饰文化为主线，以传承、弘扬和发展傣族服饰文化为宗旨，充分展示"水韵·娑罗"品牌丰富的文化内涵和传统、时尚相结合的设计理念。

十二、维吾尔族

（一）维吾尔族概况

"维吾尔"是维吾尔族的自称，意为"联合"。维吾尔族以农业为主，种植棉花、小麦、玉米、水稻等农作物。维吾尔族在历史上是一个非常重视和善于进行商业贸易的民族，牧业、农业、手工业为社会经济活动的重要组成部分。维吾尔族主要聚居在新疆维吾尔自治区天山以南的喀什、和田一带和阿克苏、库尔勒地区，其余散居在天山以北的乌鲁木齐、伊犁等地，少量居住在湖南桃源、常德以及河南开封、郑州等地。新疆维吾尔自治区位于亚欧大陆中部，地处中国西北边陲，总面积约166.49平方公里，占中国陆地面积的六分之一，周边与俄罗斯、哈萨克斯坦、吉尔吉斯斯坦、塔吉克斯坦、巴基斯坦、蒙古、印度、阿富汗8个国家接壤，是中国面积最大、陆地边境线最长、毗邻国家最多的省区。维吾尔族广泛分布在新疆各地，与自然和谐相处，和其他民族友好往来，同中原文化密切交往，用勤劳和智慧创造出绚丽的民族文化。

新疆远离海洋，深居内陆，四周有高山阻隔，海洋湿气不易进入，形成明显的温带大陆性气候，气温变化大，日照时间长（年日照时间达2500~3500小时），降水量少，空气干燥。地降水量相差很大，南疆的气温高于北疆，北疆的降水量高于南疆最冷月（1月），平均气温在准噶尔盆地为零下20℃以下，该盆地北缘的富蕴县绝对最低气温曾达到零下50.15℃，是全国最冷的地区之一，最热月（7月），平均气温在号称"火洲"的吐鲁番为33℃以上，绝对最高气温曾达至49.6℃，居全国之冠。由于新疆大部分地区春夏和秋冬之交日温差极大，故历来有"早穿皮袄午穿纱，围着火炉吃西瓜"之说。

新疆是多宗教地区，主要宗教有伊斯兰教、藏传佛教、佛教、基督教、天主教、东正教和萨满教等。伊斯兰教不仅作为一种宗教，同时也作为一种社会制度、生活方式和文化表现形式，对维吾尔族的政治、经济、教育、伦理、文化、艺术等方面，产生了深远的影响，成为维吾尔社会传统文化的重要组成部分。

维吾尔族节日有肉孜节、古尔邦节、诺鲁孜节等。维吾尔族重视传统节日，尤其以过"古尔邦"节最为隆重，届时家家户户要宰羊、煮肉、赶制各种糕点等。屠宰的牲畜不能卖出，除将羊皮、羊肠送交清真寺和宗教职业者外，剩余的用作自食和招待客人。过肉孜节时，成年的教徒要封斋1个月。封斋期间，只在日出前和日落后进餐，白天绝对禁止任何饮食。肉孜节意译为"开斋节"，按伊斯兰教教规，节前一个月开始封斋。即在日出后和日落前不准饮食，期满30天开斋，恢复白天吃喝的习惯。节日期间人人都穿新衣服、戴新帽，相互拜节祝贺。

（二）维吾尔族的服饰文化

维吾尔族主要分布在南疆的喀什、和田和阿克苏三个地区，北疆的伊犁和东疆的哈密、吐鲁番等地，因此服饰呈现出了明显的地域性，服饰款式、色彩搭配、图案纹样和制作工艺均有差异，其中服饰图案纹样的差异尤为突出。

维吾尔族服饰文化与维吾尔族其他传统文化一样，悠久而璀璨、独具魅力。维吾尔族的传统服饰不仅折射出维吾尔族传统文化和习俗的一个方面，同时也揭示出维吾尔族对服饰文化的审美情趣。新疆地域辽阔，民族众多，自然环境复杂多变，文化渊源也各有不同，各地区维吾尔族服饰的艺术风格和表现形式上也有一定的差异性，这跟当地的地理、历史、宗教等多种因素相关联。

维吾尔族另一种有特色的传统服装叫"袷袢"，是维吾尔族男子常穿的一种齐膝长袍，右衽、斜领、无扣、不开衩，喜欢用白色、黑色和条纹的面料制作。"袷袢"腰身肥大，所以常用折成三角形的长方巾系在腰间。维吾尔族男子内穿领口处绣有精巧花边的套头式白衬衫，下穿长裤，脚蹬长靴。

维吾尔族妇女尤喜穿鲜艳的绸缎，如用传统"艾德莱斯"花绸制成轻盈宽松的连衣裙或长衫，外面套穿深色紧身绣花短马甲，胸前绣以对称花纹，以葡萄纹居多。维吾尔族少女梳几条或十几条小发辫，婚后梳两条大发辫。除戴绣花帽外，妇女还包花头巾，冬天围大幅羊毛巾；中老年妇女包白纱巾或白色盖头。维吾尔族妇女喜戴耳环、手镯、项链、戒指等，脑后常插一把新月形弯梳作为装饰（图3-147~图3-149）。

花帽，是维吾尔族的典型服饰之一，无论男女老幼几乎都戴一顶精致漂亮的小花帽，维吾尔语叫"朵帕"，又被称作"四楞帽"。喀什是维吾尔族最集中的聚居地，宗教气氛浓郁，民风淳朴温和，至今保存着许多传统手工艺作坊，巴旦木图案的花帽就出自这里，后逐渐成

图3-147 维吾尔族妇女服饰

图3-148 维吾尔族妇女的节日服装

图3-149 维吾尔族女服

为维吾尔族普遍佩戴的一种花帽式样。维吾尔族花帽在历史上曾象征权力和荣誉，帽子上的花纹越美，主人的地位就越高，因此国王和皇族的帽子上都镶满了奇珍异宝，后随着新疆各小国的相继灭亡，花帽不再象征人的地位，而逐渐转为民间装饰品，每逢维吾尔族的节日庆典，人们都离不开花帽，图3-150为维吾尔族花帽纹饰图片。

维吾尔族花帽，地域性十分明显。南疆地区多喜欢巴旦图案为主的"巴旦多帕"；吐鲁番地区的维吾尔人喜欢戴红花绿叶、颜色鲜艳的花帽；新疆北部的维吾尔人多戴无花的小花帽；南疆的和田、于田、民丰一带年长的妇女，喜欢在盖头顶上靠前端处戴一顶如酒盅般大小的花帽，叫作"克奇克太里柏克朵帕"，是用黑褐色或黑绿色的羊羔皮制成的；南疆的维吾尔族男子喜爱戴黑底白花、色彩对比强烈、格调典雅的巴旦木花帽（图3-151）。

图3-150 维吾尔族花帽纹饰

维吾尔族妇女除喜戴小花帽外，面纱或盖头也是其传统头饰之一。面纱或盖头，也源于伊斯兰教礼仪。按照伊斯兰教规，妇女除手脚外，全身包括头发在内都为"羞体"，除亲生父母和丈夫外，不能让任何男子看见，出外必须戴面纱或盖头，男子若窥见陌生女子的面容，被认为是不吉利和不幸的事情。面纱或盖头规格大小不一，一般要蒙至腰部，有的蒙至臀部以下。对蒙面纱的年龄无统一规定，

图3-151 新疆喀什维吾尔族花帽

图片来源：北京服装学院民族服饰博物馆藏

最早有从十多岁开始。

皮靴，维吾尔族人习惯穿着鞋靴，历史可追溯到千年以上，因其先祖曾是游牧于高山雪岭，纵横驰骋在广阔的边塞土地上的游牧民族。维吾尔人的鞋多为牛皮面制作，在农牧区生活的劳动者大都自己制鞋，也有专门制作鞋、靴的民间工匠，这些工匠掌握了从制作木楦头到选皮、鞣革，制作皮鞋、靴成品的一整套传统绝技，技术熟练、手艺精湛（图3-152）。

图3-152　维吾尔族皮靴

图片来源：北京服装学院民族服饰博物馆藏

服饰装饰，维吾尔族崇尚黄金，几乎每一个成年女性都有一件或几件黄金首饰。女孩从五六岁开始，甚至更早就开始扎耳眼，佩戴耳环。参加婚礼和各种喜庆活动时，妇女们都会尽可能多地戴首饰，有的甚至双手戴满了戒指，打扮得很富丽、华贵。维吾尔族男子在腰间的皮带上挂一把小刀，这种佩戴形式由来已久，是古代游牧生活的习俗沿袭，也是现代生活中的需要，既是服饰上传统装饰品，又是生活中的必需品。

服饰色彩，维吾尔族人民生活在沙漠中的绿洲，自然环境恶劣，气候变化多样，在与环境斗争和调和的生产、生活中，形成了强悍、乐观、耿直、豪迈的民族精神和性格特征，使维吾尔族特别喜爱对比鲜明的黑、红、绿、金、银等色彩，很少使用柔和的间色和复色，多用饱和度极高的未经调拌的原色，展示他们热爱生活、热爱自然的强烈情感和审美愿望，也表现了维吾尔族古拙、质朴、豪放的色彩审美观。

维吾尔族服饰崇尚红色，这和该民族先期信仰过萨满教、祆教等多种宗教有关。萨满教崇拜火神，认为火神不仅会赐给人们幸福和财富，还可镇压邪恶。维吾尔族服饰对蓝色的喜好，源于维吾尔族先民对萨满教的信仰。萨满教崇拜大自然，天地日月、山川河流、雷鸣电闪等自然物象，都为人们所崇拜，由于日月出自蓝天，对天之蓝色的喜好就世代相传。黄色，在维吾尔族人眼中除了象征着黄土地外，还象征着大漠，代表新疆维吾尔人的生存环境，是忧愁和苦闷的象征。维吾尔族崇尚白色，主要源于中世纪伊斯兰教的发源地阿拉伯崇尚白色的习俗。黑色，给人以肃穆庄重、素雅端庄之感。新疆维吾尔族崇尚黑色和其崇尚白色一样，源于中世纪伊斯兰教的发源地阿拉伯人崇尚黑色的习俗。阿拉伯人崇尚白色、黑色和绿色，这三色也是各国穆斯林的崇尚色。

维吾尔族的服饰色彩还同其受汉族传统文化影响，吸纳汉文化有关。如汉文化通常以红色表示庄重、威严、气派、吉祥、喜庆，以黄色象征高贵、尊严、华贵、华丽，视白色为纯洁、高尚等，这些都在不同程度上影响着维吾尔族人衣饰色彩的崇尚。维吾尔族人在服饰色彩的运用中，喜用对比强烈、浓艳之色，这不仅和维吾尔族人生性活泼、开朗、热情有关，也和维吾尔族人生活在辽阔大漠戈壁包围之中，自然色调较为单一有关。

纹样与材质，维吾尔族服装式样古朴而简洁，最能体现其民族特色和审美情趣的是图案装饰。维吾尔族的图案是生活场景的写照，来源于自然。维吾尔族是个喜欢花卉的民族，房前屋后都种满了各种花，日常生活中爱用各种植物的花、叶、枝、蔓、果实等作为装饰纹样。与其他民族相比，维吾尔族的服饰材质别具风采，其中艾德莱斯绸是最受欢迎的绸衣料（图3-153）。艾德莱斯绸质地柔软、轻盈飘逸、色彩绚丽，维吾尔族妇女几乎每人都有一件用艾德莱斯绸制作的筒裙。

维吾尔族在历史上曾信仰过萨满教、祆教、摩尼教、佛教等多种宗教，从16世纪皈依伊斯兰教至今，伊斯兰教的影响渗透于维吾尔族的经济、政治、文化之中。维吾尔族的服饰文化折射着伊斯兰宗教文化精神，也在不同程度上保留着早期宗教信仰的痕迹，呈现出以伊斯兰宗教文化为主的多种宗教文化的含义。

维吾尔族服饰图案，既具有审美功能，也标志着信仰。在信仰伊斯兰教的维吾尔族服饰和饰物上，禁绘带眼睛的动物图案，即便在个别饰物如地毯、毛巾、枕巾上出现小鸟等动物，也仅是图中一个小的点缀，这是因为伊斯兰教禁忌偶像崇拜之故（图3-154~图3-156）。

维吾尔族少女多辫头饰，是一种族别符号，也是一种宗教崇拜的象征。维吾尔族少女喜将头发分股编成若干细长小辫，垂于脑后，以此为美。维吾尔族在历史上曾信仰过萨满教，萨满教崇尚大自然，把丰茂的树木、广阔的天宇和山川河流奉为神物加以

图3-153　喀什维吾尔族艾德莱斯绸袷袢

图片来源：北京服装学院民族服饰博物馆藏

图3-154　维吾尔族纹样

图3-155　维吾尔族妇女的扎花裤装饰图片

图3-156　维吾尔族妇女的扎花裤装饰图片

崇拜。妇女的发型和辫子的数目要按照一定的要求来梳理，一般未婚少女的辫数为15、17、21或41根，忌讳辫双数；已婚女子只留双辫，是已婚的标志；离婚的妇女除了留鬈发以外，要辫出10以下任一单数的辫子，忌讳辫双数，维吾尔族忌讳妇女扎独辫（图3-157）。

图3-157　维吾尔族发饰

维吾尔族服饰是中国优秀民族文化中的重要组成部分，式样古朴，色彩鲜明，纹饰多种多样，工艺精湛，凝聚着一个地区、一种文化特有的历史积淀，体现出这个民族独特而又多样的审美特性，展现出与内地各民族服饰的不同特色和艺术魅力。维吾尔族服饰不仅在历史上留下灿烂的文化遗产，在当代也呈现出了与众不同的时代特点，并在现代文化的影响下得到了较好的发展和演变。

十三、土家族

（一）土家族概况

土家族是一个历史悠久的民族，有民族语言，属汉藏语系藏缅语族，接近彝语支，没有本民族文字，通用汉文。主要分布于湘、鄂、川、黔毗连的武陵山地区，即湖南省西北部的凤凰、泸溪、永顺、龙山、保靖、桑植和古丈等县，湖北省恩施土家族苗族自治州、宜昌五峰土家族自治县、长阳土家族自治县，贵州省的沿河、印江、镇远、思南、铜仁和松桃等市县以及重庆市的酉阳、秀山、黔江、石柱和彭水等县。

土家族是较早从事农耕的民族。由于生产技术低、工具落后、农作物产量低，于是他们向汉族学习先进的生产技术并引进先进的生产工具，从而提高了土家族的生产力水平，加速了社会经济的进步。

土家族人民勤恳耕山，善于渔猎，并在冬春季节"赶杖"（围猎）。主食苞谷、稻米，最普及的风味食品是糯米粑粑、米炕腊肉和唐徽。很多地方土家族的服饰与汉族差不多，只有在隆重集会及节日，或在偏僻山村，能见到土家族的传统服饰。在住宅建筑方面，土家族多聚族而居，民居自成群落。传统民居主要有茅草屋、土砖瓦屋、木架板壁屋、吊脚楼四种类型，除此之外还有石板屋和岩洞。其中吊脚楼最有特色，这是一种干栏式结构，楼下喂养牲畜或堆放杂物，楼上为姑娘们的闺房，是织布、绣花、渍麻和做鞋之所。这种设计，既克服了山区地势不平的限制，又最大限度地利用了空间；既通风，又防潮；既安全，又卫生。土家族在节庆方面，以过"四月八""六月六"和土家年为主要节日。最隆重的是过土家年，俗称过"赶年"，即赶在汉族过年的前一天进行，大年为农历腊月二十九日，小年为农历腊月二十八日。

（二）土家族服饰文化

土家族服饰的发展，可分为三个阶段，即原始先民的土家族服饰、发展中的土家族服饰和近代的土家族服饰。土家族远古先民不会纺织，因此以草衣御寒，头饰为几条草绳，男的粗大以显示威武，女的细小表示柔美，都穿草衣草裙。另外，男子在腹前挂草把，意为阳刚，这是区别男女的标志。草衣的材料为草和植物的叶子，用柔软小藤做成经纬，将草叶倒扎成流线型，再用经线编织而成。后来，人类掌握了纺织技术。土家族人民开始了麻棉的技术传承，学会了养蚕缫丝、挑花刺绣，使土家的服饰逐步走向了成熟，特别是明代"改土归流"之后，土家服饰有了一个飞跃，改变了服饰上男女不分的现象。到了清朝，满族服饰进入土家地区，土家族在此基础上经过创造和加工，又形成了保留土家服饰特色的栏杆满襟服装，这种服装一直保持至今（图3-158~图3-160）。

图3-158 土家族传统稻草舞蹈服　　图3-159 土家族土司服　　　　　　图3-160 土家族男子服饰

图片来源：臧迎春. 中国少数民族服饰，五洲传播出版社

秦汉之后，土家族先民服饰已具有浓郁的民族特征，到了南宋，在唐代已经蓬勃兴起的织锦业进入全盛时期，此时，用五彩华美的织锦制作服饰自然成了土家人的最爱。土家人崇尚艳丽多姿的服饰习俗，一直延续到清代"改土归流"之前。到了清乾隆二十年，土家族的民族形象第一次以草图形式在《皇清职贡图》里清晰呈现，此时永顺保靖等地区的部分土家男人已开始着裤装，上衣是圆领短袍，衣长至大腿，包头巾、系腰带、裹绑腿；女人则"高髻螺鬟"，内穿立领短袍，外套是对襟背心，下着过膝百褶以布缠腿。

土家族的服饰发展至今，男子一般头包青丝帕或青布，布帕长2~3米，包成人字路形。青布帕，就是用当地土织布机织出的棉纱白布经过青染后的布，20世纪70年代土织布机基本没有生产了，就用市场上出售的比较粗糙的白棉布拿来青染后用。青布帕除了包在头上作为装饰和抵御风寒外，另外的用途，就是在劳动时，作为腰带，拴在腰杆上，既可以增加腰杆的力量，显得人干练、精神有力，又可以作为临时别挂东西的地方，比如别镰刀、斧头等。较古老的上衣叫"琵琶襟"，安铜扣，衣边上贴梅条和绣银钩。青年人多穿对襟胸衣，用一色布双层做领子，领子宽约3厘米，下摆和袖口处有与衣服一色的内褊，宽约2.5厘米，上背靠领子处有一块用白布缝制的扇形内贴，约与一般脸盆一半大小，前面中间对襟分别有用白布缝制的内褊，宽约3厘米，外面安防有两排布纽扣，一排为阳扣，一排为阴扣，互为相扣。布纽扣是用同一色的布料，先几层折叠后经过缝合，形成一条细、圆、长的带子，再将带子缝制成阴阳纽扣。安放纽扣也很讲究，先是按5~7（也有7~9）颗纽扣均匀排列，做好标记后直接缝在对襟上，然后还要再在每颗纽扣两边缝上一条线。这既可以使衣服有一种线条美，又可以增加纽扣的牢实度。前面两对襟下方用一色布分别缝制有荷包，荷包大小与衣服相宜。裤子是典型的"一二三扎扎裤"，青、蓝布，白裤腰，宽在20厘米以上，腰围有两个腰杆那么大，大裤脚，可融三条腿在内，不用系裤腰带，裤脚口有一色布的内褊。所谓"一二三"裤子，实际是穿裤子时的三个程序，一是将大裤腰向前折叠到能够贴身为止；二是将折叠好的裤腰顺着身体自上而下地外卷，卷到不会松脱为止；三是用手在身体的四周向下扯理裤子，目的有二：一方面看看裤子是否可能松脱，另一方面是将卷过的裤腰理顺，看上去伸展，穿着舒适，不影响用力。鞋子是高粱面白底鞋，鞋底厚。

女子头包用1.7~2.3米的布帕，不包成人字路形（图3-161~图3-163）。上衣常见四种形式：

（1）大襟：这种上衣是左开襟，袖大而短，矮领子，绲边，衣襟和袖口有两道不同的青边，但不镶花边，俗称胸襟衣。在左开襟开口处的上襟处留出一块多余的布，叫小衣儿，用来缝制荷包，可以存放东西，比如，针线或钱财等。

图3-161　土家族女子服饰

图片来源：臧迎春. 中国少数民族服饰，五洲传播出版社

图3-162　土家族女子头饰

图3-163　土家族女子服饰

图片来源：中国织绣服饰全集编辑委员会. 中国织绣服饰全集6 少数民族服饰卷（下），天津人民美术出版社

（2）银钩：这种上衣为矮领，衣襟和袖口镶宽青边，袖口青边后再加三条五色梅花边，胸襟青边则用彩线绣花。

（3）三股筋：该款衣袖宽大，袖口镶16.5厘米的宽边，领子上镶三条细边。下装同样是"一二三"裤子，只不过是腰身要比男人的稍小，颜色要比男人的多，可以有赤、橙、黄、绿、青、蓝、紫等多种颜色，已结婚的女子多数穿青蓝绿色。没有结婚的姑娘不包帕，不挽发，梳着粗而长的大独辫子，头上别着带花样的发夹，穿上女子服饰中较为靓丽的上衣，着赤橙、黄、绿、蓝色裤，女子下装一般都镶有脚边。

（4）结婚衣：姑娘出嫁时喜欢穿着的"露水衣"是长而大的一种款式。胸前绣有象征富贵美丽的牡丹花或象征纯洁无瑕的百合花图案，凡是衣裤的边缘都镶有绿上点红的彩边，象征着姑娘出嫁后，大吉大利，生活红红火火。衣袖与裤脚图案完全采用"挑花"法，也就是在布上用针刺上连贯的"小十字"，以之联成线条或方块，再组合成花鸟鱼虫等图案。女鞋较讲究，除了鞋口绲边挑"狗牙齿"外，鞋面多用青、蓝或粉红色的绸子，鞋尖正面用五色丝线绣出各种花草、蝴蝶或蜜蜂等图案。另外，一般女性胸前都要外套（戴）围裙，也叫"胸围"，俗称"妈裙"，围裙上为半圆形，下为直线形，从上半圆形到下脚也有一圈花边。围裙胸前绣有花的图案，围带即花带均用五彩丝线织成，一般60厘米长。在围裙的上端缝制有一条带花边的带子，连接在围裙布的两个上端，用于将围裙挂在脖子上。围裙两侧的中间各缝一条带花边的带子，用于将围裙拴在身体的后面使围裙更贴身，不至于飘动，影响正常活动（图3-164~图3-166）。

图3-164　土家族挑花上衣正面、背面

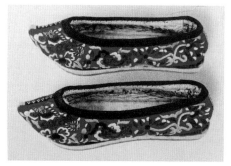

图3-165　土家族女子绣花鞋

图3-166　土家族银簪

图片来源：中国织绣服饰全集编辑委员会. 中国织绣服饰全集6 少数民族服饰卷（下），天津人民美术出版社

在众多的色彩里，有着热烈、鲜艳、醒目与祥和之感的红色最受土家族人青睐。因此有色必有红，久而久之，在服饰上形成了无红不成喜，有喜必有红的风俗。"改土归流"后，由于受封建王朝的压制，以及中原文化的强大影响，土家族的男女服饰均为满襟款式，改掉了"男女服饰不分"的民族服装，加以土家族的家织花边，保持着本民族服装的浓厚特色。

土家族服饰色彩丰富，特别是在织锦和绣花上更是五彩缤纷、争奇斗艳（图3-167~图3-172）。崇尚红色是土家族人的特点，一件衣服或裙子就可见好几种不同的红色，这主要是因为红色对土家族来说不仅是喜红，而且还可辟邪、壮胆等。

图3-167 土家族阳雀花被面料

图3-168 土家族万字八勾纹锦

图3-169 土家族福禄寿喜纹锦

图3-170 土家族椅子花纹锦

图3-171 土家族梭罗花纹锦

图3-172 土家族凤穿牡丹纹锦

图片来源：北京服装学院民族服饰博物馆藏

土家族从很早以前就把生活中的动物、植物、人物等图案运用到了服饰上，如"蝴蝶戏花""喜鹊闹梅""荷花""石榴花""八仙过海""百花朝凤"等。这些图案构图朴实大方，造型生动优美，不拘泥于临摹自然，多采用变形夸张的手法，使各种图案都富于想象和诗意，具有浓郁的生活气息和古朴的民族特色。如"百花朝凤"图案，花纹细腻灵巧，讲究对称，构图饱满，给人一种清晰质朴，洗练庄重的感觉。土家族服饰图案最为有特点的不是在它图案的运用上，而是在图案纹样的创作和表现手法上。在土家族闻名的织锦和绣花中很少出现"柔""曲"的线条，多用"刚""直"的线条来表现。常用的表现手法有：连续性菱形表现、连续式交叉表现、几何形的运用等。如"大刺花""狗牙齿""单边勾""梳齿状"等都是连续性菱形的表现，多用"卐"字或二方连续、四方连续，有吉祥如意、连绵不断的意思。连续式交叉主要是在交叉的菱形格局中，填充主体纹样，灵活运用主体纹样色彩的变化，增强动律感受，使呆板的单一连续纹样丰富起来，给人以清新悦目的感受。

（三）土家族服饰在现代时装设计中的应用

1. **土家族服饰造型在现代时装设计中的应用** 服装造型是构成服装外观美的必须和重要的因素，服装进入人的视线，首先得以反映的就是服装造型，所以很多时候我们说的服装的流行其实指的就是服装造型的流行。在服装造型中又分为整体造型和局部造型，整体造型即服装的外轮廓，也成为廓型；局部造型指服装零部件，包括领、袖、门襟、腰带、褶裥等的变化。

土家族服装在整体造型上多为"H""A"型，如满襟衣、露水衣、八幅罗裙等，其肩、腰围、臀围、下摆的宽度基本相同，就是"H"型。吊把裙、围裙上小下大，就是"A"型。把这些造型应用到现代时装设计中，主要依靠改变服装造型的宽窄、长短、位置等来实现新的造型，同时也可以通过一定夸张、变形、增强节奏、改变比例等形式美原理来对它进行再设计。

2. **土家族服饰色彩在现代时装设计中的应用** 民族服饰色彩绚烂而丰富，是设计师们常借鉴的设计元素。总的来说，民族服饰色彩鲜艳，色彩对比强烈，用色大胆，且搭配巧妙，异彩纷呈。土家族服饰在色彩运用上很有自己独特的风格，用色主要有蓝、黑、红、白，配以绿、黄等色。红色是土家族人们喜欢的颜色，在绣花或者花边的运用上，红色更是变化微妙。同一图案的花边可以用多种套色配色，既统一又变化。把民族服饰色彩应用到现代时装设计中，常常采用民族色彩的直接套用法和民族色彩的间接套用法。直接套用法就是在熟悉了民族服饰色彩的基础上，直接套用其原始的色彩在现代时装配色中；间接套用法不仅要求要对民族服饰色彩熟悉，还要吸取其文化内涵，在原始的色彩特征中去探索出适合现代时尚美的新形式色彩。

3. **土家族服饰图案在现代时装设计中的应用** 民族服饰图案可以说是民族服饰的亮点，也是最吸引视线和令人心动的。民族服饰图案是一个资源丰富的宝藏，也是设计师们借鉴最多的元素。土家人从很早以前就把生活中的动物、植物、人物等图案运用到了服饰上，图案多采用变形夸张的手法。在土家族织锦、挑花和牵花中图案都用"刚""直"的线条来表现，这也是土家图案的特点。在对民族服饰图案的运用中，我们常采用两种方式：一是民族服饰图案的原样运用；二是民族服饰图案的打散重构。这种方法看似简单，但如果运用不好容易造成整体风格、装饰手法或工艺上的不协调。

4. **土家族服饰材质在现代时装设计中的应用**　在这里与其说是土家族服饰材质在现代时装中的应用，倒不如说是土家族传统工艺在现代时装中的应用。民族传统工艺包括服饰的制作技术，如服装制作工艺、服装定型工艺（百褶裙）；服饰的装饰工艺，如蜡染、扎染、刺绣、织锦、编结等。对民族传统工艺的借鉴，在近十来年的服装、饰品设计中常常可以见到，如西藏风格饰品，手工编织的手链、腰带，各式蜡染或扎染的服装、围巾等。土家族服饰材质上的特点主要表现在手工织布、织锦和绣花上。对于民族传统工艺在现代时装中的应用，我们通常采用两种方法：一种是完全按照传统工艺技术进行制作；一种是在保持材质外观、风格基本不变的情况下，对传统工艺技术进行改良，提高材质质量和生产效率。如土家织锦，尽管传统的织锦有保暖、天然、干爽等绿色环保优点，但它毕竟是家庭作坊式的手工产品，手感太硬、粗糙、生产效率低，不适应现代生活的需要，更不适宜用在现代时装的设计中。所以现在市面上出现机织的织锦，它在外观、织法上与手工的一样，但手感更加柔软，图纹也更加丰富，更有利于它在现代时装中的应用。

5. **土家族服饰在现代时装配饰设计中的应用**　配饰是指除了服装（上下装、内外装、裙装）以外的所有附加在人体上的物品。它的种类很多，包括首饰、箱包、帽子、袜子、手套、眼镜等。好的配饰与服装搭配可以强化服装的风格，所以现在有的品牌服装公司为了营造统一的服饰风格，推出了与该服装相搭调的配饰。在土家族的服饰里我们可以收集到用来做配饰的很多元素，如花边、银饰、刺绣、织锦等，在配饰的设计中有选择性地利用其中的一两种元素，结合服装和现代时尚设计出既具有民族风格，又有时代感的服饰配件。

十四、羌族

（一）羌族概况

羌族具有悠久的历史，早在三千年前的殷周时期，古羌人就活动于我国甘青地区。今主要分布于四川省阿坝藏族羌族自治州，羌族分布区位于青藏高原东缘的岷江上游地区，境内崇山峻岭、沟壑纵横、地势险峻，溪水河流汇集成岷江及其支流，成为羌族人民赖以生存繁衍的基础。古老的羌族部落大都沿深沟峡谷分布，借助周边高山峻岭为屏障，在溪水江河所流经的高山、深谷分布着各自相对独立的自然村落。直到1949年以前，羌族地区长期处于社会组织结构松散、地方势力强大、权力不集中、各自为政、纷争割据的政治状态。

在羌族的传统生活习俗和文化观念中，家庭以男性为主体。在家庭生产劳动的分工中，男性主要负责耕地、搞副业、对外应酬，也砍柴、挖药、打猎。女性为家中主要劳动力，负责犁地、开荒、割草、带小孩、做衣服、绣花等家庭生产劳动。因此，羌族的男性有更多时间和机会接触到高山深谷以外的世界，而女性忙碌于日常沉重繁杂的家庭生产劳动，较少有接触外界的机会。

（二）羌族服饰文化

分散于各地的羌族各部落之间常常因为有限的自然生活资源而产生激烈的矛盾和竞争，接着由山脉走向的流水分布等自然条件，形成了界限鲜明、相对独立的自然资源划分、社会族群认同和政治势力范围。作为群族认同和划分的文化标志之一，羌族的服饰也表现出各族群分支互不统属、色彩纷呈、形式各异的特征，直至今日，也难以用简单统一的文化特征来概括不同支系服饰特征。又因羌族分布区东岭汉区、西接藏区，羌族的服饰对汉、藏服饰文化的借鉴、吸收和传承的历史沿革一直持续至今，使得羌族服饰风格呈现出"东南趋汉，西北近藏，中间过渡"的总体特征。

在男耕女织的文化背景下，女性比男性会更多地保持传统的文化而成为传统服饰文化的传承者。因此，女性服饰趋于传统、保守，男性服饰则趋于现代、开放。相对而言，羌族男性的服饰比较简单，风格较为中性，各地之间差别也较小；反之，羌族女性的服饰则丰富、色彩斑斓、风格各异，地域性差异较大（图3-173、图3-174）。

图3-173　羌族男女均穿的羊皮坎肩

图3-174　羌族女子服饰

图片来源：臧迎春. 中国少数民族服饰，五洲传播出版社

按地域性特点，羌族服饰可按"一区四线"进行划分。"一区"是指茂县以北沿岷江流域分布的与茂县相邻近的各乡，该区域是羌族分布的腹心地带，故称为"中心区"；"四线"是指东线、北线、西北线、西南线。

1. **中心区羌族服饰特征**　"中心区"是羌族聚居区的腹心，其中以渭门、三龙和黑虎三个乡的羌族传统服饰为其三种典型。

（1）渭门型：以渭门为代表的羌族服饰，男装以长衫、长裤、绑腿、裹肚、腰带和绣花鞋等羌族基本服饰为主。长衫以蓝色、米白色和黑色为主，立领、斜襟配盘扣，门襟有时用彩色花纹织带作装饰，面料多为蓝色棉布、原色麻布、黑色棉布或毛料，穿着长衫时在腰间用红色布腰带系紧。长裤以深蓝色或黑色为主，棉布为主要面料。裹肚又分绣花和皮质两种，绣花裹肚一般用黑色棉布制成，裹肚可储存随身携带的物件。绑腿以本色麻布或毪子（羊毛织物）制成，缠绕小腿以防御虫蛇叮咬或被草棘、石块划伤。绣花鞋有平头鞋和尖头船鞋两种类型，鞋面多以黑色棉布为底，施以彩色绣花装饰，鞋底用多层布料纳底，美观、舒适、耐用。女装包括长衫、长裤、腰带、头饰、背心、围腰和绣花鞋等。长衫以蓝色、米白色和黑色为主，立领、斜襟配盘扣，门襟贴缝有多条彩色花纹织带作装饰，蓝色棉布为主要面料，长衫穿着时在腰间用红色布腰带系紧。长裤以深蓝色或黑色为主，棉布为主要面料。头部以折叠3~5厘米宽的白布缠头，缠头紧贴头部的一端覆盖前额如帽檐，以遮阳遮风，此种形式的缠头为渭门一带独有。围腰长过膝，多用黑色或蓝色布料制成，上端并列贴缝两个绣花贴袋，容纳随身物品，围腰底部两侧多以"串绣"针法绣制白色纹样作为装饰。

（2）三龙型羌族服饰：是三龙、回龙乡等地的代表。男装以长衫、长裤、羊皮背心、头饰、裹肚、腰带和绣花鞋为基本服饰。长衫多为黑色，立领、斜襟配盘扣，门襟、袖口有时用彩色花纹织带装饰，布料以黑色棉布或毛料为主要面料，穿着在腰间用红色布腰带系紧。长裤以黑色为主，棉布为主要材料。羊皮背心以整张羊皮制成，皮面留有长毛，平时毛面朝里穿着，具有很好的保暖性。下雨时毛面朝外可以防水浸湿，其领口、门襟、袖孔和衣摆边缘均用皮条缝缀加固，是羌族服饰中最具特色的服饰之一。头部缠绕较宽的黑色棉布为头饰，其外观多为高耸的圆柱形造型。女装包括长衫、长裤、缠头、背心、腰带、围腰和绣花鞋等服饰品种。长衫以水红色为主，立领、斜襟配盘扣，门襟常以多条彩色花纹织带作为装饰，布料以棉布为主，穿着时在腰间常以黑色布腰带系紧。头部缠黑色宽布带为装饰，布带的两头施以彩色绣花，部分露在外面形成标志性的装饰，此种头饰和缠绕方法是三龙羌族妇女服饰所特有的。长衫外在腰部多以黑色宽幅腰带缠绕系紧，腰带两端留有长长的流苏悬坠于身后，增强了服装的飘逸和流动感。

（3）黑虎型羌族服饰：只分布于茂县黑虎乡一带。男装以长衫、长裤、绑腿、羊皮背心、头饰、腰带和绣花鞋等服饰为主。长衫多以本色麻布制成，圆领口、斜襟配盘扣，腰部用红色布条系紧。长裤以黑色为主，棉布为主要材料。绑腿用麻布制成，缠绕于小腿以防御外力侵害。女装包括长衫、长裤、头饰、背心、腰带和绣花鞋等品种。长衫以蓝色、水红色为主，黑色腰带束腰，其余与三龙型羌族妇女穿着相似。头饰较为特殊，传说是黑虎羌族妇女通过戴孝来纪念历史上的部落英雄"黑虎将军"而遗留下来的习俗，俗称"万年孝"。

2. 东线羌族服饰特征　东线是跨越地域最宽、分布最长的一条羌族服饰文化带，该区域以北川青片乡和汶川绵虒乡的服饰为其代表。青片型羌族服饰是北川羌族服饰的代表，男装以长衫、长裤、头饰、腰带和绣花鞋等服饰为主。长衫多为黑色、立领、斜襟配盘扣，以黑色棉布为主要面料，穿着时在腰间以红色布腰带系紧。长裤以黑色为主，棉布为主要材料。相较于男装，女装则更绚丽多彩，其服饰包括长衫、长裤、头饰、腰带、飘带和绣花鞋等品种。长衫以水蓝色为主，立领、斜襟配盘扣，面料以棉布为主。下装多为黑色棉布长裤。头饰以黑色布条缠头，造型简单清秀。长衫外套全身型围腰，胸襟处施以彩色绣花。

3. **北线羌族服饰特征**　北线羌族服饰以太平乡的牛尾巴寨羌族服饰为其典型。太平山接近草地藏族居多的松潘，其服饰也吸收了藏族特色。男装主要包括长衫、长裤、藏袍、头饰、腰带、绑腿和绣花鞋等服饰品种。长衫以蓝色为主，穿在里层，立领、斜襟配盘扣，门襟常贴缝多条彩色花纹织带作为装饰，面料以棉布为主。长裤以深蓝色或黑色棉布为主要材料。头部以约3米长的黑布缠头，造型硕大，缠头侧附缀蓝色缨状绳线装饰。长衫外套穿本色藏袍，多以羊毛面料（当地人称为"毡子"的粗毛料）制成，斜襟、袖口和衣摆边缘处镶拼彩色布料作为装饰。常着云纹绣花鞋。女装包括长衫、长乐路、头饰、背心、围腰、绣花鞋和胸牌等品种。长衫以蓝色、红色为主，立领、斜襟配盘扣，面料以棉布为主。长裤以深蓝色或黑色棉布为主要材料。长衫外套斜襟背心，领口、门襟贴缝多条彩色纹样织带作为装饰。腰间系黑地绣花围腰，腰头多为白色，绣花常以彩色粗线用十字绣针法满绣整个围腰幅面，风格艳丽奔放。着花草纹样绣花鞋。右胸佩戴具有家族标志意义的银牌是牛尾巴寨羌族妇女服饰中最具特色的饰品之一。

4. **西北线羌族服饰特征**　该区域历史上受嘉绒藏族杂谷土司的统治，其服饰具有嘉绒藏族的服饰特征，以曲谷的羌族服饰为其代表。男装服饰包括长衫、长裤、羊皮背心、绑腿、腰带和绣花鞋等品种。长衫多为黑色，立领、斜襟配盘扣，门襟、袖口有时用彩色花纹织带装饰，布料以黑色棉布或毛料为主要面料，穿着在腰间用红色布腰带系紧。长裤以黑色为主，棉布为主要材料。羊皮背心以整张羊皮制成，皮面留有长毛，平时毛面朝里穿着，具有很好的保暖性，下雨时毛面朝外可以防水浸湿。其领口、门襟、袖孔和衣摆边缘均用皮条缝缀加固。女装包括长衫、长裤、头饰、腰带、绣花鞋等品种。长衫以红色为主，立领、斜襟配盘扣，领口、门襟及袖口贴缝彩色花边或施以装饰性的绣花图案。腰间以宽而长的黑色腰带束紧长衫，腰带端头留有长长的流苏飘挂于腰后。头部用多层折叠的布料盖头，用发辫或发辫状的绳线将盖头缠绕固定于头顶并在脑后打结，头饰布端多以彩色绣花装饰，有的地区还用串联的银制圆筒制成的发箍戴于头顶作为装饰。"房檐"形的盖头装饰取自邻近的嘉绒藏族头饰式样，这体现了藏族服饰文化对羌族服饰文化的影响，也是区别于其他羌区服饰的重要标志。

5. **西南线羌族服饰特征**　该地区以龙溪、蒲溪的羌族服饰为其代表。男装有长衫、长裤、绑腿、裹肚、腰带和绣花鞋等品种。长衫以蓝色为主，立领、斜襟配盘扣，门襟有时用彩色花纹织带作为装饰，穿着长衫时在腰间用红色布腰带系紧。长裤以深蓝色或黑色为主，绑腿多以麻布制成，头部多以黑色长布缠绕。绣花鞋有平头鞋和尖头船鞋两种类型，鞋面多以黑色棉布为底，施以彩色绣花装饰，鞋底用多层布料纳底。女装包括长衫、长裤、腰带、头饰、背心、围腰和绣花鞋等。长衫以蓝色为主，立领、斜襟配盘扣，门襟贴缝有多条彩色花纹织带装饰，蓝色棉布为主要面料，长衫穿着时在腰间用黑色布腰带系紧。长裤以深蓝色或黑色为主，棉布为主要材料。头部以白布缠头。背心多为黑色对襟款式，围绕领口线，在肩和胸襟处贴缝多条彩色花纹织带为装饰。围腰一般为黑色棉布，上端腰腹并列贴缝两个彩色绣花贴袋，下半部位多用白线以十字绣针法绣满图案（图3-175~图3-177）。

图3-175　羌族云云鞋

图3-176　羌族男子服饰

图3-177　羌族女子盛装

图片来源：中国织绣服饰全集编辑委员会. 中国织绣服饰全集6少数民族服饰卷（下），天津人民美术出版社

综上所述，羌族传统服饰因各地政治、经济、社会和文化等方面发展不平衡，使得其因分布区域的不同而有较大差异，并主要体现在女性服饰方面。其中差异最明显的是"西北线"一带的羌族女性服饰，该地区长期受嘉绒藏族吐司的统治，女性头饰为搭盖型头饰，衣着无围腰，色彩上多采用大红色。且偏爱将花纹织带、绲边或裁剪成一定图案的布块贴缝于服饰的边线和衣角，在加固的基础上，起到一定装饰作用。

（三）羌族服饰的数字化抢救与保护

首先应当在由社会历史与文化地域所构成的时空体系中，对羌族传统服饰进行民族志式调查和科学分类，结合性别、年龄等因素分析羌族服饰的特征。在此基础上，利用相应的计算机图形技术，描绘和记录各类羌族传统服饰外观属性，建立羌族服饰数字化的款式资料库。最后，应根据羌族服饰各种类的特点，对其中传统的构造技术和制作工艺进行数字化技术设计，创建合适的现代化设计和生产的数字技术资料，为羌族传统服饰的复原、再造、传承和现代化应用建立系统和全面的数字化资源和技术条件。

利用现代技术进行抢救和保护还应当尊重其民族的传统文化。无论在材料、制作工艺或装饰细节等方面都应当尽可能地保留其原有的风格和特征，使其能够成为加强羌族同胞的民族认同，增强民族自觉、自信和自强的文化工具。只有这样才能让羌族传统服饰真正成为羌族传统文化中不可或缺的元素，成为融入羌族同胞日常生活的一部分，成为羌族同胞保持其优秀的民族传统、民族品质和民族精神的文化产物。

十五、傈僳族

（一）傈僳族概况

傈僳族源于南迁的古羌人。傈僳族名早见于唐代著述中，唐代史籍中的"栗粟两姓蛮"或"栗蛮""顺蛮"均属"乌蛮"，分布在今天的川、滇等地。"傈"是这个民族的族名，含有"高贵"之意；"僳"是"人"的意思。傈僳族主要聚居在云南省西北部怒江傈僳族自治州及丽江、迪庆、大理、德宏、楚雄和四川省的西昌、盐边等县州。根据2010年第六次全国人口普查统计，中国境内的傈僳族总人口数为702839人。

傈僳族民族语言属汉藏语系藏缅语族彝语支，文字分为新老傈僳文。傈僳族群众普遍信奉原始宗教，它以自然崇拜和灵魂观念为基本内容，以遇疾病灾害时杀牲畜祭祀活动为其主要形式存在于傈僳族地区。近代以来，基督教和天主教传入怒江地区，部分傈僳族群众转而信仰基督教，也有少部分信奉天主教。

傈僳族的住房在不同地区有不同的建筑形式。怒江地区及四川盐边一带的傈僳族住房多以竹篾房和木楞房为主；丽江、德宏和四川西昌等地区的住房则以土木结构为主；散居在兰坪、维西一带的傈僳族，大多喜欢住木楞房；内地的傈僳族，受汉族、白族、纳西族等民族的影响，大都采用较为经久耐用的土墙房。

傈僳族人民能歌善舞，凡遇上重大节日、结婚或盖房等喜事，该族不管男女老少都会尽情歌舞来表示祝贺。傈僳族节日众多，较隆重的有"阔时节""刀杆节"等，"阔时"是傈僳语的音译，有"新年""岁首"之意。阔时节是傈僳族最隆重的传统节日，相当于汉族的春节。以前傈僳族过节是以对物候的观察来决定，各村寨过节的时间各不相同，一般在农历十二月初五到第二年正月初十这段时间内，前后约有1个月。这期间正好是樱桃花开的时节，所以每年樱桃花开时就是傈僳族过年的日子。在阔时节到来的前些天，傈僳族人都要酿制水酒、杀鸡宰猪，准备各种丰盛的食品来迎接新的一年。与汉族不同的是，傈僳族人民还要采折与全家男人人数相同的松树枝插在门口，寓意祛疾除病、幸福安康等。

农历二月初八是傈僳族的刀杆节，刀杆节已有数百年的历史，传说该节日是为了纪念汉族英雄王骥。相传明代时，外族入侵云南边疆，朝廷派兵部尚书王骥带兵御敌，逐敌后在回京途中，于农历二月初八不幸被奸臣害死。为了纪念他，傈僳族人民决定将农历二月初八定为"刀杆节"。节日这一天，人们要举行"上刀山，下火海"的表演活动表达愿赴汤蹈火相报的情感。活动先由傈僳族的几名健壮男子表演"下火海"的活动，他们裸露上身，光着脚板，在火炭上来回打跳，并模仿各种禽兽的动作，直至火堆熄灭。然后几名健壮男子表演"上刀山"绝技，他们把锋利的36把长刀，刀口向上并排横绑在两根20多米高的木架上，组成一架刀梯，然后健壮男子空手赤足，从快刀刃口攀至顶端，并在杆顶表演各种高难动作，最后将小旗掷向远方并点燃鞭炮。

傈僳族普遍信奉原始宗教，少数信仰基督教（于20世纪20年代传入傈僳族地区）和天主教（1888年始传入傈僳族地区）。傈僳族认为人们的生产、生活均为各种"尼"（精灵）所主宰；而人的生命则由"稠哈"（灵魂）所主宰。神灵崇拜，傈僳族多居高山，经常遭到风、旱灾害，因而形成一套驱逐自然灾害的崇拜仪式。

（1）驱风：要祭山神。祭时，由氏族长者持酒一碗，以树叶蘸酒洒向四方，并念咒语；同时对风吹牛、羊角号，求山神止风。

（2）祈雨：仪式主要有三种：一是用竹片或木条编成一方块，上涂泥巴，由生肖属龙的人在其上燃火一堆，将其放入水潭或江河中去，让水将火冲熄，相信可成为下雨征兆；二是用药物毒死江中扁头鱼，认为消灭扁头鱼，天就会降雨；三是以箭射入"龙潭"，以为可借此触动龙神，使天下雨。

（3）祭水：每年农历正月初一清晨，各家分别用年糕、肉、香、纸钱在井边举祭，祭毕打回清水，祈求常年平安。

（4）祭火：年终清扫灶塘，洒酒于灶塘的三脚架或三脚石上，祈求"达周玛"（灶神）保家庭安吉。

（5）农业祭祀：在荞麦播种时，要将鸡蛋壳、米、盐等物用白纸包裹，系在木杆上，插于地边，祈求鸟兽不糟蹋庄稼。水稻发青时，在田边用鸡祭祀地母，祈求稻谷丰收。待到稻谷黄熟，要举行尝新祭，各家杀鸡或猪，用新稻米饭祭祀祖先。该族相传稻种是狗从天上带来的，因此，养狗的人家，还要以肉、饭喂狗。此外，猎获野兽还要祭祀猎神；如属群猎，便在猎获地由发现野兽的猎狗之主剥兽皮、烧兽肉，祭祀猎神。兽头骨要供在祭者住屋的墙上，年终在寨边道口烧化，以求新的一年取得更多的猎物。

（6）丧葬仪式：人死后停尸于火塘里侧，头前供酒、饭各一碗。若死者为男性，供肉九斤；女性供肉七斤。吊唁者唱祭歌，手持木棍击地板，以示驱鬼，围着尸体跳"斯我堆"（死舞）。实行土葬，坟坑选在较平坦的山坡间。尸体放置方位依地形而定，头枕高处，侧卧，面向太阳出处，并将死者生前使用的弩弓、刀、木碗、烟袋以及织布梭、针线和玉米等，装在布袋里，挂于墓前木桩上。

过年时，举行对亡故亲属的祭祀，供奉酒、饭各一碗，肉一块。如果兄弟未分家由长兄主持；分家后则各家分别祭祀。祭时各家门口插上松枝，其枝数同自家人数相等。

主持祭祀的巫师有两种：傈僳语称"必扒"和"尼扒"。必扒只卜卦祭鬼，据称其巫术一般靠学习传承而得，尼扒的巫术则自称得自神授。傈僳族重视占卜，除巫师外，一般成人也能卜问，种类繁多。

（二）傈僳族服饰文化

傈僳族男子服饰很简洁，一般穿麻布长衫和长裤，腰系箻鞑。成年男子有在左腰佩短刀，右腰挂箭袋的爱好。傈僳族男子头部装束较多样化，有的用青布包头，有的蓄头发辫缠于脑后。腾冲地区傈僳族男子的包头称为"篱笆花包头"，是用宽45厘米，长8~9米的海军蓝色布缠在藤篾上编制成篱笆花托子做成的。该包头外形厚重结实，立体感强。相传在古代傈僳族的一次战斗中，因"篱笆花包头"挡住了敌人砍来的大刀而救了一位勇士的生命，最后又反败为胜。至今，腾冲地区的傈僳族男子仍戴篱笆花包头，现在这种包头既能御寒保暖又能起到护发的作用，还能抵挡外界的侵袭（图3-178~图3-180）。

傈僳族女子服饰比男子服饰复杂，不同地区的傈僳族人因服饰颜色的不同而被称为"白傈僳""黑傈僳"和"花傈僳"，但归纳起来，傈僳族女子服饰的款式可分为两大类：一类是上身着短衣，下身穿裙子；另一类是上身穿短衣，下身穿裤子，裤子外系围腰。妇女的短衣，傈僳人称之为"皮度"，短衣长至腰间，款式为对襟圆领式，无扣。傈僳族女子着短衣，平时衣襟敞开，遇天冷时就用手掩住或用佩戴的项珠、贝饰等饰物来压住。女子的裙长至脚踝骨，裙子和领褂上喜欢用多色布条拼接进行装饰（图3-181~图3-183）。以前，女子的服装面料都是用自织的麻布为材料，现在大都以棉布为主。据说傈僳族小女孩在十一二岁就开始学习渍麻、织麻，女子出嫁前要为自己织出足够的麻料做嫁妆。聚居在滇西北怒江一带的

图3-178 怒江傈僳族草编蓑衣　　　　　　　　图3-179 云南福贡县　　图3-180 腾衡黑傈僳男服
　　　　　　　　　　　　　　　　　　　　　　傈僳族男服

图片来源：中国织绣服饰全集编辑委员会. 中国织绣服饰全集6 少数民族服饰卷（下），天津人民美术出版社

图3-181 傈僳族女服　　　　图3-182 云南龙陵县傈僳女服　　图3-183 傈僳族妇女传统服饰

图片来源：臧迎春. 中国少数民族服　　图片来源：中国织绣服饰全集编辑委员会. 中国织绣服饰全集6 少数民族服饰
饰，五洲传播出版社　　　　　　　　卷（下），天津人民美术出版社

傈僳族女子普遍穿右衽上衣和麻布长裙。年轻女子好用缀有小海贝的红绒线来系辫。已婚妇女可耳戴长至肩的大铜环耳坠，胸前常佩戴玛瑙、海贝、珍珠等饰物。云南武定、禄劝的傈僳族女子服饰则十分艳丽。未婚女子大多不包黑布包头，而是留长发，耳缀银耳环；订婚后的女子则手戴银镯或戒指；已婚妇女缠人字形包头。该地区傈僳族女性上衣较短，有开领和不开领之分。随着周边民族服饰的影响，这些少数民族的服饰逐渐汉族化，女子平时逐渐改穿裤子，只是在婚嫁或节日期间才穿自己民族的花衣和长裙（图3-184、图3-185）。

　　傈僳族人民的服饰配件也丰富多彩。居住在福贡、贡山一带的白傈僳和黑傈僳的已婚妇女多好戴一种珠帽，被当地人称为"俄勒"。"俄勒"是用珊瑚、海贝、料珠等材料精心编制而成的。傈僳族的男女都好在小腿上佩戴藤篾圈，称为"漆箍"，少的有几十圈，多的有上百圈，戴在小腿之上膝关节以下。漆箍以雕削匀称、光滑、柔韧度好的为上品。据说"漆箍"是傈僳族人的护身之物，漆箍戴在腿上走路时摩擦发出的"沙沙"声，可以防止草虫、毒蛇等东西的侵扰。傈僳族的姑娘出嫁时，有在腰间佩挂主"口弦筒"的习俗。口弦筒是用约5厘米的金竹精制而成，数支口弦筒系在腰上，走路时互相碰撞发出"叮当"的响声。当地人认为，姑娘出嫁时在腰间佩挂数支口弦筒会给男方家庭带来兴旺与幸福。早在南诏时期，海贝是云南境内乌蛮、白蛮等少数民族通用的货币。傈僳族人好在服装和饰品中使用海贝来装饰。"筒帕"海贝花包是傈僳族人最富特色的以海贝为材料的饰品。腾冲地区的

图3-184　花傈僳麻布绣花衣裙　　　　　　图3-185　傈僳族未婚女服正面、背面

图片来源：韦荣慧. 中国少数民族服饰图典，中国纺织出版社

傈僳族人使用的"筒帕"，背带上钉有500颗海贝，背带的两端还钉有"海贝集"，即用海贝钉成的葵花状装饰物。传说"海贝集"原来是钉在直径12厘米的圆木板上，戴于胸前和背后，以抵住弩箭和梭镖的射入，起到护身的作用。在盈江、腾冲一带的傈僳族妇女的头帕很有特色，该头帕长2米左右，35厘米宽，中间用蓝布做成，两端各镶拼35厘米长的由红色、黄色、白色三色布条制成的花边及20厘米长的小银泡花边，在头帕的一端饰有7~9串红色穗苏。包头时先将有红穗的一端置于头的左侧，左手扶住，右手将头巾从右往左做逆时针缠绕，绕三圈扎紧即可，最后在扎好的头帕上搭一块由红色、黄色、白色三色拼成的头巾，巾上绣有箭头纹样，傈僳族人称之为"妙五兜"（图3-186、图3-187）。

图3-186　傈僳族砗磲头饰

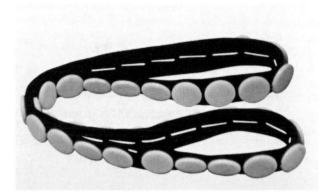
图3-187　傈僳族砗磲肩带

图片来源：韦荣慧. 中国少数民族服饰图典，中国纺织出版社

十六、佤族

（一）佤族概况

佤族是中国和缅甸的少数民族之一，主要居住在中国云南省西南部的沧源、西盟、孟连、耿马、澜沧、双江、镇康、永德等县和缅甸的佤邦、掸邦等地，中国境内还有一部分佤族散居在保山市、西双版纳傣族自治州、昆明市和德宏傣族景颇族自治州等地。根据2010年第六次全国人口普查统计，中国境内的佤族总人口数为429709人。

佤族民族语言为佤语，属南亚语系孟高棉语族佤德语支，没有通用文字，人们用实物和木刻记事、计数或传递消息。佤族的宗教信仰有原始宗教、佛教和基督教三种。佤族最崇拜的是"木依吉"神，把它视为是主宰万物和创造人间万物的最高神灵"鬼"。佤族所进行的如拉木鼓、砍牛尾巴和猎人头祭等较大的宗教活动，都是为了祭祀它而举行的。

佤族先民濮人吃苦耐劳，勤于耕耘，"耕山力穑，颇知纺织"。长期以来，佤族与汉族、傣族、拉祜族居住在同一地区，相互之间的经济文化交流促进了彼此的发展。镇康、永德一带的佤族农业生产水平较高，水田较多，生产技术接近或基本与当地汉族、傣族相同。阿佤山边缘地区，农业相当落后，主要种植旱谷与小红米，水稻、荞、玉米、豆类次之。佤族妇女都会用手捻线和纺线，不用织机，用一套竹木工具织布，每天可织约33厘米宽的布1米。所织筒裙和筒帕（挎包）都系自用。副业不甚发达，有饲养牲畜、采集和狩猎，后者主要是弥补粮食的不足。

佤族的村寨多建在山坡或小山巅，房子随山势而建，不拘方向是佤族建筑风格之一，由高而低。一个村寨的规模，大者上百户，小则十几户，一般在百户上下。从用材上说，主要有竹木结构和土木结构两种。从建筑样式上说，主要有"干栏式"楼房和"四壁落地房"两种。沧源、西盟、孟连、澜沧、双江的佤族以竹木结构为主，为"干栏式"建筑，一般分上下两层，上层住人，下层无遮挡，用作畜厩或堆放农具杂物。

佤族的传统节日主要有新火节、播种节和新米节。新火节是佤族的年节，充满了"辞旧迎新"的色彩。每年农历十二月或次年一月，村寨各家各户在长者的指挥下熄灭火塘的火，举行"送旧火"仪式，然后到神山用"钻木取火"的方式取新火种，并带到长者家中燃成大火，各家各户再将新火取回使用。在佤族看来，新火节是灾难、饥饿、疾病的结束，是吉祥、温饱、健康的开始。

佤族的宗教信仰有原始宗教、佛教和基督教三种。

（1）原始宗教：原始宗教是佤族最具特点和普遍性的信仰。佛教和基督教传入佤族地区的时间不长，信仰者也只是部分地区的佤族人。

佤族相信灵魂不灭和万物有灵。在他们的观念中，人类、山川、河流、植物、动物和凡为他们所不能理解的一切自然现象如风、雨、雷、电等，都有灵魂，或称鬼神。在佤族人那里，鬼和神没有加以区分，都指观念中的灵魂。佤族认为人的生、老、病、死都与灵魂有关。通过人性的泛化和外推，也就很容易地认为自然界的一切事物和现象都有灵魂，都受一个不可理解的力量所主宰，由此形成了万物有灵的自然崇拜或原始宗教。

每个佤族村寨附近，都有一片长着参天大树的茂密林子，佤族称其为"龙梅吉"，即"鬼林地"。佤族认为神林是"木依吉"存在的地方，人们不能乱闯进神林，不能动神林中的一草一木、一石一土，否则，会受到神灵的惩罚。至今，许多佤族村寨的神林还保护得较好，有的成为风景林，有的仍作为禁忌场所。沧源勐角乡翁丁村的神林、糯良乡南撒寨的一片林地、单甲乡单甲大寨东北面的原始森林和班洪乡南板村的一片大榕树林，都是不可乱闯之禁地。

佤族信仰和崇拜的另一重要的神是"阿依俄"，把它供奉在房内鬼神火塘左边的房壁上，视其为男性祖先，凡有男性的人家都供奉它。每当遇到大事如结婚、生育、死亡、生产、盖房、收养子等事情，都要祭它，并向它祷告。

为了得到鬼神的保佑，佤族的宗教活动十分频繁。每年全寨性的祭祀照例由祭水鬼祈求风调雨顺开始，接着是拉木鼓、砍牛尾巴、剽牛、猎人头祭谷、祈求丰收等一系列活动。猎人头的习俗是原始社会的一种残余，由于生产落后而长期保留下来。随着社会生产力的发展，这种落后的习俗已被废除。

（2）佛教：佤族信仰的佛教，有汉传佛教和南传佛教两派。汉传佛教在百年前由大理传入沧源岩帅和单甲等村寨，到中华人民共和国成立前信仰的人已经很少。南传佛教传入佤族地区，约有百年左右，首先传入沧源的班老，后来传到班洪、勐角等地。中华人民共和国成立以前，佤族信仰南传佛教的约有两万多人。

（3）基督教：基督教传入佤族地区的时间是20世纪初。美国浸信会牧师永伟里在1905年时到今澜沧、双江一带传播基督教。永伟里及其后人经过租买土地、修建教堂和传教，使基督教逐渐在拉祜族和佤族中传开。中华人民共和国成立以前，佤族信仰基督教的约有两万多人，主要分布在沧源和澜沧。

（二）佤族服饰文化

佤族共同的古老衣着服饰是男子裹青红布于头，身着短衣，裤子短而肥大，尚黑色。颈上带有银竹制项圈。手戴银（铜）手镯，耳附银环，腰系海贝，颈戴项圈或珠串。佤族还有文身习俗，在胸、肩、臂、背等部位常刺有太阳、月亮、蜥蜴、牛头等图案。这些服饰文化源远流长，经久不衰。究其原因，除了他们自认为保存祖传的"阿佤理"民族历史外，那就是他们通过宗教等方式保存了本民族的共同意识—传统民族精神。如太阳、月亮、蜥蜴这些东西都是本民族的神话与宗教中崇拜的图腾，是伟大的梅依格神生命的物质体现。而莱姆山（公明山）崇拜是佤族人特有的宗教仪式。据说，这个支系的人们之所以崇拜莱姆山，一是他们认为，以莱姆山为最高峰的阿佤群山是佤族人赖以生存的最后土地，这是他们对于历史上几经失败的经验之反省；二是反映他们图强自新，重建家园的强烈愿望，他们需要莱姆山的守护与照顾（图3-188~图3-191）。

除了一般民族服饰，佤族还专有阿曼的服饰。阿曼，有的支系叫利曼，有的叫西曼，因方言不同，叫法稍有差异。佤族传统阿曼大致有三种：一是格亚水，即寨子头人；二是格利俄，部落首长；三是王，即邦国的君王，奇怪的是未见史籍记载佤族有国家，但他们传说自己有过国家耿低，并称国王叫王。佤族头人，无论是寨子头格亚水，还是部落酋长格利俄（西盟叫窝朗）都共同保留其先民"尊贵者裹红布头"的习俗。另外，格利俄（窝朗）这一级的头人衣服上还饰太阳、月亮、星星、双龙和牛头。双龙含红日的图形要绣在内衣上，而且只能是头人本人穿，不能转借于他人（图3-192、图3-193）。

佤族男子服饰有地区差异，西盟的男子一般穿黑色、青色的无领短款上衣，下着黑色或青色的大裆宽筒裤，剪发。用黑色、青色、白色、红色的布包头，喜欢戴银镯，佩竹饰，男青年一般颈上戴有竹藤制的项圈，少数富有者戴银项圈和银手镯，出门肩持长刀挂包。男女

图3-188 佤族祭师男服　　图3-189 佤族祭司"魔巴"头饰　　图3-190 大佤男子盛装头饰　　图3-191 云南临沧市临翔区佤族男子服饰

图片来源：韦荣慧. 中国少数民族服饰图典，中国纺织出版社

图片来源：中国织绣服饰全集编辑委员会. 中国织绣服饰全集6 少数民族服饰卷（下），天津人民美术出版社

图3-192 清代佤族头人男上衣

图片来源：中国织绣服饰全集编辑委员会. 中国织绣服饰 少数民族服饰卷（下），天津人民美术出版社

图3-193 佤族男子头饰

图片来源：韦荣慧. 中国少数民族服饰图典，中国纺织出版社

老少都喜欢携带极具民族特色的佤族挂包，男女青年还以此作为爱情的信物。佤族服饰原料多为自制的棉、麻土布，染成红色、黄色、蓝色、黑色、褐色等色配上各种色线，织出各种各样美丽的图案。

佤族妇女的服饰各村寨不同。岳宋妇女的裙子长而大；马散妇女上身穿无领短衣，裙子稍短，小腿上缚有裹脚布；芒杏、翁戛科等寨，因受拉祜族影响，上衣近似拉祜族，裙子与岳宋同；中课、永广等寨，上衣与拉祜族和汉族相似，裙子与马散同。妇女都留长发，不梳辫子，头发多披肩洒向脸颊两侧及肩背，用发箍从前额到脑后把头发拢住，这样既可保证头发不散落在前影响视线，又显得美观大方，而且发箍使用也很方便。发箍是佤族妇女最具特色的头饰，在我国各民族中只有佤族使用，是识别佤族的最简明的标志。它呈半月形，中间宽、两头窄，长30多厘米，中部宽约10厘米，多用铝银制成，也有竹藤制的。耳戴银环，颈戴银项圈和若干串料珠（有的料珠中还加有贝壳）。腰围若干个竹圈，小腿和大腿之间戴着若干个竹圈或藤圈，大小臂间戴有银饰，手指上也戴戒指。这样的服饰在外人看来实在负担太重，很不方便，可是佤族却以此为美。

佤族有自制的布单和自外民族买来的棉毯，睡时当作被子，早晚冷时就披在身上。佤族妇女的上衣是结构、剪裁及制作都很简单的贯头式。这种衣服是用一幅布双折，中剜一洞，左右臂附近略剜掉一些，两裉（裉：衣服在腋下的接缝部分）连接便成，穿时从头上套下即可。佤族妇女上衣短小、紧身，领呈"V"字形，无袖，两裉和前襟均用线缝合，再配上彩织的花纹短裙，颇具现代时装的韵味（图3-194、图3-195）。

佤族妇女传统服饰的另一个鲜明标志，是颈、臂、腰、腿上都戴数个、数十个竹篾圈或藤圈（图3-196、图3-197）。未成年女子，每增加一岁即加一脚圈，故有"欲知年龄数脚圈"之说。这种特征，是佤族竹文化在服饰上的体现。佤族认为太阳是生命的源泉，也是雨水的吸附者，太阳体内蕴含伟大神灵梅依格的灵气，所以它才能制造生命，才被称为里德神；月亮则是繁星和地球的堆积者，所以它叫鲁安神，"鲁安"即堆积的意思。月亮身上也有梅依格的灵气，所以它也是佤族崇拜的大神之一。星星象征着繁衍与众多，它们是太阳与月亮的儿女，佤族希望自己儿孙像繁星一样繁多。牛头图案象征着谦和与善良。另外，佤奴姆的头人还要在衣服上饰两道大门。据说因为他们祖先是负责守司岗大门的人，而且他们还称自己是所有佤族的根，所以叫"佤奴姆"意即阿佤人的总根。他们传说自人类从司岗出来之后，世世代代守住阿佤山。现在岳宋、岩城一带的人就是佤奴姆的后代。

图3-194　佤族未婚女子服饰

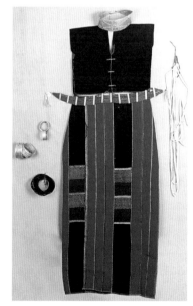

图3-195　佤族女服

图片来源：云南省博物馆藏

图3-196 佤族姑娘盛装头饰

图3-197 佤族银手镯

图片来源：北京服装学院民族服饰博物馆藏

十七、高山族

（一）高山族概况

高山族是我国台湾地区南岛语系各族群的一个统称，包括了布农人、鲁凯人、排湾人、卑南邵人、泰雅人、雅美人、邹人、阿美人和赛夏人等十多个族群，主要居住在我国台湾本岛的山地和东部沿海纵谷平原以及兰屿上，也有少数人散居在福建、浙江等沿海地区。2010年第六次人口普查数据，大陆有高山族4009人。

高山族有自己的语言，属南岛语系印度尼西亚语族，大体可分为泰雅、邹、排湾三种语群。没有本民族文字，散居于大陆的高山族通用汉语。居住在台湾的高山族同胞有自己独特的文化艺术，他们口头文学很丰富，有神话、传说和民歌等。

高山族以稻作农耕经济为主，以渔猎生产为辅。高山族的手工工艺主要有纺织、竹编、藤编、刳木、雕刻、削竹和制陶等。

高山族的饮食以谷类和根茎类为主，一般以粟、稻、薯、芋为常吃食物，配以杂粮、野菜、猎物。山区以粟、旱稻为主粮，平原以水稻为主粮。居住在兰屿的雅美人以芋头、小米和鱼为主食，布农人以小米、玉米和薯类为主食。平埔人还特产香米，喜食"百草膏"（鹿肠内草浆拌上盐即食）。昔日饮食皆蹲踞生食，饮食、烹饪、享用十分考究。高山族嗜烟酒、食嚼槟榔。

高山族过去是依山傍水，巢居穴处，或辟竹编茅，架木为屋。住宅类型有木屋、竹屋、茅屋、板岩石屋、草顶地下房屋等，但十分讲究，造型和实用相结合，大都呈长方形或四方形，有门无窗。

高山族人能歌善舞，在喜庆节日，男女老幼身着盛装，围着熊熊的火堆，欢呼饮酒，携手歌舞。若有人路过，也被邀入豪饮，一醉方休。高山族的民间文学艺术也非常丰富，他们不仅有优美的民歌、古谣、神话传说，而且有嘴琴、竹笛、鼻箫和口弦等乐器。杵乐是高山族独具风格的音乐，每当月明星稀的夜晚，妇女三五成群，围绕在门前的石臼旁，手执长杵捣米，长杵一上一下，发出拍节鲜明的音响，和拍而歌，十分动听。高山族人还精于雕刻，尤以排湾地区最为出色。在门槛、木柱、门楣以及各种生活用具上，都雕刻着各种美丽的花纹，其中以蛇形图案为最多。兰屿雅美人的雕舟，更是独特的工艺之花，充分表现了高山族人的艺术才能。

高山族的传统节庆，通常与祭祀融合为一，纷繁复杂。台湾倡导移风易俗，祭祀庆典经调整合并、删繁就简，现代流行的节庆主要有：播种祭（泰雅人，3月下旬春播结束之日举行）、4月初四平安祭（布农人）、9月16日"阿立"祖祭（平埔人）、8月15日丰年祭（曹人、鲁凯人、阿美人等）、10月25日竹竿祭（排湾人）、11月猴祭与大猎祭（卑南人）、10月11日~18日矮灵祭（赛夏人）以及雅美人飞鱼祭等。节庆期间，除宴飨歌舞之外，还增添体育竞技、山地文化巡展、游艺活动等内容。

高山族普遍信奉万物有灵和祖先崇拜。认为精灵充斥宇宙万物，是超自然人间的神秘力量。阿美人的精灵"嘎瓦斯"既是神明，又是妖魔邪祟；排湾人的精灵"朱玛斯"与神俱来，同人类结缘，都是太阳神的后裔。现实世界人神淆杂，众灵芙芸。祖灵被当作庇荫后人、襄灾纳吉的主宰，与神灵荟萃在上苍"玛拉兜"（阿美）或深谷"灵魂乐园"（泰雅），统御人间、监护生人、扬善惩恶。各族群视祖灵为神灵，卑南人建立"祖家制度"祀奉，排湾人则雕木刻柱，永世纪念。

各族群祀奉日月、星辰、山川、风云、雷雨等各种自然神。自然神普遍与司理种合一。阿美人、卑南人等已出现司理神人格化与系统化的端倪。神灵有善恶，前者是祀奉祭拜的对象，后者是禳拔诅咒的对象。

（二）高山族服饰文化

高山族传统衣饰绚丽多彩，大多用麻布和棉布制成，衣饰式样因族群而异，一般男子穿披肩、背心、短褂和短裤，并且包头巾和裹腿布等。有的地区用藤皮和椰树皮制成背心，工艺非常精细。高山族男子的服装，一般都配有羽冠、角冠、花冠。有些部族的男子还要佩戴耳环、头饰、脚饰和臂镯、手镯，显得绚丽多彩（图3-198、图3-199）。

妇女穿有袖或无袖短上衣、围裙和自肩向腋下斜披的偏衫、裤子或裙子。具有代表性的服饰是贝珠衣。妇女会染织各种彩色麻布，喜欢在衣襟、衣袖、头巾、围裙上面加上纤巧精美的刺绣。还喜欢用贝壳、兽骨等磨制各种装饰品。有的地区有断齿、文身、黥面的习俗。高山族妇女服饰基本上是开襟式，在衣襟和衣袖上绣着精巧美丽的几何图案。这种开襟服饰适应亚热带气候，可以起到散热快、凉爽的作用，也易显示出人体上身的丰满、健壮的体型，使人产生活泼、自由、妩媚的感觉。妇女的下身穿过膝的短裤，头戴头珠，腕戴腕镯，腰扎艳丽的腰带，脖颈上配有鲜花编成的花环（图3-200、图3-201）。

高山族的帽子也很有特点，男子上山戴藤帽。帽顶上有圆形的图案，这是雅美人图腾的标志。祭祀时高山族人喜戴高大的银盔。银盔是财富积累的记录，他们把用实物换来的银币铸成银圈，做成头盔，父传子，子传孙，世代相承。继承人最少在头盔上增加一个圈，再把银盔拆成圈分发给他的众儿子，在这基础上再铸出新的头盔，世代相传，连绵不断。每到节日或新船下水时，人们举行各种庆祝活动常带这种银盔帽子。这是一种勤劳节俭和财富的象征。高山族各部族之间的服饰还有一些差别。服饰是文化的象征，是民族审美特征的外化，高山族的服饰有多样化的色彩和明丽华美的风格。

图3-198　南卑人高山族男子头饰　　图3-199　阿美人青年男子盛装头饰

图片来源：中国织绣服饰全集编辑委员会. 中国织绣服饰全集6 少数民族服饰卷（下），天津人民美术出版社

图3-200　泰雅人女服　　　　图3-201　泰雅人女服

图片来源：中国织绣服饰全集编辑委员会. 中国织绣服饰全集6 少数民族服饰卷（下），天津人民美术出版社

高山族传统服饰色彩鲜艳，以红、黄、黑三种颜色为主，其中男子的服装有腰裙、套裙、长袍等；女子有短衣、长裙、围裙、膝裤等。除服装外，还有许多饰物，如冠饰（如男子的挑绣羽冠）、臂饰、脚饰等，以鲜花制成花环，在盛装舞蹈时，直接戴在头上，非常漂亮。因为在高山族看来，饰物不但美观，而且还是一种身份的象征，这也是我国古代百越族的传统。高山族在古代以裸为美，仅以毛皮围腰。但接触汉族文化以后，逐步形成男穿长衫女着裙，讲究服饰美。衣服除兽皮、树皮外，多用自织麻布并加彩纹装饰。男子衣饰类型，北部常见无袖胴衣、披衣、胸衣、腰带；中部常见鹿皮背心、胸袋、腰袋、胸衣、黑布裙；南部常见对襟长袖上衣、腰裙、套裤、黑头巾等。女子衣饰类型包括短衣长裙和长衣短裳。雅美人服饰简单，男子以丁字布遮下身，上穿背心；女子通常上穿背心，下着筒裙，冬天以方布裹身。

台湾高山族九个族群的传统服饰各有特色。如排湾男人喜欢穿带有刺绣的衣服，用动物的羽毛做装饰物，女子盛装有花头巾、刺绣长衣、长袍；阿美人有刺绣围裙，男人有挑绣长袍、红羽毛织披肩；布农男人以皮衣为主，女子有缠头巾、短上衣、腰裙；卑南人以男子成年和女子结婚时的服装最为华丽漂亮；鲁凯人的传统服饰色彩鲜艳，手工精巧，是高山族服饰中的佼佼者。在节庆的时候，鲁凯男人们戴上漂亮的帽章，穿上华丽的上衣，格外精神；女人们穿上挂满珠子的礼袍或裙子，非常漂亮。泰雅人的服装可分为便装和盛装，平时劳动穿便装，十分简单，妇女的服装大都是无领、无袖、无扣的筒衣。节庆时穿盛装，还要加上许多的装饰品，有趣的是，泰雅男子的饰物比女子还要多。赛夏人的服饰也很有特色，最吸引人的是一种叫"背响"的饰物。"背响"也称"臀饰"，只在举行祭奠或舞蹈中使用，形状大小好像背心，上窄下宽，彩绣着各种花纹，下面缀着流苏和许多小铜铃，穿戴时背在背上，跳舞时响成一片，十分悦耳（图3-202~图3-205）。

高山族的服饰丰富多彩，绚丽多姿。传统服装式样有贯头衣、交领衣、胸衣、背心、长袖上衣、裙子等。各族群男女皆重装饰，饰物种类很多，有冠饰、额饰、耳饰、颈饰、胸饰、腰饰、臂饰、手饰、脚饰等。装饰材料以自然物为多，颇具特点，如贝珠、贝片、玻璃球、猪牙、熊牙、羽毛、兽皮、竹管、花卉等。其中又以贝的使用最为广泛，不仅许多首饰直接用它穿缀而成，泰雅人和赛夏人过去还将其一串串缀于上衣之上，制成珍贵的贝衣，贝衣是以两幅麻布制作的无袖上衣为底，上面缝缀一串串的贝珠制成的。制作方法，一般是先将砗磲贝切成小薄片，然后一颗颗仔细地磨成珠状，再将一粒粒细小贝珠穿缀成串，缝在麻布衣服的襟边、两侧下摆处，甚至布满全身，称为贝衣、贝珠衣。每件贝衣要用贝珠几万颗至十几万颗。制作一件贝衣非常复杂困难，要花很长时间和精力。因此，它是权力和财富的象征，过去多为酋长和富有者所拥有（图3-206、图3-207）。

高山族还有丰富的服饰配件，但多为男子所用。额饰，为男子佩戴，有两种制法，一种是以厚布为地，缀以贝珠；另一种是以烧珠条相间穿缀，束于额际与帽檐。冠饰，也为男子所用，台湾曹部族的冠饰在皮帽上插上数根羽毛，泰雅部族是在藤制或熊皮制圆顶小帽圈下沿缀贝纽而成，排湾部族善制鹿角冠与豹牙冠，阿美部族善制羽冠。砍刀、金属工艺品，流行于高山族地区，形制多样，长短不一。刀把和木制刀鞘制作精致，有的雕刻整条蛇纹，有的将人纹并列配置，或配以点、线、三角等几何形纹饰，有的镶贝饰。男子刀佩挂腰间，既是生活用具，亦作装饰。胸饰，流行于高山族民间，有两种制作样品，一种是胸带，以草或

图3-202 邹人男盛装

图3-203 台湾台东县高山族男服

图3-204 排湾人女服

图3-205 漳州高山族女服

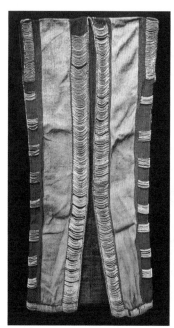

图3-206 泰雅人贝珠衣正、反面

图3-207 泰雅人贝珠帽和贝珠项链

图片来源：中国织绣服饰全集编辑委员会. 中国织绣服饰全集6 少数民族服饰卷（下），天津人民美术出版社

布料编成，上缀以宝贝，下悬链袋；另一种是胸链，以贝珠、玻璃珠、烧珠、珊瑚穿缀而成，缀线长可绕颈三四周后垂于胸前，男女胸饰的制法相似。

十八、拉祜族

（一）拉祜族概况

拉祜族是我国古老的少数民族之一，直至中华人民共和国成立前还保留有原始氏族社会的痕迹。主要居住在云南省的临沧、双江、耿马、西盟、澜沧、孟连、勐海以及景谷、红河等地，与汉族、傣族、佤族、哈尼族、布朗族、彝族等兄弟民族交错杂居，互相影响。根据2010年第六次全国人口普查统计，中国境内拉祜族总人口数为485966人。作为跨界民族，缅甸、泰国、越南、老挝等国家也有16万多拉祜人居住。

拉祜族族语言为拉祜语，属汉藏语系藏缅语族彝语支，崇拜多神，供奉"厄莎"。认为厄莎是创造宇宙人类、主宰万物、决定人们吉凶福祸的大神。它被供奉在深山老林的禁区，非本族人不得接近。拉祜族的主要传统节日有五个，即春节、清明节、端午节、火把节和中秋节，其中春节最隆重。

拉祜族居住地区属于亚热带山区，以农业为主，除种植粮食以外，还大力种植甘蔗、茶叶、咖啡、橡胶。拉祜族的音乐、舞蹈，具有独特的风格和浓郁的生活气息，口头文学形式多样。拉祜族的乐器有芦笙、三弦等。舞蹈多用脚踏动作，左面单摆。传统舞蹈有芦笙舞，样式多达三四十种。诗歌中的"陀普科"（谜语），特别为群众喜闻乐见。

拉祜族的宗教信仰有原始宗教、大乘佛教、基督教和天主教。其中，原始宗教在拉祜族的信仰体系中占主导地位。

（1）万物有灵论：拉祜族人认为，世间万物均有灵魂，而灵魂大体可分为两类，一类是保护人的，一类是害人的。由于拉祜族尚未形成"鬼""神"区分的观念，因而不管是佑人的神还是害人的鬼都可混称。例如，寨神亦叫寨鬼，家神又叫作家堂鬼等。在拉祜族的鬼神观念中，除了自然物和自然现象鬼外，还有诸多反映社会现象的鬼，如头痛鬼、肚痛鬼、冤死鬼等。在众多的鬼神中，天神厄莎被认为是最大的神，世界万物都是它创造的。然而，正如"鬼""神"区分的观念尚未形成一样，厄莎虽是最高神灵，其他鬼神对它并没有明确的隶属关系。基于万物有灵的思想，拉祜族把一切自然灾害和人生的祝福疾病都看作是鬼神的意志，为了祈福消灾，生产生活中产生了对鬼神的祭祀活动。

（2）图腾崇拜——拜葫芦：在拉祜族民间广泛流传着葫芦孕育人种和人类源自葫芦的传说，至今仍将葫芦视为吉祥、神圣之物。人们喜将葫芦籽缝在小孩的衣领或帕子上，而妇女的服装及围巾、包头上也多有彩线绣制的葫芦和葫芦花图案，拉祜族人认为穿了这种服装，魔鬼便无法近身，孩子能健康成长，妇女能终年平安。在拉祜族人看来，如果姑娘的胸部、腹部和臀部外形与葫芦相似，那么，不仅姑娘健康美丽，将来还会多子多女。情人们相互赠送的信物上也绣有葫芦花和葫芦的图案，以此象征爱情的纯洁与神圣。

（3）巫师"魔巴"：拉祜族巫师称为"魔巴"。魔巴主持各种原始宗教仪式，为人驱鬼、治病、合婚、安灵。魔巴主要由男性担任，也有极少数女魔巴，可世袭，但大多数是跟着老魔巴慢慢学会的。魔巴不脱离生产，没有法衣法器，靠占卜、念咒语和杀牲来驱鬼祭神。其占卜种类有鸡骨卜、羊肝卜、草卜等，经占卜确认鬼的种类及杀牲的大小、数量和时间。魔巴除占卜、念经外，还兼行草医，并熟知本民族的历史文化，在社会上有一定威望。

（4）大乘佛教：拉祜族地区的大乘佛教是清初由大理白族僧侣传入的。佛教在拉祜族地区传播期间，汉族的天文历法、医药学、农业生产技术及父系意识等也相继传入拉祜族地区，对拉祜族经济文化的发展起到了积极作用。

（5）基督教：1920年基督教传入拉祜族地区。首先传教士先入驻澜沧。随后逐渐发展到双江、沧源、耿马等地。到20世纪30年代，仅澜沧县教堂学校就有上百所，教徒达20000多人。继基督教之后，天主教也于20世纪20年代传入拉祜族地区，但其传播范围不及基督教，信者不多。

拉祜族的传统节日有春节、端午节、火把节、尝新节等。春节是拉祜族最盛大的节日，新年前夕，家家户户舂米打粑粑；节日期间，男女老少穿红着绿，换上新装，走村串寨，相互拜访，或跳各种集体舞蹈，整个村寨一片欢腾。火把节也别有情趣，届时以松木为燎，火把齐燃，蔚为壮观，身着节日盛装的青年男女在篝火旁载歌载舞，尽情欢歌，气氛热烈。

（二）拉祜族服饰文化

拉祜族人民在长期的社会实践过程中，和其他各族人民一起开发了祖国西南地区，创造了丰富而独特的民族文化。服饰文化便是拉祜族文化的重要组成部分。拉祜族服饰源远流长。崇尚黑色是拉祜族服饰的一个特点。拉祜族以黑为美，以黑为主色。服装大都以黑布衬底，用彩线和色布缀上各种花边图案，再嵌上洁白的银泡，使整个色彩既深沉又对比鲜明，给人以无限的美感。至今，拉祜族人仍然非常喜爱穿传统服饰，透过拉祜族服饰，仍可窥见古代氐羌系统民族衣着形象。唐代文献中记载，古代乌蛮"妇人衣黑缯，其长曳地"（图3-208）。

拉祜族男子服饰各地差别不大，头戴蓝、白两色的瓜形帽或裹黑色头巾，身穿对襟短衫，也有的穿无领右襟大衫，下着宽大长裤。喜欢佩带刀，系腰带，脚穿布鞋，头戴包头，长袍两侧有较高开衩，领口衣襟等处用深色布条镶边，包头用白色、红色、黑色等布条交织缠成。在云南澜沧等拉祜族居住地区，男子穿黑色或蓝色对襟短衫，用银泡或银币、铜币做纽扣，头上戴黑色、蓝色的布包头或戴瓜形小帽。澜沧县拉祜族男子戴的帽子，用6~8片正三角形蓝色、黑色布拼制而成，下边镶一条较宽的蓝布边，顶端缀有一撮约15厘米长的彩

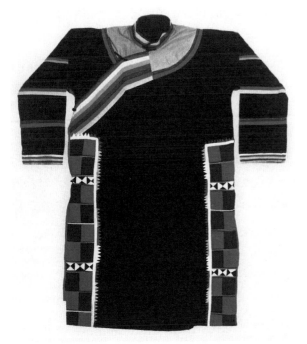

图3-208　拉祜族女服

图3-209　拉祜族男女盛装

图片来源：中国织绣服饰全集编辑委员会. 中国织绣服饰全集6 少数民族服饰卷（下），天津人民美术出版社

穗。有的人不戴帽子，则用黑布长巾裹头。成年男子还带一个烟盒和烟锅，身挂一把长刀。同汉族、傣族接触比较多的地方，拉祜族男女也喜欢穿汉族和傣族服装（图3-209）。

现在，青年小伙子多在对襟短衣外面配上一件黑面白里的褂子，姑娘们则在衣衫下衬上一件白汗衫，下摆露在筒裙上面。他们认为，白色与黑色相配，像喜鹊一样漂亮。

拉祜族妇女服饰因支系而异，或穿窄袖短衫饰以彩色布条，间隔出红色、黑色、白色三色；或穿黑色、蓝色右斜襟、高领、高衩的长袍，衣领周围及袖口镶有红色、绿色，花条纹布条，并嵌有银泡或半开银币，表示富有。长袍开衩很高，衩子两边镶有红色、蓝色、白色、绿色等彩色几何纹布块，不同颜色的四块布拼成一个小正方形，一个个正方形连接成几何图案花边，下穿花边筒裙。黑色衣服上缀以色彩斑斓的图案，显得格外庄重富丽。拉祜族妇女的服饰大体有两种：一种是右开襟，两边开齐腰部高的衩口，衣长齐脚面的长衫。在长衫衩口及衣边、袖口，镶缀红色、白色等各色几何图纹的花边，沿衣领及开襟处还嵌上数十个雪亮的银泡或佩戴大银牌（拉祜族称"普巴"）。有的人下穿筒裙，有的人下穿黑色长裤。另一种是开襟很大，几乎像对襟的衣服，衣边缀有花布条纹，无领、小袖口，衣长只齐腰节的短衫。短衫里面穿一件白色汗衫，露在筒裙上面。穿着这两种服饰的妇女，都头裹4米长的黑布缠成的包头，在包头两端缀以线穗，有的则是包大毛巾。穿长裤的妇女，冬季多数小腿都套腿套，小腿套两端都用色线绣上花纹。拉祜纳妇女的服饰较完整地保留了古羌人的传统服饰特点：头裹3米多长的黑色头巾，末端垂及腰间；身穿高领、高开衩的右襟长袍，长袍多为黑色，衣领周围及开衩口边镶有彩色几何纹布块，衣领及开襟处还嵌有雪亮的银泡。拉祜西妇女的服饰则带有南方民族的特点，头裹黑色或白色头巾，身穿无领对襟短衫，下着长筒裙，上衣的前胸及袖口饰有彩色布条，裙子则多间以红、黑、白三色。妇女佩戴的银饰有项圈、手镯、耳环等。西双版纳地区有的拉祜族妇女剃光头，包黑包头巾，戴大耳环，胸前佩挂"普巴"（图3–210、图3–211）。

拉祜族男子服饰的制作工艺较为简单，而妇女服饰的制作则显得复杂，体现了具有民族特色的传统工艺。缝制长袍时，先用红色、黄色、蓝色、白色、绿色、黑色等色布按照比例组成各种图案，再用银泡组成相互交错的三角形图案，然后有规则地镶嵌在长袍的高领、胸围和袖口等处。长袍开口边沿或用波浪形彩线缝合，或用三角形、长方形图案彩布拼合，拼合口用密针缝合，胸围部分再镶上银吊子，短衣的制作工序大抵如此。缝制筒裙的关键之处在于绣织筒裙上的彩带图案，若不具备熟练的技巧，绣出的彩带就会不符合要求。因此，拉祜族女子从小就要学习、掌握绣彩带的技术，而拉祜族人也将刺绣技术的高低当作衡量女子是否成熟与能干的标准之一。民间亦有谚语，"男子不会砍柴莫抢包头，女儿不会缝筒裙莫丢包"，抢包头和丢包即谈恋爱之意。

随着手工业的发展，用白银制作的各种服饰制品，备受拉祜族妇女喜爱。主要有银泡、银吊子、银纽扣、银手镯、银项圈、银耳环等。拉祜族男女均喜戴银质项圈、耳环、手镯，

图3-210 拉祜族黑布镶彩条女童裤长衫

图片来源：北京服装学院民族服饰博物馆藏

图3-211 拉祜族女服

图片来源：中央民族大学民族博物馆藏

图3-212 拉祜族发簪　　　　图3-213 拉祜族挎包　　　　图3-214 拉祜族妇女盛装头帕

图片来源：中国织绣服饰全集编辑委员会. 中国织绣服饰全集6少数民族服饰卷（下），天津人民美术出版社

妇女胸前还多佩挂大银牌。节日或盛装时，男女均喜背长方形的背袋。背袋系自织的青布或红白彩线编织而成，袋上饰有贝壳和彩色绒球。同时，银饰品也是拉祜族青年男女互赠的信物。男女青年恋爱时除赠送绣荷包、腰带外，背袋也是定情物。"背袋"既是拉祜族人的生产生活用品，也是男女共同喜爱的服饰之一。拉祜族的背袋的装饰，有的用小块花色布组成几何图案，有的用银泡或绒丝线制作，色彩鲜艳、美观大方，多数由美丽的拉祜族妇女手工制作而成。在她们出门时，总是肩挎背包，既装物品，也显示自己的纺织技艺（图3-212~图3-214）。

拉祜族妇女头缠蓝色或黑色布包头。她们喜欢裹3米多长的头巾，末端长长地垂及腰际。有时，姑娘们在包头上加一块折叠的白底印花毛巾。她们平时多赤足，有些地方妇女还有用黑布裹腿的习惯。拉祜族男女过去均喜欢剃光头，但未婚女子不剃，婚后妇女要在头顶留一绺头发，曰："魂毛"，以示男女之别。现在多数青年女子已蓄发梳辫，偏远山区的拉祜族妇女仍保留剃发习俗。

十九、回族

（一）回族概况

回族是中国少数民族中散居全国、分布最广的民族，根据2010年第六次全国人口普查统计，人口达10586087人，在55个少数民族中仅次于壮族和满族，主要聚居于宁夏回族自治区、甘肃和青海省。回族的经济基础主要是农业，其次是手工业和商业。

回族是由多民族融合形成的一个民族，其中包括唐宋时期来自阿拉伯、波斯的穆斯林"蕃客"，也包括元朝时期开始进入中国的阿拉伯、波斯和中亚地区的民族以及中国本土的汉族、蒙古族、维吾尔族等多个民族。回族是我国10个信仰伊斯兰教的少数民族之一。

从文化角度，回族是伊斯兰教文化和中国传统文化结合的载体，其二者的影响难解难分。在中国的少数民族中，回族的独特性还体现在，她是唯一一个自形成即使用汉语的少数民族。

回族有三大传统节日，即圣纪节、开斋节和古尔邦节。

伊斯兰教文化是回族文化的源头与核心，在回族物质、精神、文化各个层面，伊斯兰教的影响几乎无处不在。

（二）回族服饰文化

伊斯兰教对回族的影响渗透在回族生活中的方方面面，其中也包括了回族的服饰文化。《古兰经》中多处对穆斯林的着装作出规定，并将其视作对真主归顺的标志之一，因此回族的传统服饰带有浓重的伊斯兰教色彩。

伊斯兰美学是伊斯兰思想中极为重要的组成部分，与教义有着紧密联系。周立人曾对伊斯兰教美学思想做精准概括："和谐美、中正美和人性美。"和谐美体现在服饰文化上，表现为对精神与物质统一、精神与行动统一的追求，在信仰的持久性与服饰间建立起紧密联系，因此伊斯兰服饰文化具有更强的传承性。中正美同样在服饰文化中有所体现。《古兰经》要求人们在做礼拜的时候穿着合适，不主张彼此攀比，对富裕者来说要穿着合适，不可以穿着过度装饰的服饰，对贫穷者来说只要穿戴自己最好的衣服就可以。并且不论穿着什么服饰，洁净是必须的，或许这就是白色会成为穆斯林最喜欢的颜色之一的原因（图3-215、图3-216）。

（1）伊斯兰教限定了回族服饰以蔽体实用为主的功能取向：伊斯兰教将男子肚脐以下、膝盖以上部分，女子除手掌以外，上至头部下至双脚都视为"羞体"。强调必须用服饰将其严密地包裹遮蔽起来，并以遮盖全身为美，反对裸露羞体行为。在阿拉伯国家，穆斯林妇女都以长袍遮身，以面纱遮面，我国回族妇女已弃用面纱，但还是用盖头将头发、耳朵、脖子都遮盖起来，即使炎热的夏季也不摘脱，形成独具特色的民族服饰。服装方面，除部分老

图3-215　回族男子坎肩

图3-216　回族戴斯他勒

图3-217 回族传统女子盖头近现代　　　图3-218 回族帽　　　图3-219 米黄缎回族古式礼拜帽

年人外，多数人着大襟衣、对襟衣，且讲究宽长肥大，以保证遮身蔽体的实际效用。除此之外，在实用性方面，伊斯兰教也有鲜明的制约作用，回族男子的无檐小帽就是典型的代表。伊斯兰教的"五功"之一——拜功，要求礼拜者头部不能暴露，必须遮严，磕头时前额和鼻尖都需着地。因此，只有无檐小帽才能兼顾两方面的要求，缠头巾"太斯达尔"也具此功能（图3-217~图3-219）。

（2）伊斯兰教限定了回族服饰形制与原料简洁质朴、忌高贵奢华的民族风格：伊斯兰教在服饰方面的基本原则是遵从安拉，顺应自然，讲究简朴、洁净、美观。它认为既然安拉为人们造化了大地上的万物，人们就应该尽可能地利用这些物质来装扮和美化自己，以体现安拉的恩惠。因此，它允许妇女穿戴和使用一切能装饰和美化她们的东西，允许妇女佩戴首饰，穿戴与她们气质相符的服饰。但并非无限制，因为崇尚节俭的理念对人们的着装做出严格限制，女性的上衣不能做出袒肩露臂甚至敞胸露怀等款式，下装不能以裙代裤，对裤长有严格限制，也不能用透明半透明等袒露羞体、挑逗情绪的纱质面料。首饰也只能隐藏于面纱、盖头或衣服之中。男性不能佩戴黄金饰品，真丝制品也属禁止之列。因为二者被视为奢侈的象征，而伊斯兰教是反对奢侈腐化的。正因为上述原则与理念，影响和决定了回族以小白帽、青夹夹（坎肩）、盖头及长衣长裤为主的简洁质朴的服饰风格（图3-220、图3-221）。

（3）伊斯兰教限定了回族服饰以白、黑、绿为主的色彩崇尚：他们认为白色素雅、纯净、圣洁；黑色深沉、庄重、神秘；绿色乃天授，山原草木之本色，代表生命、和平、神圣。男性普遍穿白色衣裤，黑色坎肩。妇女则穿黑上衣及长袍，青年妇女多披绿色盖头。

（4）伊斯兰教限定了回族服饰纹样以花草植物及阿拉伯文字为主，忌人物和动物图案：伊斯兰教禁止为真主安拉刻画或雕塑，禁止在衣物、布料、地毯、枕头和墙壁上绘制动物图案，因此，无论是在个人家中还是礼拜寺中，都没有人物画像和雕塑。服饰图案也没有人物、动物的图案，只有少量植物、花卉以及"真主至大""清真言""万物非主，唯有真主，穆罕默德，真主使者"等阿拉伯文字样。

（5）伊斯兰教限制了改变人体自然特征的矫饰行为：伊斯兰教主张保持人体的自然状态，反对非治病治残而随意改变身体生理特征的一切行为。如文身、拔眉、锉牙、续发、戴

图3-220 回族传统服饰

图3-221 回族女子服饰

假发、剃须等行为。因此回族男子都以留胡须为美，并将胡须视为族属的标志和信主归真宗教情感的象征。

（三）回族传统服饰文化的传承与发展

随着中国现代化和全球经济一体化进程的加快，以及信息广泛的普及应用，处于弱势地位的少数民族传统文化普遍受到冲击，甚至进入濒危状态。但是由于历史文化、生存环境及宗教信仰条件的特殊性，有些民族的服饰文化仍具有一定与强势文化相抗争的能力，可能还会在变化与适应的基础上不断传承下去，回族服饰就是代表之一。回族是一个全民基本信教的民族，伊斯兰教对回族文化的影响根深蒂固，因此，其对包括服饰在内的传统文化的保护与屏障作用仍然十分有效。伊斯兰教的伦理道德仍会长期影响回族的道德观念和价值取向，从总体上对回族服饰的发展起到导向和限制作用。伊斯兰教的教法规定仍会制约穆斯林的服饰生活行为。总而言之，伊斯兰教对回族服饰文化的形成、发展和传承起到了巨大作用，二者密不可分的关系今后仍将长期存在。回族服饰文化将在伊斯兰教文化的沃土之中，继续守护传统，并不断吸收接纳新的文化元素，保持旺盛的生机和活力。

二十、壮族

（一）壮族概况

壮族是我国少数民族中人口最多的民族。全国壮族主要分布在广西、云南、广东、贵州、湖南和四川等省区。2010年全国第六次人口普查结果统计，壮族人口共16926381人。主要聚居在桂西和桂中地区的南宁、柳州、崇左、百色、河地及来宾六市。靖西县是壮族人口比例最高的县。

壮族是一个历史悠久的民族，从壮族聚集的柳江、来宾等地发现了大量原始文化遗迹，证明远在旧石器时代的后期，这一带就有人居住。据古籍记载，最早居住在今广西境内的有"百越"族群中的"西瓯"和"骆越"等部落。今天的壮族就是由这些部落发展而来的。

早在2000多年前的战国时期，壮族先民处于从原始社会向阶级社会过渡的阶段，农业和手工业就有了相当的发展。公元前214年，秦朝统一南岭，并设置南海、桂林、象三郡。从此，岭南地区正式纳入中央封建王朝的版图，壮族先民也成为统一多民族国家的一员。

壮族实行一夫一妻制婚姻，历史上曾盛行"不落夫家"的婚姻习俗。女子结婚后仍定居娘家，仅在重大节日和农忙时节回夫家居住一段时间。二三年后或怀孕后才回到夫家居住。至近现代，"不落夫家"的习俗已逐渐改革。但仍然盛行"入赘"的婚姻，即丈夫到妻子家居住，过去丈夫需改从妻姓，现在可以不改。青年男女恋爱要通过对歌、赶圩等活动进行，双方同意后，即经媒人进行说合。

壮族称屋为"干栏"。住房的主要形式有全栏式、半栏式和平房三种。全栏杆房属全楼居式，上层住人，下层养牲畜、存放农具，是传统的住房形式；半栏式以开一间为楼房，楼上住人，楼下养牛羊、放农具等，另一间为平房；平方多为三开间。这是当今壮族住房的主要形式。

壮族的重大节日有"二月二""三月三""中元节""牛魂节""蚂拐节"。壮族人民素以能歌善舞著称，善于以歌来表现自己的生活和工作，抒发思想感情。青年男女恋爱有情歌，婚嫁有哭嫁歌，丧葬有哭丧歌，互相盘考、比赛智力的有盘歌，宴请宾客有劝酒歌和节令歌，祈神求雨有祈祷歌，教育儿童有儿歌和童谣。每年春秋两季，男女青年盛装打扮汇集到特定的场所进行对歌，这种歌会形式称为"赶圩"。壮族的舞蹈，具有鲜明的民族特点和浓厚的生活气息，如春堂舞、绣球舞、扁担舞等。戏剧有壮剧、师公戏等。壮语属汉藏语系，壮侗语族，壮侗语支，分北部方言和南部方言。历史上，曾仿照汉字创造了方块壮字，俗称"土俗字"。中华人民共和国成立后，创造了拉丁字母的壮文，并逐步推行。

（二）壮族服饰文化

壮族男子服装，无论在款式、装饰还是色彩等方面，都比壮族女装简单得多，而且各区域的差别不大。过去，壮族男子服装的民族特色比较明显，因地域和生活习俗不同呈现一定差异，如今已基本汉化，穿戴打扮一如汉族传统男子。壮族男子服饰主要包括对襟短衫、大襟短衫、长袍、长裤。对襟短衫，通常为无领或短立领、窄袖、右衽；长袍过去多为壮族士绅和知识分子所穿的四季常服，无领或短立领，右大襟式，左右开衩，长度及脚，现基本无人穿着；下装多为普通家织棉布长裤，部分偏远地区老年人仍穿着传统的宽裤头、宽裤管、裤裆不分前后的大裆裤（图图3-222）。

壮族女子服饰款式丰富，由于受汉文化影响，桂东地区的壮族服饰之间改为汉式，但桂西、桂北、桂南地区仍保持鲜明的民族特色。

壮族女子服饰按颜色划分共有五类，即白衣壮、蓝衣壮、青衣壮、灰衣壮和黑衣壮。

（1）白衣壮：多为广西北部的壮族女子，为上衣下裤式样。桂林一带的壮族女子，上着白色Ｖ领对襟短上衣，胸前有两组"一"字形盘扣，袖口镶有花边，内穿深蓝色或小花胸兜。下着黑色或深蓝色长裤，膝盖以下镶有一宽一窄两条花边；包印花头巾。服装整体色彩深浅对比，内外映衬，清爽秀丽、简单大方。

（2）蓝衣壮：多为广西西部、西南部，百色、崇左、河池、贵港等地区，为上衣下裤式样。上衣为蓝色右衽大襟衣，无领或短立领，纽路从领口经右侧腋下至底边处，多采用布扣。

（3）青衣壮：指崇尚青色的壮族支系，主要分布在广西北部的柳州融水、广西西南部地区的隆林

图3-222　壮族服饰

革步、金钟山一带。"青衣"的制作类似于侗族的"亮布"，将土布经数次蓝靛染色，再进行捶打，直到布非常光亮为止。隆林地区青衣壮为上衣下裤式样。其上衣非常有特色，内衣和外衣搭配着穿。外衣无领、右衽，采用青花布缝制，领口及领口右侧第一粒布纽扣处镶银铃组成的银花作为装饰；内衣一般采用绿色或蓝色布料缝制，短立领，立领上镶嵌黑色条带；外衣袖宽且短并镶嵌黑色条带，内衣袖镶嵌由黑色条带组成的锯齿形、菱形、三角形图案，窄而长，内、外衣形成两层衣袖，美观大方。

柳州融水地区的壮族人，因与当地侗族长期杂居，也喜欢穿着以侗族"亮片"制作的服装，其款式为上衣下裙式样，上衣为对襟短衣，内穿胸兜；下着无纹饰百褶裙；裙外加围裙，围裙为四方形系于腰间，长度及膝，围裙正面由三块拼合而成，其中两侧的两块布为同一花色，围裙腰头一般采用白底花布（图3-223）。

（4）灰衣壮：广西西部地区的壮族女子服饰为上衣下裤式样。河池南丹、东兰部分地区多穿自织的细花格纹灰色衣裤，上衣无领，右衽大襟，在肩、袖口、襟边镶黑色宽边和窄边，其上绣五彩花卉纹样；裤子一般为蓝色或黑色长裤，裤脚镶嵌动植物花纹（图3-224）。

（5）黑衣壮：黑衣壮因其服装从头到脚只有黑、青两色而得名，一般分布在广西西部、西南部和南部地区。该地区有上衣下裙式样，也有上衣下裤式样。百色隆林、那坡、崇左地区还保留着较为原始的裙装式样，即裙内穿裤。上衣为交领右衽短衣，长至臀围线，白色领口，领口中下部有刺绣花边。裙子为百褶裙，整体分为裙腰、裙摆、裙边三个部分，裙腰以

图3-223　广西隆林青衣壮女套装之浅蓝色百褶裙、浅蓝色格子刺绣上衣

图片来源：北京服装学院民族服饰博物馆藏

厚重的土白麻布缝制，裙摆为靛蓝染色布，裙边为精细的蜡染几何纹样；裙子由许多细密、垂直的褶皱制成，裙的两端配有两条长短不一的绣带，绣带末端接彩须穗子，制作工艺繁复，美观大方、经久耐穿。穿在裙内的裤子，款式简单，多为黑色土布。服装整体分三层，短衣及臀、裙子及膝、裤子过脚，犹如层楼叠起、错落有致，被当地人称为"三层楼"式服装，基本分为黑、白、蓝三色。女子以黑衣、黑裙为礼服，仅在喜庆活动和冬季穿着。白衣、白裙、黑裤为平时劳作服，布料较为粗糙。黑色上衣下裤式样的服饰分布在广西大部分壮族地区。裤子式样基本相同，即大裤腰、宽裆、宽裤腿。上衣有两种，一种对襟衣，另一种右衽衣。

图3-224　广西南丹灰衣壮新娘妆

图片来源：刘晓红，陈丽. 广西少数民族服饰，东华大学出版社

壮族女子头饰丰富多彩，呈现明显的地区差异性，不同地区头巾颜色不同。如广西西南地区的壮族女子喜欢用包头巾包头，头巾两端织有黑色或绿色的细花纹，呈小方格图案，末端有白色垂线悬挂。更讲究的则在头巾两端绣上花纹图案，显得清新淡雅。壮族女子佩戴银饰较多，有耳环、耳坠、项圈、项链等。项圈一般表达美好的祝愿：长命百岁、富贵安康、多福多寿等含意。壮族儿童三岁以前一般都戴银饰帽。帽的表层一般绣有花草、龙凤、麒麟、鱼、鸟、蝴蝶、缠枝花等寓意吉祥的图案和文字等。帽檐还缀有银花以及各种银、铜或锡制成的响铃等吊饰和罗汉像（图3-225~图3-227）。

传统的壮族纹样有菱形纹、回形纹、云雷纹、鸟兽纹，并配有万字花、水波浪、七字花、山峦风景等。图案左右对称，线条粗犷、花纹规整，部分花型还做了逐花异色的配色处理，使色彩对比强烈，织物光亮斑斓，品质精良。色彩多采用大红、黑、青、杏黄、翠绿、棕红或白色为底色，纹纬则配以对比强烈的色调，色彩鲜明而悦目，纹样极为绚丽（图3-228、图3-229）。

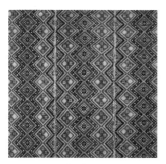

图3-225 壮族八角星纹锦

图3-226 蝶纹长寿花隔断福锦

图3-227 壮族绣鸳鸯莲花拼金钱纹背扇片

图片来源：北京服装学院民族服饰博物馆藏

图3-228 龙凤呈祥壮锦被面

图3-229 菱形纹凤凰、太阳花壮锦被面

图片来源：刘晓红，陈丽. 广西少数民族服饰，东华大学出版社

二十一、哈萨克族

（一）哈萨克族概况

哈萨克族主体在中亚、西亚，主要分布于哈萨克斯坦、中国、俄罗斯、乌兹别克斯坦、土耳其、蒙古等国。我国的哈萨克族主要分布于新疆维吾尔自治区伊犁哈萨克族自治州、木垒哈萨克自治县和巴里坤哈萨克自治县。少数分布于甘肃省阿克赛哈萨克族自治县和青海省海西蒙古族哈萨克族自治州。哈萨克族是哈萨克斯坦的主体民族，占其总人口的65.5%，根据2010年第六次全国人口普查统计，中国境内的哈萨克族总人口数为1462588人。

哈萨克族源比较复杂，一般认为，主要是古代的乌孙、康居、阿兰（奄蔡）人和原在中亚草原的塞种人、大月氏以及以后进入这个地区的匈奴、鲜卑、柔然、突厥、铁勒、契丹、蒙古等各族人融合而形成的。

哈萨克族民族语言为哈萨克语，属阿尔泰语系突厥语族，普遍信仰伊斯兰教。

哈萨克族最初崇拜大自然现象，崇拜诸神。远古时代，他们在广袤的草原上过着游牧生活，通过对自然的崇拜求得牲畜、生命的平安无恙，战胜各种灾害、苦难和疾病。哈萨克族皈依了伊斯兰教之后，巫师医士仍然很多。不过随着时代的变迁他们失去了至尊的地位，巫师行医活动也多倾向伊斯兰教教规；他们会给古老的萨满教补充真主是真实的这一类的内容。直到现在，哈萨克族人中仍然有巫师，她（他）们头戴天鹅皮帽，脖子挂着各色彩布条，手里拿出神杖，骑着马由这个阿吾勒到那个阿吾勒游审，占卜、念咒、治病、祛邪祈福。这些巫师们仍为妇女和老年人所欢迎。

哈萨克人居住的地方，按一年四季分为冬窝子、春窝子、夏窝子、秋窝子，一般春秋两季为一处。冬季，住在土块或干打垒的房子里，林区则在木房里过冬，其他季节住毡房，几户人家称作一个阿吾勒。阿吾勒由有血亲关系的人家组成，居住的地方草场相连，协作生产，一同转场迁徙。毡房是春夏秋从一个栖息地搬到另一个栖息地的简便的活动房屋。毡房日遮阳、夜隔潮，防风挡雨，通气透亮，移动方便，一般30分钟内就可支撑拆除装卸完毕。

哈萨克族聚居地——新疆维吾尔自治区伊犁市，是名贵伊犁马的故乡，也是新疆细毛羊、阿尔泰大尾羊的主要产地。用马肉灌的腊肠、马奶酿制的马奶酒，是哈萨克族特有的肉制品和饮料。叼羊、赛马、姑娘追是哈萨克族传统的马上体育活动。在哈萨克族，"阿肯"就是民间文化的传播者和演唱者。哈萨克族舞蹈轻盈欢快，民族乐器"冬不拉"可弹奏出多种优美曲调。

哈萨克族是个热情、好客、重礼仪的民族，这与他们从事游牧生活密切相关。人们相见，总要互致"全家平安""牲畜平安"等问候。以季节与草场情况不断转场迁徙的哈萨克族牧民，对前来拜访和投宿的客人，不论相识与否，都会热情款待。牧民认为如果在太阳落山时放走客人，是一件耻辱的事，会被亲朋邻里认为待客不周而遭到耻笑。主人待客，有自己的一套方式。通常客人来临，都要宰杀羔羊。夜晚，广袤的草原特别静寂，幢幢毡房一片温馨，客人被安置在毡房正面的上方住宿。淳朴、敦厚、诚挚的主人，还会给你讲述草原近年的新气象和美丽动人的传说故事。

（二）哈萨克族服饰文化

在历史上，哈萨克族绝大多数人过着逐水草而居的游牧生活，因而其服饰带有浓郁的草原畜牧生活的特征。牧民主要用牲畜的皮毛做衣服的原料（图3-230~图3-233）。

哈萨克族男子喜欢穿棉毛衣裤，喜欢以条绒、华达呢等作衣料。颜色上多选用黑色、咖啡色等深色。冬季主要穿皮大衣、皮裤。选材以羊皮为主，也用狼皮、狐狸皮或其他珍贵兽皮。为了上、下马方便，裤子用羊皮缝制成大裆裤，因此宽大结实，经久耐磨。衬衣多为高

图3-230　哈萨克族民族英雄

图3-231　哈萨克族男服

图3-232　哈萨克族中年男服

图3-233　哈萨克族青年男子服饰

图片来源：中国织绣服饰全集编辑委员会，中国织绣服饰全集5 少数民族服饰卷（上），天津人民美术出版社

图片来源：臧迎春. 中国少数民族服饰，天津人民美术出版社

领，上绣花边。衬衣外套坎肩，坎肩上穿短衣，有时还再套"袷袢"。哈萨克族男子喜欢扎一条用牛皮制成的腰带，腰带上镶嵌有金宝石等各种装饰品，腰带右侧佩有精美的刀鞘，内插腰刀，以备随时使用。在夏季，哈萨克族男子一般戴一种用薄白毡制作的翻边帽，分为两瓣，很有特色。而在冬季，则要戴"吐马克"或"库拉帕热"两种不同的帽子。"吐马克"有两个耳扇，一个尾扇，呈四棱尖顶状，顶上还饰有猫头鹰毛。"库拉帕热"则形似圆锥体，内缝狐皮或黑羊羔皮，外面饰以色彩艳丽的绸缎，美观实用。哈萨克族男子的鞋、靴比较讲究，根据游牧中不同的季节需要制成不同的种类，夏季的靴子底子较薄，打猎时的靴子后跟很低，轻便柔软、易行，且不易为猎物察觉。长筒靴子有高跟，长及膝盖，全牛皮制成，在靴底上钉上铁掌，结实耐用。穿此靴时需常穿毡袜，袜口用绒布镶边，十分美观。在牧区，套鞋使用比较广泛，套鞋既能保护软鞋不受雨雪侵蚀，同时进帐篷时只脱去套鞋就可，因而十分方便，很受人们喜爱（图3-234~图3-236）。

哈萨克族妇女的服饰较男子来说更加丰富多彩。她们根据年龄选择不同的样式。年轻的姑娘喜欢穿连衣裙，裙袖绣有美丽的花朵，裙摆阔大自然成褶。上身外套紧身坎肩，坎肩上绣有美丽的图案并缀有五颜六色的饰品，未出嫁的姑娘头上戴的是"塔克亚""别尔克"或"特特尔"。"塔克亚"是一种斗形帽，下檐略大，彩缎作面，帽壁有绣花，帽上缀珠，顶上插猫头鹰毛；"别尔克"是用水獭皮做的圆帽，与"塔克亚"类似，只是夏季扎各种颜色的三角形和正方形头巾；"特特尔"是一种四方的头饰，上绣各种花纹图案，折起多褶，扎在头上。另外，未婚少女喜爱在发辫上别上发带。新娘则从结婚那天起要穿一年的"结列克"。"结列克"为红绸制作，帽子和衣服连在一起，很容易让人识别出来。一年后，可以换上套

图3-234　哈萨克族女大衣

图3-235　哈萨克族女妇女
服饰

图3-236　哈萨克族姑娘盛装

图片来源：中国织绣服饰全集编辑委员会. 中国织绣服饰全集5 少数民族服饰卷（上），天津人民美术出版社

头的盖巾。中年妇女夏季喜欢穿半袖
长襟袷袢和坎肩，多在胸前下摆用彩
绒绣边，两边有口袋；冬季喜穿用羊
羔皮裁制的、带布面的衣什克，或穿
绣有图案、罩以绸缎面的"库鲁"（皮
大衣）等。已婚的妇女一般要戴"沙
吾克烈"，即一种外用布、绒或绸作
面，用毡作里的帽子。这种帽子绣满
了花卉，并嵌有金银珠宝，有一串串
珠子垂于脸前。若生了孩子后，就要
戴上套头和盖巾。盖巾用白布制作，

图3-237　哈萨克族花皮袜

图3-238　哈萨克族男士花靴

图片来源：中国织绣服饰全集编辑委员会. 中国织绣服饰全集5 少
数民族服饰卷（上），天津人民美术出版社

上有图案，很宽大，盖上后可遮住全身，只露出脸颊。盖巾上有金银别针，在各种颜色绣制
的图案中有"颊克"花纹。如果要是盖巾上没有绣"颊克"花纹的话说明这个妇女已成寡
妇。因而，从哈萨克族妇女的服饰上就能判断她们婚否、育否。哈萨克族妇女的鞋、靴也有
多种款式，通常穿的还是皮靴加套靴，较为讲究的还要在袜子上绣花（图3-237~图3-242）。

图3-239 哈萨克族女帽

图3-240 哈萨克族男花帽

图3-241 哈萨克族男花帽

图片来源：中国织绣服饰全集编辑委员会. 中国织绣服饰全集5 少数民族服饰卷（上），天津人民美术出版社

二十二、畲族

（一）畲族概况

畲族自称为山哈，"哈"的畲语为客人。主要分布在我国东南部福建、浙江、江西、广东、安徽省境内，其中90%以上居住在福建的东南部、浙江广大山区。其居住特点是大分散、小聚居。畲族是中国人口较少的少数民族之一，根据中国2010年第六次全国人口普查统计，畲族人口为708651人。

图3-242 蓝色哈萨克四棱男帽

图片来源：北京服装学院民族服饰博物馆藏

畲族有自己的语言，畲语，属汉藏语系苗瑶语族，通用汉文，99%的畲族所操语言接近于客家语，但在语音上与客家语稍有差别，有少数语词跟客家语完全不同。

畲族人民在迁徙过程中，在拓荒垦殖的同时，创造了绚丽多姿的文化艺术，具有鲜明的民族特色。畲族文学艺术十分丰富。山歌是畲族文学的主要组成部分，多以歌唱的形式表达。所以畲族文学基本上是民间口头文学。他们每逢佳节喜庆之日，歌声飞扬，即使在山间田野劳动，探亲访友迎宾之时，也常常以歌对话。畲族的演唱形式有独唱、对唱、齐唱等。其中无伴奏的山歌是畲族人最喜爱的一种民歌方式。

勤劳淳朴的畲族妇女，不但是生产能手，也是编织刺绣的能工巧匠。她们制作的手工艺品种类丰富、色彩斑斓、风格独特。如编织的彩带，又称合手巾带，即花腰带，花纹多样，配色美观大方。编织的斗笠，花纹细巧，工艺精致，配以水红绸带、白带及各色珠子，更富有民族特色，是畲族妇女最喜爱的装饰品。畲族姑娘精心织绣的绣帕或彩带，送给心爱的情侣，是最好的定情物。中华人民共和国成立后，这种工艺技术得到了发扬光大，成为抢手的旅游产品和出口产品。畲族地区盛产石竹、斑竹、金竹、雷公竹等竹子，为竹编工艺品生产提供了丰富的原材料。

畲族人历来重视体育活动，体育活动的项目也很多，有武术、登山、"打尺寸操石磉"、骑"海马"、竹林竞技等。畲族武术以畲拳最著名，棍术次之。畲拳乃畲族独创，已有三百多年的历史。景宁山区有一种珍贵的绿曲酒，是畲族人民的智慧结晶。绿曲酒采用深山天然原材料作为基酒原材，崇尚自然健康，尊重传统文化，重视现代科技，符合人们回归自然的要求。

畲族的传统节日主要有农历四月的分龙节、七月初七、立秋日、中秋节、重阳节、春节等。另外，每年农历二月十五、七月十五、八月十五都是畲族的祭祖日。

畲家很重视传统节日，重视祖先崇拜，每年二、七、八月的十五日为祭祖日，信奉鬼神。祭祖时要以两杯酒、一杯茶、三荤三素六碗菜，加上不同时节的馃。在节日期间除酒肉必不可少外，每个节日吃什么都有一定的传统习惯。但不论过什么节日都要做糍粑，成年人过生日除杀鸡、宰鸭外，也要做糍粑。

"三月三"是畲族传统节日，每年农历三月初三举行，其主要活动是去野外"踏青"，吃乌米饭，以缅怀祖先，亦称"乌饭节"。乌米饭就是用一种植物的汁液把糯米饭染成乌色。相传在唐代，畲族首领雷万兴和蓝奉高，领导着畲族人民反抗当时的统治阶级，被朝廷军队围困在山上。将士们靠吃一种叫"呜饭"的野果等充饥度过年关，第二年三月三日冲出包围，取得胜利。为纪念他们，人们把三月三日作为节日，吃"乌米饭"表示纪念。节日期间，附近几十里同宗祠的畲族云集歌场，自晨至暮，对歌盘歌，内容为歌颂盘瓠，怀念始祖。整个畲山，沉浸在一片歌的海洋之中。晚上，各家吃"乌米饭"。深夜，进行祭祖活动。

此外，畲族也过春节。过春节时除宰鸡杀猪外，还要做糍粑，祝愿在新年里有好时运，日子年年（粘粘）甜。初一早上，全家叩拜"盘古祖先"，老人讲祖先创业的艰难，过后举家团聚，唱山歌，送贺礼。青年男女则走乡串寨，以歌传情，互叙友情。

畲族的宗教信仰主要是祖先崇拜。祖图，又称"盘瓠图"，是畲族信仰的主要标志之一。畲族把有关始祖盘瓠的传说画在布上，制成约40幅连环画式的图像，代代相传，称为"祖图"。畲族民间还有"高皇歌"，记述盘瓠王不平凡的经历，歌颂其英勇杀敌、繁衍子孙的丰功伟绩。畲族每年还定期举行隆重的祭祀，族人共聚祠堂，悬挂祖图，是早期原始社会中图腾崇拜的残迹。此外，畲族民间信仰还有其他世俗神灵，属多神崇拜。

（二）畲族服饰文化

畲族男子服装有两种：一种是日常穿的大衣襟、无领青色麻布短衫，下着长裤，冬天穿无裤腰的棉套裤。老年人用黑布扎头巾，外罩一件背褡。另一种为结婚或祭祖时穿的礼服。结婚时穿青色长衫，祭祖时穿红色长衫。在长衫的衣襟和胸前绣有龙形图案或花纹，四周镶红白花边，长衫的开衩处绣有白云纹。头戴青、蓝或红色方巾帽，讲究的用红顶黑缎

图3-243 畲族男子服饰

图3-244 福安县畲族妇女服饰

图3-245 畲族女子服饰

图片来源：中国织绣服饰全集编辑委员会．中国织绣服饰全集6 少数民族服饰卷（下），天津人民美术出版社

图片来源：臧迎春．中国少数民族服饰，五洲传播出版社

官帽，帽檐镶有花边，帽后垂着60厘米多长的彩色丝带，脚穿白色布袜和圆口白底黑色厚布鞋。由于长期以来与汉族杂居，畲族男子的传统服装现在很少有人穿了，他们的装束已与汉族没有什么差别。畲族男子多穿黑色布底双鼻鞋和木屐。劳动时，多打赤脚和穿草鞋（图3-243~图3-245）。

畲族妇女服饰因居住地区不同，款式各异，服装也独具特色，大多是用自织的苎麻布制作，有黑蓝两色，黑色居多，衣服是右开襟，衣领、袖口、右襟多镶有彩色花边，一般来说，花多、边纹宽的是中青年妇女的服装。畲族妇女均系一条33厘米多宽的围裙，腰间还束一条花腰带，也叫合手巾带，宽4厘米，长1米余，上面有各种装饰花纹，也有绣上"百年好合""五世其昌"等吉祥语句的。还有的是用蓝印花布制作的，束上它别有一番风采。衣服和围裙上亦绣有各种花卉、鸟兽及几何图案，五彩缤纷，十分好看。畲族的女裙裤通常用黑色棉布制作，夏天用苎布。出嫁当新娘时，用青色绸缎或精哗叽做成裤子。外穿蓝色或紫色叠春"虎牙裙"，腰间束四指宽的白色腰带，正面再垂两条长1米的飘带，直垂至脚面。妇女下山、下田劳动时，用腰带缚住"围身裙"。"围身裙"是黑色苎布或青直贡布制成，裙上端加一块10厘米宽红布做裙头。所缚腰带则用五彩丝绸线、白粉线、羽毛线等织成橄榄式花纹和汉文字装饰。转裙也刺绣着"凤凰采牡丹"等花鸟装饰。罗源县毗邻的飞鸾南山村和新岩村一带畲族妇女的服饰，均穿斜襟大领衣，并镶有各种花边。不分季节一律穿短裤、扎绑脚。畲族对自然之色蓝色和绿色具有特殊的爱好。除此，红、黄、黑也是畲族妇女服饰常用的颜色。服饰条纹图案排列有序，层次分明，衣领上常绣些水红、黄色的花纹。畲族妇女最主要的装束叫作"凤凰装"。红头绳扎的长辫高盘于头顶，象征着凤头；衣裳、围裙

图3-246　罗源县畲族女服

图3-247　福建省福安县畲族
女子婚礼服

图3-248　畲族老年女服

图片来源：中国织绣服饰全集编辑委员会. 中国织绣服饰全集6少数民族服饰卷（下），天津人民美术出版社

（合手巾）上用大红、桃红、杏黄及金银丝线镶绣出五彩缤纷的花边图案，象征着凤凰的颈项、腰身和羽毛；扎在腰后飘荡不定的金色腰带头，象征着凤尾；佩于全身的叮当作响的银饰，象征着凤鸣。已婚妇女一般头戴"凤冠"。它是在精制的细竹管外包上红布帕，悬一条30多厘米长、3厘米宽的红绫做成的。冠上有一块圆银牌，下垂3个小银牌于前额，称为"龙髻"，表示凤冠（图3-246~图3-248）。

妇女穿单"虎攻鞋"布底，鞋头高3厘米，鞋口两旁以羽毛布"沉地"，用五色线绣"虎牙"花纹。畲族尤以斗笠最具民族特色。畲族斗笠做工精细，设计考究，造型新颖，畲女喜戴尖底暗黄斗笠。嫁女时，女家嫁妆除一般衣物外，斗笠、蓑衣等必不可少。斗笠以霞浦产竹笠最有名，其花纹有：笠斗燕、四路、三层檐、云头、狗牙、斗笠星几种，混杂使用。由于花纹细巧，形状优美，加上水红绸带、白绢带及各色珠子相配，更显得娇艳。制作斗笠的竹篾，细的不到0.1厘米，顶斗笠上层篾条达220~240条之多，相当精细，故畲族妇女十分喜爱，以之为美。

畲族的首饰主要有"凤冠"头簪、耳环、银遮面、手镯等，其中以凤冠为代表的头饰最具特点，是畲族的标志性饰物。福建畲族妇女的头饰独具风格，式样更是五花八门，各地无一雷同。服饰研究专家认定有罗源式、福安式、霞浦式、福鼎式、顺昌式、光泽单式、漳平式等多种。大抵上畲家少女是用红绒线辫缠盘于头上，前留几绺刘海，无特殊饰物，至多在

图3-249　福安县畲族姑娘头饰　　　图3-250　宁德地区畲族妇女头饰　　　图3-251　戴"凤凰髻"的畲族姑娘

图片来源：中国织绣服饰全集编辑委员会. 中国织绣服饰全集6少数民族服饰卷（下），天津人民美术出版社

两鬓夹两支银笄，订婚后取下一支，表示已经许人。已婚妇女样式增多，云鬓高髻，各呈其艳。罗源畲族妇女将头发梳成螺式，髻高24厘米左右，称"凤凰髻"。福鼎畲族妇女出嫁时，将头发捆成一束，高堆成髻，冠以尖形布帽，形似半截牛角，上贴一片短银牌，轻薄如纸；顶端缀有银饰物和珠料，下垂前额，遮向面部；三把银质头花插在前顶，围成环状；头花下沿，系有料珠、银片等饰物垂至眼前，轻摇徐晃，极为典雅。福安畲族妇女把头发挽成"碗匣式"，上束一红带；发梢翘起似凤凰翼，发上端横压银钗，并斜插一簪，耳戴副大圆银耳坠。以高髻和秀雅著称的还有"霞浦式"和"光泽式"。各地畲族妇女头发间还环束黑、蓝、红绒线，分别标示老、中、青年龄层次。结婚时，福州畲族妇女必戴凤冠，凤冠前沿系一根特别细小精制的竹管，外包红布，下悬一条尺把长、寸余宽的穗状红绫，像一条耀眼的红色头箍。冠上有一块圆形银牌，垂至额前，称为"盘龙髻"，翘然而立，十分美观。顺昌一带成年畲族妇女，头上戴铜簪冠，铜簪多者达120根，少者也有60~70根，似扇状，用红布条及串小圆珠绕在头上。政和、光泽等地老年畲族妇女则把头发盘卷起来，再用黑布束成筒状，显得清爽大方（图3-249~图3-251）。

二十三、东乡族

（一）东乡族概况

东乡族是公元14世纪后半叶由聚居在东乡的许多不同民族融合而成的，主要聚居在甘肃省临夏回族自治州境内洮河以西、大夏河以东和黄河以南的山麓地带，其余分别聚居在和政县、临夏县和积石山保安族东乡族撒拉族自治县，在甘肃的兰州市、定西市和甘南藏族自治州等地，还散居着一小部分东乡族。中华人民共和国成立后，部分东乡族从甘肃迁徙到新疆居住。根据2010年第六次全国人口普查统计，东乡族总人口数为621500人。

东乡族民族语言属阿尔泰语系蒙古语族，没有本民族的文字，大多数东乡族都兼通汉语，汉文为东乡族的通用文字。东乡族是中国十个全民信仰伊斯兰教的少数民族之一，信仰伊斯兰教逊尼派。东乡族开斋节又称"尔德节"，是东乡族民间的传统节日。按伊斯兰教规定，伊斯兰教历每年9月是斋戒月份，这一月的开始和最后一天，均以见新月为准，斋期满的次日，即为节日，因此，它既是民族节日，也是宗教节日。

东乡族一般是一家一院，房屋坐北向南，四合院是理想的住家，以北房为上房。房屋有土房、瓦房、楼房、窑洞等。随着时代的发展，东乡族的住房发生了重大的变化，大多数人家盖有砖木结构的瓦房，有些家庭盖起了砖混结构的二层楼房。东乡族人在建新房或拆旧房时，一般请阿訇念经驱邪，在新房建成后，全村每户人家都来祝贺讨喜，主人则要宰鸡宰羊款待客人。

东乡族每个月都有节日，过了年逐月轮换，这和宗教信仰有着密切的关系。东乡族的四大节日：开斋节、古尔邦节、尔德节、阿守拉节，都来源于伊斯兰教。

东乡族的传统宗教节日，即伊斯兰教的阿术拉节，每年农历三月十一日举行。东乡族阿术拉节是妇女和儿童的节日，届时，各家主妇轮流主持。按照古规，男人们只举行一个简单的祈祷仪式后即走开。节日里吃一种东乡语叫"罗波弱"的肉粥，寓有对当年五谷丰登的祝愿。

（二）东乡族服饰文化

东乡族男子多穿宽大的长袍，束宽腰带，腰带上挂荷包、鼻烟壶和眼镜盒等物，头戴白色或黑色平顶软帽，一般用灰色或黑色布缝制。老年人喜穿长袍和"仲白"。除用黑布、毛蓝布缝制的衣裤外，还穿褐褂。褐褂系用东乡族自制的褐子缝制而成。褐子有深棕色、米黄色、黑色、白色四色，都是羊毛的本色，坚固耐用。褐褂分长、短两种，短褐褂一般日常生活、劳动时穿，长褐"褂则"，给人一种庄严朴素之感。由于"仲白"是上清真寺聚礼和婚嫁、丧礼或探亲访友时的礼服，必须经常保持洁净，若不慎被秽物污染，要立即清洗干净。东乡族男子以前多穿宽大长袍，束宽腰带，携带20~23厘米的小刀及钱袋等。绣"鞑子花"的裤带多在探亲访友或上清真寺做礼拜时穿。20世纪60年代，褐褂的式样改为时尚的中山装。"仲白"是东乡族男子喜穿的一种礼服。"仲白"的样式类似维吾尔族的袷袢，是一种小翻领对襟长衫式的外套，用黑色、灰色或白色布料缝制而成（图3-252~图3-254）。

中老年人到清真寺做礼拜，一般头上爱戴一种名叫"台丝达日"的缠巾，通常用白纱、黄纱或白绸、黄绸制成。20世纪40年代，东乡族妇女服饰发生了较大的变化。服装颜色趋向单一，大多用黑色、蓝色或藏青色的布料制成，有的青年妇女着红色、绿色上衣长及膝盖，十分宽大，大襟开在右边，袖长至腕。袖口约13~16厘米，有的还在上衣外面加一件齐膝的布坎肩。下穿拖至脚面的长裤，裤管约23厘米。冬季穿棉袄、棉裤，式样与单衣同，严寒时节也有穿皮袄的。东乡族妇女因受宗教影响，一般都戴盖头。自民国以后至今，盖头仍长至腰际，头发全被盖住只露出面孔。这是因为伊斯兰教教义规定，妇女的头发是羞体，需要遮掩（图3-255、图3-256）。

东乡族的民族服饰与其他少数民族服饰的不同主要

图3-252 东乡族青年男女服饰

图3-253 东乡族男子传统服饰

图3-254 东乡族粉红缎女夹上衣

图片来源：中国织绣服饰全集编辑委员会. 中国织绣服饰全集5 少数民族服饰卷（上），天津人民美术出版社

图3-255 东乡族绿缎女袍

图3-256 东乡族红缎绣花裤

图片来源：中国织绣服饰全集编辑委员会. 中国织绣服饰全集5 少数民族服饰卷（上），天津人民美术出版社

表现在头饰上。男子一般戴白色或黑色的无檐小帽，称"号帽"；妇女一般戴丝、绸制成的盖头。青年妇女头戴黑色"昂处"（一种帽子），其特点是帽子的后面留有一个束口，帽檐上穿着一根丝线，丝线两头挽有丝穗，戴上帽子，束好束口，然后再把穗子别在两鬓。中年妇女戴青色的，年老妇女戴白色的。盖头一般要长到腰际，头发全部被盖住。现在一些参加工作的年轻妇女，为了劳动和工作方便已不再戴盖头，而喜戴一顶白色小帽。东乡族男子不喜留长发，但习惯留胡须，这与回族、保安族和撒拉族等信仰伊斯兰教的民族不一样。青年妇女喜戴银耳环、银手镯。姑娘出嫁时，还佩戴头饰、胸饰、银制牙签、圆形银牌，若家境不好，可向富人家借用，待新娘第一次回娘家时归还原主。如今，新娘只在头上及胸前插几朵绢花，很少佩戴头饰和胸饰。东乡族妇女的发式与服饰随着年龄与时代而变化。女孩幼年时头发周围剃一圈，中间平分，梳两条小辫。8岁开始留发，梳成一条辫子，结婚后挽发髻，戴一白帽，外罩盖头。至今有些青年妇女多喜戴筒状白帽，身着时装。此外，东乡族人还普遍喜好戴"烟黄"色天然水晶石磨的墨镜和茶镜。这一习俗可能因其常年居住在海拔2000米的山区，光照和紫外线强烈，尤其是冬季雪后阳光耀眼，人为保护眼睛而形成的。

二十四、土族

（一）土族概况

土族，是中国人口比较少的民族之一，土族主要聚居在青海互助土族自治县。青海的民和、大通两县以及甘肃的天祝藏族自治县也比较集中，其余的则散居在青海的乐都、门源、都兰、乌兰、贵德、共和、西宁和甘肃的卓尼、永登、肃南等地。根据2010年第六次全国人口普查统计，土族总人口数为289565人。土族有着悠久的历史。由于没有系统的文字记载，民间传说在各部土族中又相互歧异，族源问题至今尚无定论。归纳学术界的说法，大致有蒙古人说、吐谷浑（霍儿人）说、蒙古人与霍儿人融合说、阴山白鞑靼说、沙陀突厥说、多源混合说等。

土族语言属阿尔泰语系蒙古语族，国家在1979年为土族人民创制了以拉丁字母为基础、以汉语拼音字母为字母形式的土语文字。土族基本上是全民信仰藏传佛教，其次还有少数萨满教和道教。

元代以前，土族主要从事畜牧业，食物结构相对单一，以肉类、乳品为主，还食用青稞炒面。元明以后，土族逐渐转向农业经济，饮食则以青稞、小麦、薯类为主。土族的蔬菜较少，平日多吃酸菜，辅以肉食，爱饮奶茶，吃酥油炒面。每逢喜庆节日，土族人民必做各种花样的油炸食品和手抓大肉（猪肉）、手抓羊肉。土族人民十分注重饮食卫生，用饭时每人都有固定的碗筷。土族人民喜欢饮酒，酒在其饮食中占有很重要的地位，并形成特有的酒文化，酿酒已经成为土族地区重要的产业之一。

土族建筑特点突出。在农村，土族一般以村落的形式聚居，习惯将房屋依山傍水而建。房屋的围墙较高，墙内两面或三面建有房间，多以三间为一组，少数富裕人家则建有四合院。房屋为土木结构，屋顶平展光滑，上面可储放粮草。

一年一度的"纳顿"是民和县土族人民喜庆丰收的节日，因为纳顿的狂欢起自农历七月，故也称为"七月会"。"纳顿"是以各个村社为主体的群体活动，从夏末麦场结束时，一直持续到秋天，历时近2个月，所以有人称之为"世界上最长的狂欢节"。"纳顿"可由一村单独举行，亦可由两村联合举行，一村充当"主人"，而另一村为客人。当两村男性村民排成长列，扛着各色彩旗，敲锣打鼓地来到麦场时，"纳顿"的序幕就被拉开了。首先开始的是会手舞，这是由四五十人参加的大型舞蹈，会手们按老幼顺序排列。舞在最前面的是身着长衫，手执扇子的老人，他们往往是纳顿的组织者和纳顿舞蹈的传人。手持各色彩旗的年轻人和拿着柳条的孩子们依次跟在后面，队伍显得欢腾而壮观。在舞蹈的同时，主方不停地用大海碗给会手们敬酒，以此助兴，喜庆和欢乐的高潮一浪高过一浪。

（二）土族服饰文化

土族服饰在继承其主体先民吐谷浑和汉族服饰习俗的同时，又受藏族等周边民族文化的影响，在这种族际互动过程中，形成了具有很强包容性的文化特征，使得汉族、蒙古族、藏族的文化要素都能在土族文化中兼收并蓄，被积极地加以利用和整合，在与周边不同民族文化的调适中形成了独具特色的风貌，体现了其服饰文化经过文化调适和重组后与现代社会的

图3-257 土族男服

图片来源：南京云锦博物馆藏

图3-258 土族花袖衫

图片来源：北京服装学院民族服饰博物馆藏

逐步适应状态。土族服饰的另一显著特点是在服饰色彩上，以鲜艳明丽、对比强烈的色彩运用法则，体现出独特的审美意识（图3-257、图3-258）。

土族服饰按地域大致可分为两类：三川土族服饰和互助、大通土族服饰。

（1）民和三川地区：土族男性青年一般穿对襟上衣，外套青蓝坎肩，头戴礼帽，下身穿大裆裤，腰系两头绣花的腰带，脚穿黑布鞋。老人穿长袍衫子，外套袖长腰短的黑色马褂。头戴青布缝的六牙子圆帽，顶部缩着结，土族语叫"秀秀"。脚着虎头鞋，白布袜子。妇女穿绿色大襟夹袄，夹袄边沿镶黑布边或花边，下身穿绯红百褶裙，土族语叫"科儿磨"，裙子叠成半开的扇子形，前边和周围以黑布或花卉图案镶边，另系一条红色、绿色、蓝色等色布套做的梯形围裙，土族语叫"奄哥"。腰前衣内系花围肚，脚穿翘尖的绣花鞋。凡结过婚的妇女将头发盘成髻，土族语叫"商图"，头戴黑纱巾。耳戴银质耳环和各种穗子精制的耳坠。在穿着打扮方面老年女性与中年女性基本上一样，只是有花色与素色区别，其中戴银耳环者以青年妇女居多。

（2）互助和大通地区：土族服饰与民和三川地区土族的服饰不同。过去，互助和大通地区土族男子除了戴毡帽外，还戴一种礼帽，形似清朝帽，土语称"加拉·莫立嘎"。"加拉"即红缕穗，"莫立嘎"即帽子，此帽的形状如蘑菇状毡坯，下檐翻上即是。夏帽边沿饰黑绒布，冬帽边沿饰黑羔羊毛，帽顶连红缕穗。互助土族地区男女的另一种头饰是毡帽，毡帽是以绒毛拼制成蘑菇状，然后将下檐翻上即是。女式多为棕色的，也有白色的，翻檐高而

图3-259 土族妇女的"吐浑扭达"

图3-260 土族妇女耳饰

图3-261 土族传统女服

图片来源：臧迎春. 中国少数民族服饰，五洲传播出版社

图片来源：中国织绣服饰全集编辑委员会. 中国织绣服饰全集5 少数民族服饰卷（上），天津人民美术出版社

平，周围饰以黑绒布、织锦以及金丝花边，也有在后部中央织一白色圣贤魁子的，此帽通称"拉金锁"毡帽。中年以上妇女的帽檐一般不太高，只用黑布或平绒等镶边，显得朴素持重。男式毡帽多为白色，也有黑色的，翻檐前低后高，周檐或饰织锦、黑绒布及素色花边，或不饰边。依其形状一般习惯地称之为"鹰嘴啄食"毡帽。另外，男子们还戴瓜皮单小帽等（图3-259~图3-261）。

土族人的民间刺绣工艺很有名，图案讲究，美观大方，朴素耐用。通常有"五瓣梅""石榴花""云纹花""寒雀探梅""孔雀戏牡丹""狮子滚绣球"等。精美的刺绣图案是土族妇女创造的，也是土族传统文化的一个引人注目的标志。

土族青年妇女的古代头饰十分复杂，在互助地区把这种头饰称为"扭达"，可分为以下四种。"吐浑扭达"，形似圆饼，俗称干粮头。这种"扭达"佩戴范围较小，地位较高，是带有特权性质的贵族头饰；"适格扭达"，形似簸箕，俗称簸箕头。这种"扭达"的佩戴范围较广，流行于东沟乡的大庄、姚麻、塘拉和丹麻乡的大部分地区以及台子乡、威远镇、东山乡的部分地区。"适格扭达"是以一种柔软而有弹性的芨芨草做成骨架，再用硬纸或粗布粘糊而成。其正面贴上金银箔纸，再贴上摺叠的五色彩布条，周围镶3厘米见方的云母片，边沿垂吊两层红黄小丝穗，每层20多枚，额部垂吊1道约7厘米长的红丝穗，背面密插数百枚约7厘米长的钢针，闪闪发光；"捺仁扭达"，形似三支箭，俗称三叉头。这种"扭达"的佩戴范围也较小，流传地区仅在五十乡的夏哇台、荷色等地；"加斯扭达"，形似铧尖，俗称铧尖头。这种"扭达"的佩戴范围较广，大致流行在威远镇的红崖、白崖、纳家和东山乡的吉家岭、下李、寺儿等地。上述各种"扭达"的佩戴方法和配饰大致相同。配饰主要有簪子、鬈贴、发托、背盘、项圈、耳坠等。其佩戴方法为先在脑后梳一条大辫子，两鬓各梳一个"猪耳朵"发型，发梢用头绳相系于头顶部。从额部佩一条"丁"字形布条（俗称"笼头"）系于脑后，用"笼头"的另一支布条在头心绾出发髻。将鬓贴（土语叫"那言"）卡在两鬓间，再将一个用牛尾或长发做的半月形发托（土语叫"苏吉日格"）固定在脑后，然后戴上"扭达"，用簪子把"扭达"发髻紧紧地扣在一起，簪子两头挂上一束长约丈许的红头绳，再戴上用五色珠子连在一起的银制大耳坠。颈部佩戴镶有28枚海螺片的项圈。整个头饰显得美丽大方。

土族妇女的鞋饰通称为绣花腰鞋，鞋式分浅鞋、仄子花鞋、勒鞋、花云子鞋、其吉法鞋、翘尖绣花鞋等。鞋比较重，都有长及膝盖的鞋腰，鞋尖处饰有上翘的彩色短穗。后根缝合处有溜根，鞋帮绣有花卉、云纹、菱形等图案，其色彩也似彩虹，线条流畅，协调自然。土族青年还喜欢扎绑带，土族语称绑带为"过加"即"裹脚"的转音。"黑虎下山"是绑腿的一种，这种绑带一半是黑色布或褐料，一半是白料，拼在一起挂里缝制而成，宽约10厘米，长约1.5米。缠腿时，黑色的一边在上，故有"黑虎下山"之称。土族男子穿的鞋都是自制的"羌鞋纱"，它依制作式样的不同分为双楞子鞋和福盖地鞋。双楞子鞋，在两片鞋帮的前部缝合处又加1.5厘米夹条，形成两溜高楞，高楞上蒙漆皮或用线密密错缝，故叫双楞子鞋。福盖地鞋，用剪贴的蘑菇云图案，子母相配，白线锁边，覆盖在鞋的整个前部，故云福盖地鞋。两种款式的鞋帮均要绣上云纹盘线图案或朵朵碎花（图3-262、图3-263）。

土族语"普斯尔"是腰带的总称，它不仅种类、花样多，而且系法各不相同。较普遍的有"达包·普斯尔""托力古尔·普斯尔""木尔格·普斯尔"以及彩绸带和布带等。"达包·普斯尔"是青年妇女尤其少妇回娘家以及喜庆佳节、庙会、物资交流会、花儿会等时必备服饰。它在长30厘米、宽15厘米的料布上绣以各种花卉或盘线图案，然后用8块绣花图案分别缝按在一条绿色宽带的两侧，系时一头吊于臀部，一头缠于腰间。背后看去从脚跟到腋下

图3-262　青海互助土族绣花鞋

图3-263　青海互助土族腰鞋

图片来源：北京服装学院民族服饰博物馆藏

形成鲜丽的百花图案，是青壮年妇女平时的腰带。群众中有"一条腰带胜过加穿一件衣服"的说法。索，土族语，意为项圈，它是用芨芨草扎成圆环，蒙以红布，然后镶铜圆大小圆螺片20余枚制作而成。它与"扭达"等头饰相配，戴在颈上。罗藏，土族语，指土族妇女佩戴在腰带上的铜银制兽头形饰物，上有孔可系一些小佩饰，如"绣花头手巾""加西吉""荷包"等（图3-264、图3-265）。

二十五、阿昌族

（一）阿昌族概况

阿昌族是云南特有的、人口较少的7个少数民族之一，主要分布于云南省德宏傣族景颇族自治

图3-264　土族妇女的前褡袋

图3-265　土族妇女后背的带饰

图片来源：中国织绣服饰全集编辑委员会. 中国织绣服饰全集6 少数民族服饰卷（上），天津人民美术出版社

州陇川县户撒阿昌族乡、梁河县囊宋阿昌族乡、九保阿昌族乡，其余分布于芒市、盈江、腾冲、龙陵、云龙等县。此外在邻国缅甸也有部分阿昌族分布。阿昌族源于古代的氐羌族群，而与南诏、大理国时期的"寻传蛮"有直接的渊源。唐代文献中称为"寻传蛮"的，即是阿昌族和景颇族的前身。根据2010年第六次全国人口普查统计，阿昌族总人口数为39555人。

民族语言为阿昌语，属汉藏语系藏缅语族，语支待定，有梁河方言和户撒方言两种方言，兼通汉语、傣语等其他民族的语言或方言，无本民族文字，使用汉字。

由于受多元文化的影响，阿昌族的宗教信仰形成了多种宗教并存的状态。其中有自然崇拜、鬼神崇拜、祖先崇拜、小乘佛教、汉传佛教及道教。梁河、芒市、龙陵一带的阿昌族，受汉族的影响，以信仰原始宗教、祖先崇拜为主。梁河阿昌族原始宗教的核心是万物有灵。他们认为自然界中的日、月、江、河、大山、巨石、大树等，均有灵魂，都有超人的力量，而神灵也有善、恶之分。他们对太阳神、月亮神、土主神、灶神、火神、树神、巨石、田公地母、战神、狼神、猎神等都要祭祀，其方式、程序、地点均不同，各自都有特定的含义。阿昌族的每个村寨中，均有"庙"或"塞"（与庙性质差不多）供奉神灵。

阿昌先人"孳畜佃种，又善商贾"，已从早期的采集狩猎经济转向"刀耕火种"的锄耕农业。明代，大量汉族迁入，带来了先进的生产工具和技术，改变了阿昌族粗放的耕作方式。他们的农业生产仍以水稻耕种为主，玉米、旱稻、薯类及蔬菜等为辅。除农业生产外，阿昌族人民还普遍饲养家畜，如水牛、黄牛、骡马、猪等，养家禽鸡、鸭、鹅等。户撒阿昌族利用有利的自然条件，掌握了种植草烟的技术，生产的草烟质量较好。他们还擅长稻田养鱼，秋收时，稻谷和鱼一起收获。梁河一带的阿昌族手工业门类有酿酒、榨油，妇女纺织土布并染色，男子编箩筐等竹制生产、生活用品。但大多数为自给自足，很少拿到市场去交易。户撒的阿昌族中还有一些人数百年以来专门从事银首饰加工，他们生产的手镯、银链、银扣、银耳环等造型美观，深受人们的喜爱，有的远销缅甸。阿昌族制造的铁器极负盛名，以"户撒刀"著称于世。

阿昌族饮食以大米为主食，辅以面食，嗜食酸笋、酸菜等食物，也喜食火烧猪肉。户腊撒的"过手米线"、梁河的黄花粑粑及生片石姜等是较有特色的民族风味食品。阿昌族喜欢饮酒，多数人家自酿米酒。已婚妇女大多喜欢嚼槟榔，闲暇时，大家互传槟榔，以牙齿染成黑色为美。

阿昌族多居住在坝区和半山区。村寨一般选择在有阳光、水源充足的地方。典型的阿昌族住房是正房加两纵厢房、一堵照壁的"四合院"。一般为土木结构瓦房或砖木结构瓦房，有的还建砖混结构的平顶房。

阿昌族的歌谣、故事、传说等民间口传文学丰富。它们题材较广泛，有的反映宇宙与万物的起源；有的反映本民族的来源及历史；有的歌颂人民反抗封建统治和压迫的斗争精神；有的赞扬劳动人民的勤劳和智慧等。其文学作品的种类有史诗、故事、歌谣、戏剧、神话传说等。

阿昌族最隆重的民族节日是"阿露窝罗节"。它是根据阿昌族人民的意愿，将原梁河地区阿昌族纪念传说中的人类始祖遮帕麻与遮米麻的民族宗教节日"窝罗节"及陇川户腊撒一带阿昌族传统的小乘佛教"会街节"统一起来的节日，"阿露窝罗节"于每年3月20日~21日举行，节日标志为青龙、白象。从1994年3月20日开始，每届节期，各地阿昌族欢庆节日，各村寨、各支系互派代表，共祝佳节。节日内容丰富多彩，阿昌族不仅向前来参加活动的宾朋展示他们的人才、歌舞、服饰，还举行各种联谊比赛活动，早已突破了宗教的局限，朝着传承民族文化，加强经济交流，促进民族团结、进步的方向发展。

（二）阿昌族服饰文化

从现有文献看世居云南的阿昌族古代服饰，多与狩猎和游牧活动及高寒山区的自然生态相适应，"衣皮服毡""织皮冠之"。从头上的帽子到身上的衣服，都曾用猎物的皮做材料。明代以后，阿昌族服饰有了新的特点。明景泰《云南图经志书》卷五说：云龙州"境内多峨昌蛮，即寻传蛮……散教居山壑间。男子顶髻戴竹兜鍪，以毛熊皮饰之，上以猪牙鸡毛羽为顶饰。其衣无领袖，兵不离身"。这些明显带有游猎特色的服饰，构成了古代阿昌族服饰的基本特征。

　　阿昌族的服饰简洁、朴素、美观。男子多穿蓝色、白色或黑色的对襟上衣，下穿黑色裤子，裤脚短而宽。小伙子喜缠白色包头，婚后则改换黑色包头。有些中老年人还喜欢戴毡帽。青壮年打包头时总要留出约40厘米长的穗头垂于脑后。男子外出赶集或参加节日聚会时，喜欢斜背一个"筒帕"（挎包）和一把阿昌刀，更显得英俊而潇洒。妇女的服饰有年龄和婚否之别。未婚少女平时多着各色大襟或对襟上衣、黑色长裤，外系围腰，头戴黑色包头。梁河地区的少女也喜欢穿筒裙。已婚妇女一般穿蓝黑色对襟上衣和筒裙，小腿裹绑腿，喜用黑布缠出类似尖顶帽状的高包头，包头顶端还垂挂四五个五彩小绣球，颇具特色。每逢外出赶集、作客或喜庆节日，妇女们都要精心打扮一番。她们取出珍藏的各种首饰，戴上大耳环、花手镯，挂上银项圈，在胸前的纽扣上和腰间系挂上一条条长长的银链，此时的阿昌族妇女，全身银光闪闪，风采万千。阿昌族青年男女都喜欢在包头上插饰一朵朵鲜花。鲜花，不仅美观，而且还被视为品性正直、心灵纯洁的标志（图3-266、图3-267）。

　　腊撒地区阿昌族人的衣着民族特色最浓。姑娘爱穿蓝色、黑色对襟上衣和长裤，打黑色

图3-266　阿昌族男女盛装

图3-267　龙川县阿昌族女服

图片来源：云南省博物馆藏

或蓝色包头，有的像高耸的塔形，高达30~60厘米。有的人则用约6厘米宽的蓝布一圈圈地缠起来，包头后面还有流苏，长可达肩；前面用鲜花和绒珠、璎珞点缀。有的人在左鬓角戴一银首饰，像一朵盛开的菊花，上面镶玉石、玛瑙、珊瑚之类。姑娘们还以银圆、银链为胸饰，颈上戴银项圈数个，光彩夺目。阿昌族姑娘还扎腰带，她们叫毡裙，多用自制的线和土布绣制，这与阿昌族人的劳动生活有关。已婚妇女多穿窄袖对襟黑色上衣，改着筒裙，裙与裤成了区分婚否的标志。男子则以包头颜色来区别婚否。一般未婚者打白包头，已婚者打藏青色包头。

高包头是梁河地区已婚妇女特有的头饰，阿昌语称之为"屋摆"。这种头饰用自织自染的两头坠须的黑棉布长帕缠绕在梳好发髻的头上，造型高昂雄伟，足有半米多高将其展开，长达5~6米。据调查，在我国具有包（戴）头饰习俗的众多民族中，阿昌族已婚妇女头饰的高度名列首位。关于它的禁忌甚多，包戴仪式神圣庄重（图3-268、图3-269）。

"挂膀"和"剪花衣"是梁河地区阿昌族人别具特色的衣饰。"挂膀"是一种坎肩式小罩衣，多用黑绸或黑棉布做成，对襟，钉银牌扣，外挂银链、三须、灰盒、针筒、小鱼、耳勺、叉子、戳头棍等银饰物。两排对称的银泡和宽大的银饰扣相衬，银光闪亮，其布局排列近似于古代出征将士的战袍。"剪花衣"的特点是，深色毛质地，长袖无领对襟，钉圆铜扣，

图3-268　阿昌族女子婚头饰

图3-269　阿昌族包头巾

图片来源：北京服装学院民族服饰博物馆藏

前襟和衣服四周均用各种颜色的方形或三角形布片镶缝成几何形图案，中间还夹杂着刺绣花纹图案。这种衣服古朴厚实，做工烦琐，常常由几人合作完成（图3-270）。

梁河地区阿昌族新婚妇女要系条花带子，阿昌语称为"独其萨莱"。花带子用手工抠织而成，上面有狗牙、长刀、骨、瓜子、谷穗、蚯蚓、鸡爪等多种与阿昌

图3-270 阿昌族刺绣拼布镶边女上衣

图片来源：北京服装学院民族服饰博物馆藏

族人日常生活密切相关的动植物花纹图案。每个图案都有一定的含义，如狗牙能消灾辟邪，是狗图腾崇拜的反映；长刀象征开辟新生活；瓜子象征子孙兴旺；谷穗表示五谷丰登。花带子做工精细，艳丽夺目，是新婚妇女必不可少的陪嫁物之一。新婚之日，它作为新娘的特殊标志系于腰间，婚礼后，便由新娘珍藏，待女主人去世后，作为"灵带"（灵魂象征物），接回娘家，祭满7日再归还，由后代妥善保存。另外，喜欢用花作饰是阿昌族服饰的特点之一，无论男女都喜欢在头上、胸前、腰部、小腿等处缀饰鲜花或毛绒线花，插戴的鲜花一般为红花、白花、黄花三种，认为红花象征着欢乐，白花象征着纯洁，黄花象征着爱情。

二十六、塔吉克族

（一）塔吉克族概况

塔吉克族主体在中亚，主要分布在塔吉克斯坦、乌兹别克斯坦等国和地区，中国境内的塔吉克族主要聚居于新疆塔什库尔干塔吉克自治县。塔吉克族为塔吉克斯坦的主体民族，占其总人口的80%，根据2010年第六次全国人口普查统计，中国境内的塔吉克族总人口数为51069人。

塔吉克族根据帕米尔高原有山、谷、水的地理特点，利用帕米尔牧草丰茂，水源充沛的自然条件，在高山牧场上放牧牲畜，在低谷农田中种植庄稼，形成了农牧结合，以畜牧业生产为主，兼营农业的格局。牧业生产和广种薄收的农业经济形成了村落零散的状态，户与户之间距离也较远。塔吉克人每年春天播种青稞、豌豆、春小麦等耐寒作物，初夏赶着畜群到高山草原放牧，秋后回村收获、过冬，周而复始，过着半游牧半定居的生活。

塔吉克族属欧罗巴人种印度地中海类型，民族语言为塔吉克语，包括色勒库尔语和瓦罕语两大方言，属印欧语系伊朗语族帕米尔语支。历史上，塔吉克人曾信仰过祆教、佛教等

多种宗教，这两种宗教文化至今在塔吉克族中还有遗存。约10世纪，塔吉克族开始信仰伊斯兰教。公元11世纪在著名的塔吉克诗人和伊斯玛仪派的传教士纳赛尔·霍斯鲁的劝说下，开始遵奉伊斯兰教什叶派的一个支派——伊斯玛仪派。塔吉克族的宗教活动较少，清真寺也很少。除部分老人每天在家中做两次礼拜外，一般群众仅在节日进行礼拜。

塔吉克族牧民的饮食以奶类、肉类和面食为主；农民则以面食为主。牧民善于制奶品，如酥油、酸奶、奶疙瘩、奶皮子等。食物以煮食为多，以"抓肉"（清炖羊肉）、"显尔该仑起"（牛奶煮米饭）、"显尔台力提"（牛奶煮烤饼）等为上好食品。爱饮红茶。茶煮开后，常加牛奶，做成奶茶。

塔吉克族的村庄里，大都是正方平顶、木石结构的房屋。墙壁多用石块、草皮砌成，厚而结实。顶部架树枝，抹上拌有麦草秸的泥土。门向东开，一般靠近墙角。顶部中央开天窗，通风透光。院墙以内最大的住屋被称为"赛然依"，另有牲畜棚圈和厨房，有的还有客房和库房。牧民夏季上山放牧，多住毡房，或在牧场筑土屋。

塔吉克族特有的乐器有"纳依"（用鹰翅骨做的短笛）、巴郎孜阔木（弹拨的七弦琴）、热朴甫（弹拨的六弦琴）。塔吉克族舞蹈形式多样，有鹰舞、习俗舞、模拟舞、傀偏舞和歌舞戏等，其中以鹰舞最为著名。

塔吉克族以古尔邦节、肉孜节和圣纪节为三大主要节日。此外，还有独具特色的肖公巴哈尔节（迎春节）、皮里克节（灯节）、祖吾尔节（引水节）、铁合木祖瓦斯提节（播种节）等。

（二）塔吉克族服饰文化

塔吉克族服装以棉衣为主，没有明显的四季更换的服装，这些都与帕米尔地区的高寒气候有关，妇女的服装比较讲究，特别是年轻的女性，塔吉克族的服饰具有鲜明的民族特色。

塔吉克族男子服装样式与新疆地区其他民族基本相同，男子平日爱穿衬衣，外着无领对襟的黑色长外套，冬天着光板羊皮大衣。体魄健壮的塔吉克族青年与老人，都有套皮装。皮装式样宽松、得体，形式是封襟、交领、无扣，不开衩、袖长过手指、衣长过膝的外制外衣。寒冬岁月，塔吉克族男子披一件光皮大衣，穿皮长裤，戴一顶羊羔皮帽，镶饰一条宽不盈寸、长度仅10厘米的花纹，边缘镶一条阔花边。遇到风沙拉下帽檐遮住面颊、双耳，实用性很强，美观又富有立体感，不仅防寒，还是一件手工艺品。夏季，为适应高山多变的气候，塔吉克族人也穿皮装或絮驼毛棉大衣（图3-271~图3-273）。

妇女平时穿连衣裙，并穿长裤，夏季在裙外加一背心，冬天外罩为棉祆祥。老年妇女一般穿蓝、绿花色的连衣裙，年轻女子穿红、黄花色的连衣裙。女子服饰有年龄和已婚、未婚之分，已婚妇女外出时常系三角形绣花腰带，臀后带围裙。服饰也反映家庭的经济情况。中华人民共和国成立前，经济条件富裕的家庭，女性多穿绸缎，洁白的纱巾从头上披垂而下，差不多接近脚跟，四季服装各不相同；家庭条件不富裕的女性一般只穿布裙、土布做的背

图3-271 塔吉克族
男子服饰　　图3-272 塔吉克族青年男子服饰　　图3-273 塔吉克族男女服饰

图片来源：中国织绣服饰全集编辑委员会. 中国织绣服饰全集5 少数民族服饰卷（上），天津人民美术出版社

心和袷祥。目前，各色绸缎条绒和
花布已成为塔吉克民族女性服饰的
基本衣料，土布已逐渐被淘汰，普
遍使用缝纫机制作衣服，服装也有
了明显的季节变化，人们已从保
暖到讲究服装的款式和色泽（图
3-274、图3-275）。

"库勒塔"帽是塔吉克族妇女
服饰区别于其他民族妇女服饰的重
要特征和标志。塔吉克族妇女人人
都有一顶或几顶这种带耳围而又厚
实的圆顶帽。塔吉克族谚语说"女
人要有一顶好帽子，男人要有一个
好名声"，可见帽子对于塔吉克族
女性是多么重要。"库勒塔"帽顶
部和四周以白布做底，上面绣满了
塔吉克族妇女喜爱的图案，色彩艳
丽夺目。帽后部稍长，这样可护住

图3-274 塔吉克族妇女服饰　　图3-275 塔吉克族女服

图片来源：中国织绣服饰全集编辑委员会. 中国织绣服饰全集5 少数民
族服饰卷（上），天津人民美术出版社

颈部。缝制"库勒塔"帽是塔吉克族妇女传统手工工艺，姑娘们从小就开始学习缝制"库勒塔"帽。塔吉克族少女爱戴用紫色、金黄、大红色调的平绒布缝制的圆形帽冠。帽檐四周饰金、银片和珠饰编织的花卉纹样。帽的前后檐垂饰一排色彩鲜亮的串珠或小银链，戴耳环或银扣项链，胸前佩戴"拉斯卡"的圆形银饰，晶莹透亮。冬季戴绣花棉帽，帽后缀有棉簇，遮住双耳和后颈部位，外形美观又保暖。外出时再披上红色大头巾，不仅包住帽冠，连双肩前胸都能包住。塔吉克族男子大多戴黑绒布制成的绣着花纹的圆形高筒帽。夏季塔吉克族男子戴用白布缝制刺绣的圆帽。青少年则戴同样的白色帽，显得更加富有活力（图3-276）。

塔吉克族老年妇女留一条长辫，不佩戴饰物；中年妇女留鬓发，长与耳下垂齐，也梳一条发辫；新婚妇女梳4条长辫，辫子上各佩戴一排大的白色纽扣或银圆等做装饰，这是已婚的标志；未婚的姑娘们爱梳辫发，美丽的绸带是辫梢的装饰物，显示出发式美观、俏丽、多姿。

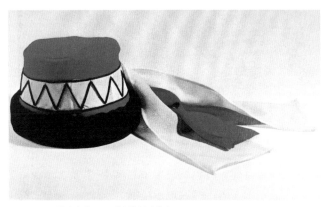

图3-276　塔吉克族男子"卡勒帕克"帽

图片来源：中国织绣服饰全集编辑委员会. 中国织绣服饰全集5 少数民族服饰卷（上），天津人民美术出版社

塔吉克族妇女不仅重视胸前、领、袖口的装饰，还特意装饰身后，组成衣饰的整体协调。不同样式的精心设计，产生的效果也不同，多在身后缀串珠、银圆扣、宝石，串成两条如辫发式的装饰带，光灿闪耀，走动起来飘逸流动迷人心弦。背后的装饰是少数民族人们对于美好生活的憧憬，表现出极其丰富的内涵和鲜明的个性（图3-277）。

塔吉克族不论男女，都穿毡袜和牦牛皮为底、野羊皮为面的长筒软靴，穿靴子时将色彩斑斓的毛袜花边露在外面。另外，塔吉克族还有一种被称为"乔鲁克"的靴子，适于攀山路。在平原生活的塔吉克族人穿的鞋与维吾尔族的鞋相近。

图3-277　塔吉克族女服

二十七、乌孜别克族

（一）乌孜别克族概况

乌孜别克族主体在中亚，主要生活在乌兹别克斯坦、哈萨克斯坦、吉尔吉斯斯坦、塔吉克斯坦、土库曼斯坦、伊朗、阿富汗等国家，中国境内的乌孜别克族散居在新疆维吾尔自治区许多县、市，其中大部分居住在城镇，少数在农村。乌孜别克族是乌兹别克斯坦的主体民族，占其总人口的78.8%，根据2010年第六次全国人口普查统计，中国境内的乌孜别克族人口数为10569人。

在19世纪中叶以前，乌孜别克人绝大部分从事商业。有的组成商队，赶着数以百计的骆驼、骡、马往来于中亚各地和新疆之间；有的就在南疆和北疆之间贩运牲畜和农畜产品。19世纪末叶以后，随着新疆地区商业经济的发展，从事商业活动的乌孜别克族开始出现了坐商、行商和小商贩的分化。乌孜别克族手工业比较集中和发展的地区是莎车，其中绝大部分是丝织业。以畜牧业为主或兼营牧业的乌孜别克族为数较少，主要分布在新疆北部的木垒、奇台、新源、昭苏、巩留、特克斯、尼勒克、伊宁和塔城等地，为牧主放牧。这些地区的乌孜别克族牧民大都与哈萨克族牧民杂居在一起，在使用牧场和草场时，经常受到当地哈萨克族牧民的支援和帮助。从事农业的乌孜别克族大多分布于南疆的喀什、莎车、巴楚、阿克苏和北疆的伊宁等大城市附近。在城市和农村，乌孜别克族人民与新疆各族人民交往频繁，和维吾尔族、哈萨克族人民的关系尤为密切和融洽。各民族之间生活和文化的相互影响已经逐渐形成了许多彼此相似甚至完全相同的特点。

乌孜别克族民族语言为乌孜别克语，属阿尔泰语系突厥语族葛逻禄语支。乌孜别克族很早就信仰伊斯兰教。伊斯兰教对乌孜别克族的文化教育产生了很大的影响。长期以来，乌孜别克族的青少年主要受宗教教育。旧中国的一些乌孜别克族学校实际上是宗教学校，被称为"经文学校"。经文学校由宗教职业者毛拉担任教师，以讲授阿拉伯语、《古兰经》和《圣训》为主要课程。

乌孜别克族一日三餐，用餐时，长者居上座，幼者居下座。许多食物可用手抓食。现代乌孜别克族人吃饭大都改用筷子和匙子，但有些妇女和孩子，尤其在牧区，仍以手抓食。遵从伊斯兰教在饮食方面的禁忌，吃羊、牛、马肉及其乳制品。馕是乌孜别克族的主食，奶茶也是乌孜别克族人的日常生活中不可缺少的饮料。"纳仁"是乌孜别克族用以款待宾客的佳肴，最富民族风味。逢年过节、婚丧嫁娶的日子，都必备抓饭待客。

南疆气候干燥温和，降水量小，乌孜别克族居住的房子一般为平顶而稍有倾斜的长方形的土房，自成庭院。这种土木结构的房屋墙很厚，冬暖夏凉。北疆伊犁地区的乌孜别克族房屋都是土木结构。北疆地区冬季寒冷，房屋墙壁厚实，一般比较高大宽敞，屋顶取平面略有坡度，覆草泥顶。北疆牧区乌孜别克族牧民春夏秋季住毡房。毡房高约3米左右，占地二三十平方米。用柳木杆纵横交错连接成栅栏，围成圆形。上部呈穹形，以撑杆搭成骨架。撑杆下端略弯与栅栏相接，上端插入天窗盖的圆圈内。外部全用毛毡覆盖，用皮绳加固。通风透亮依靠天窗，上用一块活动毛毡覆盖，可随时启闭。冬季则多住固定的土屋或木屋。

乌孜别克族的民间音乐曲调婉转悠扬，一般速度比较急促，演出的形式主要是独唱，有的歌手自奏自唱，表达情感十分自如。民歌歌词内容极其广泛，具有浓郁的生活气息。乌孜别克族的舞蹈以优美、轻快、多变著称，快速旋转时双臂动作均在腰部以上，舞姿舒展、爽朗，以单人独舞的形式较多。传统的手鼓舞具有十分别致的风格。

乌孜别克族主要节日有"圣纪节""肉孜节""古尔邦节"等。传统节日与当地其他信奉伊斯兰教民族的节日基本相同，以肉孜节和古尔邦节为一年之中最隆重的节日。过"肉孜节"前的斋月里成年人都要封斋，吃斋饭时，亲友邻里要互相邀请，如有客至，主人要热情款待。古尔邦节要屠宰牛羊炸油饼，吃手抓肉和抓饭以及民间特有的风味食品"那仁"。每年春季，乌孜别克族还要举行"苏麦莱克"仪式，届时以村为单位，大家自带各种生食品集中在一起，用一口大锅熬熟后共餐。在此过程中，人们聚在一起进行歌舞娱乐活动，预祝风调雨顺、人畜两旺。

（二）乌孜别克族服饰文化

乌孜别克族男子的传统服装外面是一种长度过膝的长衣。长衣有两种款式，一种为开襟、无衽，在门襟、领边、袖口上绣有花边。衣服上有各色花色图案，精致美丽。另一种为斜领、右衽的长衣，类似维吾尔族的"袷袢"。腰束三角形的绣花腰带，一般年轻人的腰带色彩都很鲜艳。内里穿有衬衣，白色套头式，圆立领，在领边、袖口、前襟开口处都绣着红、绿、蓝相间的几何纹等彩色花边图案。男子有时在衬衣外罩坎肩，坎肩的样式有无领、无袖、无扣，胸前绣上大朵带枝花。青年人的坎肩用鲜艳的颜色，如黄底蓝花等。老年人坎肩则多用黑色。乌孜别克族的下装一般着黑色长裤。老年人爱穿黑色长衣，腰带的颜色也偏于淡雅。乌孜别克族对长衣的布料十分讲究，过去多用"伯克赛木绸"（一种质地厚软的绸料）或金丝绒，现在也用各种质地优良的毛料（图3-278~图3-280）。

乌孜别克族女子多穿被称为"魁纳克"的宽松而多褶的连衣裙，色彩浓丽鲜艳。连衣花裙多为开领，宽大而多褶，无腰带。青年人多穿黄色等艳丽色彩裙，胸前绣有各样的花纹和图案，并缀上五彩珠和亮片。老年人则多穿黑、深绿、咖啡等色裙。裙子外面有时罩长外衣，长度比裙子要短，只及大腿部，无领、无袖、对襟，下摆的正中和正面两边都开衩，形成两片宽带。襟和宽带的边都绣花。有时，会在连衣裙的外面加上绣花衬衫，西服上衣，下配各式花裙，秀雅不俗，别具风采。有的在连衣裙外再穿各种颜色坎肩，坎肩上也会绣有各种彩珠和亮片，夺目艳丽。夏天妇女穿的布料多为丝绸制成，多选择纯度比较高的色彩。妇女穿的冬装除毛衣、毛裤、棉绒上下衣、呢大衣之外，还喜欢穿价格昂贵的狐皮、羔皮、水

图3-278 乌孜别克族
男服

图3-279 乌孜别克族
女服

图3-280 乌孜别克族妇女祅袍

图片来源：中国织绣服饰全集编辑委员会. 中国织绣服饰全集5 少数民族服饰卷（上），天津人民美术出版社

獭、旱獭等制成的上衣，更显得气质高雅，雍容华贵。

乌孜别克族是爱美的民族。他们除了服饰精美之外，配饰也是比较考究的。妇女喜欢把自己打扮得华贵典雅，戴的首饰质料考究，她们将金、银、珠、玉、绒、绢精工制成的簪、环、花，错落有致地戴在头上，再配上精美玲珑的耳环、金光闪烁的项链、戒指，动起来珠光翠影，美丽动人。不论男女春、夏、秋季一般戴被称为"朵皮"的小花帽，穿长靴。

（1）花帽：乌孜别克族的花帽有十几种，不论男女，都爱戴各式各样的小花帽。花帽一般为硬壳、无檐、圆形或菱形，带棱角的还可以折叠。花帽布料采用墨绿、黑色、白色、枣红色的金丝绒和灯芯绒，帽子顶端和四边绣有各式各样的几何纹样和花卉图案，做工精美，色彩鲜艳，是乌孜别克族传统的手工艺品。著名的花帽种类有"托斯花帽"，白花黑底，风格古朴雅致；"塔什干花帽"，源出中亚塔什干，一般色彩鲜艳，对比强烈，戴在头上显得很有生气；"胡那拜小帽"，图案精美，久负盛名。乌孜别克族对戴花帽十分讲究，戴法和维吾尔族不一样。乌孜别克族基本上没有红色和黄色花帽，青年人和老年人都爱戴托斯花帽，有时戴白色绣花的花帽。妇女戴花帽时，常在小帽外再罩上薄如蝉翼的花色纱巾，别有一番娇美风韵。按传统习惯，乌孜别克族妇女从结婚那天开始就必须戴上面纱（乌孜别克语称之为"赫瓦兰"或"帕兰结"，意思是将全身遮盖）。这种面纱的脸部那块是用马鬃织的，便于通风、透光。不过，现在揭下面纱的妇女已经越来越多了（图3-281~图3-283）。

（2）长靴：传统上乌孜别克族男女都喜爱穿皮靴、皮鞋。长靴外面还常穿胶制浅口套鞋，进屋时就脱下套鞋，十分干净卫生。妇女穿的"艾特克"靴，上面绣着各种图案，以二方连续和单独纹样为主，是做工精湛的手工艺品。艳丽的长裙配上绣花长靴，更加显得妇女身材修长窈窕，美丽多姿（图3-284）。

图3-281 乌孜别克族妇女服饰　　图3-282 乌孜别克族姑娘服饰　　图3-283 乌孜别克族姑娘服饰

图片来源：中国织绣服饰全集编辑委员会. 中国织绣服饰全集5 少数民族服饰卷（上），天津人民美术出版社

二十八、德昂族

（一）德昂族概况

德昂族，也称"崩龙族"，是中缅交界地区的山地少数民族，主要居住在中华人民共和国与缅甸联邦共和国交界地区，是一个典型的大分散小聚居的民族，分布范围非常广，中国一侧主要分布在云南省德宏、保山、临沧等3个地州9个县市；缅甸一侧主要分布在掸邦、克钦邦等地。根据2010年第六次全国人口普查统计，德昂族总人口数为20556人。

图3-284 乌孜别克族女靴

图片来源：中国织绣服饰全集编辑委员会. 中国织绣服饰全集5 少数民族服饰卷（上），天津人民美术出版社

民族语言属于南亚语系孟高棉语族佤德昂语支，分为"布雷""汝买""若进"三种方言，没有本民族的文字，因长期与傣、汉、景颇等民族相处，许多人通傣语、汉语和景颇语。德昂族是全民信仰佛教的民族。德昂人崇拜天堂、憎恶地狱。

茶不仅是德昂人日常生活中的重要饮品，在他们的社会生活中也有着非常重要的地位。

他们几乎时时、事事都离不开茶。

德昂族的竹楼多依山而建，坐西向东。主要有正方形和长方形两种形式，具有对称、和谐、严谨、庄严的美学特征。比较典型而普遍的是以德宏地区为代表的一户一院式的正方形竹楼。

德昂族文学以口头的民间文学为主，传统的民歌、神话、传说、故事占很大比重。民歌中情歌比较发达。青年男女交往、恋爱，大都离不开以歌传情。德昂族喜好的乐器一般是象脚鼓、铓、钹、磬、葫芦笙、萧、小三弦、口弦等，多在唱歌和"串姑娘"时使用。德昂族有在重大节日中跳舞的风俗，水鼓舞是德昂族独有的民族舞蹈，德昂语叫"嘎格楞当"，多在喜庆时举行。舞蹈时，将鼓挎在脖子上，鼓在身前，边敲边跳，大铓、大钹伴奏。鼓声深沉、庄重。

图案雕刻是德昂族民间艺术的另一表现形式，在腰箍、耳坠、银手镯等装饰品及银烟盒、衣服等生活用品上雕刻绘制的图案多是对称的双鸟、双虎、花草之类，具有较高的艺术价值。在佛寺里，挂枋、板壁上常见有浮雕，图案多为"二龙戏珠""双凤朝阳"之类。

德昂族信仰小乘佛教，村村寨寨到处是佛寺和佛塔，佛塔造型与傣族佛塔略有不同。也有把小男孩送到佛寺当一段和尚的传统。德昂族还有祭家堂、寨神、地神、龙、谷娘等习俗，届时要杀猪、杀鸡，由祭司画纸龙，众人叩拜，然后一起饮酒野餐，醉酒后相互打骂，发泄平时相互之间的不满。此间不许别人劝阻，直到双方斗得筋疲力尽为止，第二天再相互道歉。

德昂族节日主要有泼水节、关门节、开门节、做摆、烧白柴等。泼水节（当地人称"浇花水"）是德昂族一年一度的传统佳节，时间在每年清明节后的第七天。节日一共有三天。仪式开始这天，德昂群众都穿上节日的盛装，为象征佛祖化身的佛像冲浴，意为缅怀先辈的恩德，预祝来年风调雨顺。第一天只能分别在寨边的井里取水，第二天到山箐里的泉水边取，第三天再到河边取水，先近后远。意为要靠自己的双手开发水源，不要等待大自然的恩赐。泼水有着严格的规定，第一天只能先向佛像浇水，再为佛爷、和尚洗手，不能浇到身上。群众之间更不能相互泼水。第二天一早，男女青年或小孩，提着竹水桶，分别到长老们的家中，为他们洗手、洗脸，意为感谢他们所做的奉献，预祝他们健康长寿。从第三天开始才以花束着水洒在对方身上的方式，相互浇水，而浇水的主要对象又是新婚夫妇，祝贺他们和睦相处，永远幸福。

（二）德昂族服饰文化

德昂族的服饰，具有浓厚的民族色彩。尽管各支系间的服饰有差别，但不论哪个支系的服饰都有一些共同特点，传统服饰以深色为主，总体上是单衣型的上衣下裳。德昂族妇女多穿黑色、藏青色的对襟上衣和手工编织的筒裙，佩戴银项圈、耳筒、耳坠、红绒球等首饰。

德昂族人大都居住在海拔700~1500米的半山坡上，由于其特殊的地理环境和气候，再加上生产条件的限制，多采用吸湿性、透气性较强的棉麻类织物作为其主要服装面料来源。男子多采用的是上衣下裤的着装方式。裹青色或者白色头巾，头巾两端饰以彩色绒球；穿蓝、黑大襟上衣，衣襟旁边一般还饰有彩色绒球，这种色彩绚丽的点装饰与深色的上衣形成了鲜明的对比，但由于面积的恰当分配，又让人感到一种和谐的美。由于经常在山间行走，德昂族男子多穿裤脚宽大的半截裤子，扎青布或白布裹腿。这样的装束既有助于他们缓解炎热天气带来的不便，也使他们免受山间毒虫等的伤害。由于德昂族在历史上曾经是尚武的民族，为了战争的获胜必然要考虑到着装方式。过去男子左耳戴大银耳筒，佩戴银项圈，外出时喜欢带一把长刀，背一个挎包，有铜炮枪的还要扛上枪。这些装束既是他们生活的需要，同时也体现了德昂族人们对美的不懈追求（图3-285、图3-286）。

德昂族女子多是上衣下裙的着装方式。用黑布或者白布包头；穿藏青色或黑色的对襟短上衣，上衣襟边镶两道红布条；用四五对大方块银牌为纽扣；下摆用各色丝线绣上花、草或几何图案。"红德昂"妇女的袖口多拼接大约15厘米的红布，在红布上方的四分之三处还有黑白织线条；"黑德昂"妇女婚后留发，戴黑包头，上衣斜襟，中间饰以红色或白色细线条，多在袖口饰以红色织线。女子下衣最有特色的是筒裙。德昂族妇女的筒裙为手工编织的彩条水波横纹长裙，它上遮乳房，下及踝骨，显得新颖大方，鲜艳夺目。由于德昂族先民

图3-285　德昂族男服

图3-286　德昂族男子头饰

图片来源：中国织绣服饰全集编辑委员会. 中国织绣服饰全集6 少数民族服饰卷（下），天津人民美术出版社

对蛇图腾的崇拜，德昂族妇女筒裙的纹饰很可能与蛇的外形花纹有很大的关系，这也可能是当时人们祈求神保护自身的一种追求。不同支系的妇女筒裙的纹饰有明显的差异。"花德昂"妇女的衣裙织有匀称的蓝红色横条纹，表现出等间隔的反复，给人以高雅、规则、端庄的韵律美，有的镶有四条白色带子，其间插有红色宽布条；而"红德昂"恰好与"花德昂"形成了鲜明的对比，该支系妇女长衣裙的下摆自由分割着一段宽约15~20厘米的火红色横条纹，还有的在红织纹的上面镶有白色或者金色织线，这种看似自由的构成打破了黑色筒裙的沉闷感，而在视觉上打破平衡的偏倚组合更给人一种动感的美；"黑德昂"妇女的长裙上则以蓝黑色为底色，间织着红、绿、白等色的细条纹，这种等形分割形成了严谨的造型特征，视觉上给人一种井然有序的感觉，在裙子的长度上，与其他两个支系相比，裙长稍短（图3-287、图3-288）。

德昂族的头饰和五色绒球饰是其服饰中最具有特色的部分之一。各地区各支系的德昂族男子头饰大同小异，均留短发，通常缠两端饰以各色绒线球的黑色或白色布包头。德昂族认为缠戴包头是成年男子庄严而神圣的事情，所以在传统婚礼上要举行隆重的取戴包头仪式。各地德昂族妇女的头饰略有不同。过去妇女剃光头，裹黑布包头，有的已婚妇女留长发，但现在许多姑娘都蓄发，裹两端坠有彩色绒球的布包头。德宏地区的妇女剃光额前头发，脑后留长发，梳成大辫子，包黑蓝色镶有花边的布包头，将大发辫由脑后缠于包头之上；各地妇女都喜欢戴大银耳坠、耳筒。青年女子的耳筒大多用石竹制作，外裹一层薄银皮，银皮上箍着八道马尾，前端还镶有小镜片；老年妇女多带雕刻精致，并涂有黑红漆的竹管耳饰，显示出德昂族妇女的粗犷之美；德昂族青年男女还有戴银项圈的习惯，有的地区的德昂族姑娘脖子上套着十几个粗细不等的银项圈（图3-289）。

在德昂族服装的配件中，小绒球别具特色。这种绒球先用一小缕毛线扎成球形，再染成红、黄、绿等色制作而成。男子包头布的两端、姑娘的项圈上、男女挂包的四周都要钉上它们。通常，青年男子在胸前挂上一串五色绒球，而姑娘们则装饰在衣领之外，如同数十朵鲜花盛开在她们的胸

图3-287　德昂族女服

图3-288　芒市德昂族女服

图片来源：云南民族博物馆藏

前和颈项间，光彩照人，别有风味。小绒球集中反映了德昂族的审美追求，反映了他们希望自己生活幸福美好的愿景。

腰箍，是德昂族最具特色的饰品，在历经千年的服饰演变过程中，德昂族始终坚守着这一民族文化符号（图3-290）。德昂族的腰箍因民族支系和地域的差异而不同，这样更使这一民族文化的符号呈现丰富的色彩。"花德昂"多采用草藤来制作腰箍，颜色多喜欢天然色，年轻姑娘也常把腰箍染成五颜六色。"红德昂"和"黑德昂"多采用藤篾来制作，藤篾外面还漆上红漆或黑漆。藤篾腰箍大多很细，也有一部分腰箍是用竹片削制成的，腰箍大约一指多宽，上面还雕镂着各种花纹图案。还有一些是用银片或铝丝包裹起来的，晶莹透亮，闪闪发光，显得别具匠心，行走时，腰箍随着双脚的移动而伸缩弹动，叮叮作响。腰箍，通常系十多根至三十多根。它的多少一般与岁数有关，因此，腰箍也是成年女子年龄的表示。另外，德昂族认为姑娘身上佩戴的腰箍越多，做得越精致，越说明这个姑娘勤劳、聪明，有智慧，也表明这个姑娘心灵的美好。腰箍还是青年男女的爱情信物，在青年男女社交中，小伙子为了获得姑娘的爱，往往费尽心思，精心制作有动植物花纹图案的腰箍送给心上人佩戴。

图3-289　德昂族姑娘盛装胸饰

图3-290　德昂族妇女藤腰箍

图片来源：中国织绣服饰全集编辑委员会. 中国织绣服饰全集6 少数民族服饰卷（下），天津人民美术出版社

二十九、珞巴族

（一）珞巴族概况

珞巴族主要分布在西藏，东起察隅，西至门隅之间的珞渝地区，大部分居住在雅鲁藏布江大拐弯处以西的高山峡谷地带，直到20世纪中期，珞巴族社会仍处于原始社会末期阶段，至今还在沿袭。珞巴族依靠祖辈相传的口头传说，延续着自己的文化传统。总人口约60万。其中处于中国控制区的有2300余人。

珞巴族各部落主要从事农业和狩猎，仍以刀耕火种的原始生产方式为主，农业生产工具简单粗糙，种植玉米、龙爪粟、旱稻及其他杂粮，粮食产量很低，且普遍兼事狩猎，捕获到大型动物时，在民族或村落内平均分配。手工业还没有从农业中完全分离出来，但已出现兼事制陶、制造铁器等手工匠人及纺织、编织等家庭副业。珞巴族男女都会编制竹筐、竹席、竹笼和竹绳。这些器物，做工精细，品类繁多，反映了珞巴族物质文化的特点。

珞巴族有自己的语言，基本上使用藏文，珞巴语属汉藏语系藏缅语族。珞巴族传统的生产方式和生活方式，是孕育和诞生珞巴族原始宗教信仰的现实土壤。由于各氏族部落生产环境有所差别及发展不很平衡，价值取向也不尽相同，因而各部落间原始宗教信仰也具有复杂多样的特点。

珞巴族生活习俗受藏族影响较深，日常饮食及食品制作方法，基本上与藏族农区相同。喜食烤肉、干肉、奶渣、荞麦饼，尤喜食用粟米搅煮的饭坨，并喜以辣椒佐餐。蔬菜有白菜、油菜、南瓜、圆根（芜菁）和土豆等。普遍嗜酒，除饮用青稞酒外，还常饮用玉米酒。珞巴族狩猎一般都习惯于用野生植物配制毒药，涂在箭头上射杀野兽。狩猎活动大都是集体进行，猎获的野物一律平分。

珞巴族的传统住房是石木结构的碉房，坚固耐久且具有很好的防御功能。在门上或屋内的墙壁上，画有许多辟邪求福的图案。而墙上挂着的动物头首，既是财富的象征，也是对猎手打猎能力的炫耀。

珞巴族的宗教信仰以崇拜鬼神为主，相信万物有灵，认为人世间一切自然物都是由一种超自然的鬼怪精灵主宰，人的生老病死和灾祸发生都是由鬼怪作祟。他们要祈求鬼神的庇佑，常常要杀牲祭鬼或请巫师念经，施展巫术对鬼怪加以约束。巫教是珞巴族的原始宗教之一。珞巴族认为巫师是唯一可以与鬼通话的人。巫师不是职业宗教者，并不享有超凡权威，在没有宗教活动时，他们依然过着常人的生活：生产劳动、生儿育女。珞巴族的巫师分米剂和纽布两种。巫术是巫师重要而经常性的活动，珞巴族祭祀活动繁多，在大型的祭祀仪式上都有巫术伴同。凡遇天灾人劫、病身瘟疫、失窃、复仇、战斗等，都要举行巫术活动，仰赖巫术力量驱邪惩恶、消灾化吉。在历史上，不断受到灾难侵扰的珞巴族，极其努力地在巫风巫雨中探索寻求精神的解脱。在祈求、招魂、驱鬼、诅咒等巫术活动中，有相当复杂的仪式。巫术除配合一定的行为外，还有表演、歌唱、造型、刻画和一些法器，对珞巴族的神话、歌谣、音乐、舞蹈、绘画、雕塑、服饰，乃至原始科技都产生了重大影响。

"洞更谷乳木"是珞巴族一个隆重的年节，时间在藏历的十二月十五日。经过一年辛勤劳动之后，有庆祝丰收的意思。珞巴族的节庆活动，不仅具有预祝和庆典丰收的性质，另外也有维护人丁兴旺、祛灾保平安的含意。近几十年来，藏汉民族过的节，也成为珞巴族必过的节日。

（二）珞巴族服饰文化

因为地域、环境、气候的不同，以及受外来文化影响的程度不同，珞巴各地区服饰材料、制作技术等方面发展都有所不同，各地区服饰形制也有相应的变化（图3-291~图3-293）。

1. 男子服饰

（1）珞渝腹地和西部、东南部地区的服装：该地区位于海拔较低的峡谷地带，气候较炎热。由于与外界交流的不便利，该地区服饰受外来影响较小，衣服式样还十分简陋，裸露着大部分身躯。珞巴族男女皆蓄长发，额前发剪短齐眉，其余披在肩后。崩尼部落的男子将长发束于额前挽三个髻，再用竹签或木签将其横穿固定；阿巴塔尼部落的男子在额前挽一个髻，用一根竹签或银签横穿将其固定。珞巴族男子戴藤或竹编的帽子，阿巴塔尼、崩尼等部落，无论男女一般都只用一块窄幅条状布，将其围裹上身，长至膝盖上方，袒露一臂（男左女右），接口处用竹签别牢。节庆或走亲访友时，外加一件用土布织成的披风，男子劳动时光着上身，平时多赤脚。只有苏龙等部落以采集、狩猎为生的男子，才会穿上一双类似藏靴

图3-291　戴熊皮毛的珞巴族男子

图3-292　珞巴族青年男子服饰

图3-293　珞巴族传统男服

图片来源：中国织绣服饰全集编辑委员会. 中国织绣服饰全集5 少数民族 服饰卷（上），天津人民美术出版社

的鞋子。

（2）珞渝北部地区服装：该地区海拔较高，冬季有霜雪，与藏族同胞居住区也比较接近，服饰文化受藏族人的影响较大。珞渝北部珞巴族男子身着的外衣称为"纳木"，用自织黑色山羊毛粗氆氇缝成与肩同宽的长方形两个衣片，长及臀下，中间留缝口套头，前后垂于胸前，像是一个大坎肩，腰间以腰带系扎固定，后背还要加披一块小牛皮或山羊皮。用来系扎的腰带制作得特别讲究，以皮革为底，两端各缀有海贝、铁链、小串珠、银币等饰物，还用来悬挂小刀、火镰和其他铜、贝制作的饰物。在珞巴族中，男女都是不穿裤子的。男子下身系的遮羞物，不同的部落所使用的材料也有所不同，有的部落用竹筒、牛角、木片或铜片制作的勺状物；有的用猫皮、藤编织物。现在，年轻的珞巴族男子的穿戴已与老一辈的珞巴族男子大不相同，他们戴用锦缎做面的兽皮帽，帽子颈部披一块兽（图3-294、图3-295）。

2. **女子服装**

（1）珞渝腹地和西部、东南部地区的服装：该地区妇女留长发，额前发与眉齐，其余披散于肩后，也有将长发编成辫子垂于身后的。崩尼部落的妇女戴的头饰很别致，将6厘米长、3厘米宽的金属牌焊接在银质细管上制成发箍戴于头顶，上身用窄幅条状土布裹缠，露出左臂，下着筒裙。该地区妇女大多也穿对襟、无领、无扣、有袖或无袖的短上衣。盛装时妇女在衣外披羊毛织成的披风。珞巴族女子都喜欢佩戴装饰品，每到节日的时候，她们会戴十几串或几十串白、蓝料串成的项饰，加上手镯、耳环以及腰上系的白色贝壳、铜铃、银币、火镰、铁链、刀子等，重量达几斤重，可装满一个竹背筐，这些被视为是其家庭财富的象征。

（2）珞渝北部地区服装：该地区妇女穿麻布织成的上衣对襟或大襟，无领、窄袖，下着

图3-294　珞巴族服饰

图3-295　珞巴族女服

长过膝盖的筒裙再围上围腰。天冷时小腿用腿布包裹，两端再系上带子扎紧固定。年轻的妇女还喜欢披上一件紫红色或大红色的披肩起到美化和保暖的作用。女性一般留长发，不用头饰，前额发剪成刘海，年纪大的妇女也是这种发型。女性同样注意颈部和腰部的装饰，戴上几十串蓝色和白色的项珠串，手腕戴多个银、铜、铁甚至藤制的手镯，以及海贝手圈，耳上也佩戴珠串耳环，有的还用竹管做耳环，腰部系腰带，并挂上钱币和多串海贝以及铜铃、银链，走起路来叮当作响，更增加女性的风韵。

3. 珞巴族丰富多彩的服饰配件

（1）灵雅：珞渝北部珞巴族男子所戴的熊皮圆盔帽。它是珞巴族男子勇武的象征，只有亲手猎获大熊的珞巴族男子才能有资格戴这种熊皮盔帽，以表明他是勇敢的猎手，会受到别人尊重。熊皮圆盔帽用生皮压制而成，帽檐上方套一个长7厘米左右的熊皮圈，帽后缀有27厘米见方的熊头皮，上有熊的眼窝。这种熊皮帽具有实用和装饰的双重价值，除能防寒、防雨外，还有行猎时长发免于被树枝缠挂的功能；同时，熊皮帽有一定的迷惑性，易接近猎物。若是战斗，熊皮帽质地坚韧可起到防御作用。

（2）布怒：在珞巴族人中是十分贵重的一种腰际饰物，是珞巴族妇女的腰际饰物。腰带在珞巴族人的服饰中占有重要地位。珞巴族男女都喜爱系腰带，腰带有藤编的，有皮革制作的，也有用羊毛编织的。常见的是皮底的腰带上缀有二十余根铜质圆扣，两端一行是大的，中间两行略小一些。右端装有细皮条，左端是一个铜质带花纹的花瓣形带扣。系用时把细皮条套在铜扣上即可。腰带上还横着系六七根铁链和各种小件饰物，如小刀、火镰、小铜铃、红色小珠串和叫阿育的铜勺状小链条饰物。

（3）波阶：是佩戴于脖颈上的串珠，是珞巴族博噶尔部落人的装饰品。波阶有长短两种，长的及肚脐，短的至胸部。串珠通常是用一种青蓝色的石料磨制而成，比较坚硬。珞巴族人每人都有几串，节日盛装时可佩戴十几到二十几串，别具民族特点。

（4）约克：是珞巴族人用的小刀，珞巴族男子常将其佩于腰间，并配有皮套，用来削竹篾、剥兽皮、制作用具和收摘谷穗等，也可用来切肉。珞巴族男女自古有文面的习俗，他们在前额、额角、两颧、鼻梁和下颏文上花纹，其花纹多为竖线、斧形和星状，用木炭划后，再用针轻扎，使黑色渗入肤内，永做记号。崩尼部落的男女还有戴鼻环的习俗，在两鼻翼上各穿一孔，戴金属鼻环以作装饰，现在以上习俗已逐步淡化。

三十、保安族

（一）保安族概况

保安族，一个今天人口仅万余人的民族，却如"海之珠"蕴含丰富、复杂的历史。公元1000~1500年的五百年中，突厥人和蒙古人承前启后的崛起、扩张与征服，极大地改变了欧亚旧大陆的族群、文明的传统格局，不仅引发了族群跨欧亚大陆的大迁徙与混血，而且带来了多元文化"四通八达"的大流动与大交融，保安族无疑是这一历史大变局结晶的"活化石"。

保安族是元朝以来一批信仰伊斯兰教的中亚色目人与当地回族、土族、藏族、汉族、蒙古族等长期交往，自然融合而成的民族。保安族有本民族语言，无文字，通用汉语文，语言属阿尔泰语系蒙古语族。

甘肃省境内的积石山是保安族的主要聚居地，它地处黄河上游，甘肃省西南部，属中温带寒冷地区。东南与临夏县接壤，西邻青海循化县，北与青海民和县隔河相望，东北与永靖县以黄河为界。积石山境内云山四围，多样生态并存，多元文化汇集。多样性的生态不仅赋予了积石山县独特的魅力、异彩纷呈的自然景观，同时也造就了丰富的物产资源和独特的区域经济发展模式。水能资源丰沛，动植物资源、矿产资源富饶，耕地面积广阔，经济以农业为主，兼营手工业、商业和畜牧业。

（二）保安族服饰文化

变迁与记忆被刻写在了保安族服饰文化的历史流变中，其中有阿拉伯人、波斯人、突厥人的服饰遗迹，更有蒙古族、藏族与汉族服饰的鲜明特征，体现在保安族商人"藏客"身上的是藏装，"中原客"是汉服，而远足海外的"印度客""日本客"却是西装革履，但在故乡又是"白帽""戴斯塔尔""盖头"。保安族多元的服饰文化展现了其极强的文化适应与包容性，总的来说有以下几个特点。

（1）保安族服饰的价值根基：伊斯兰教的服饰理论。保安族是一个穆斯林民族，伊斯兰教在保安族的历史形成与发展中发挥着文化的轴心作用。白号帽、盖头、长衣服、长裤子是保安族成年人服饰的显著特点。"戴斯塔尔"是信奉伊斯兰教的保安族男子在礼拜或者重要仪式活动中用的丝织头巾，长约300厘米，颜色多白、黄、绿等。号头则多在平日戴，是用棉质或针织做的一种头巾，缠在头上，长短不等，多为灰、白、棕色。

（2）保安族服饰的流变：适应不同生态和人文环境。追溯保安族的历史形成和发展，其服饰文化始终处在变流之中，变化的主要原因是为适应不同的自然生态环境和多元民族的社会文化环境。在早期，保安族祖先的着装，如《旧唐书·西域传》所记载："丈夫剪发，戴白布帽，衣不开襟，并有巾帔。"再如《多桑蒙古史》记载伊斯兰教老人："长髯，冠缠头巾。"早期保安族先民的着装应该与中亚的突厥民族相近，在元朝，受到统治地位的蒙古族服饰影响，早期保安人的长袍，就有蒙古袍的特征。该时期，保安族男女在春、夏、秋三季穿保安语称作"柔拉"的长袍和长衫。大斜领、大斜襟，镶有盘扣，样式像藏袍，又与藏袍略有区别，保安族的长袍较短，长度仅及膝，更便于做礼拜。衣摆镶有氆氇，但颜色不如藏式氆氇鲜艳，多为蓝、灰色。男子也着高领白色短褂，外套"绑身子"或黑色坎肩，腰系红、蓝、绿、桃红等色的丝绸腰带，戴礼帽，裤子为大裆裤。女子除"柔拉"以外，也有在斜襟花衬衫上套夹夹或"绑身子"。夹夹分长、短两种，长的及膝，斜大襟，腰身呈直筒形，襟摆处绣花边或包蓝布边，有的胸部绣花，圆领；短夹夹长75厘米左右，至腹部，斜大襟，黑色布制，花布边子，绣花，圆领，多为年轻女性穿着。保安族妇女务农或做家务时，习惯戴一条裹肚围裙，上绣有花纹，既实用又有一定装饰作用。姑娘喜爱戴"拙拙帽"，褶皱边，圆形、圆顶、布制。帽子左侧缀有一朵布制牡丹花和两条丝穗子。后至清代，保安族迁至以回族穆斯林为主体的临夏地区，其服饰也开始转向回族穆斯林的服饰。男子喜欢戴"号帽"和"号头"，多穿对襟的白衫，圆领，有纽扣，外套黑色布或者绸缎的坎肩，下着黑色或蓝色的长布裤。衣和裤边绣花或以不同的绸缎加边，面料一般为平绒、灯芯绒或其他棉、毛呢等。在节日里，男子穿翻领大襟长袍，系腰带，挎腰刀，足蹬高筒马靴，英武潇洒，继承了民族传统服饰。女子喜欢穿紫红色或墨绿色灯芯绒大襟上衣，衣襟上点缀各种花色纽扣，外套圆领套头式样的红缎坎肩，坎肩短于上衣，下身穿黑色或蓝色长裤。节庆之时，头戴红、绿色礼帽或柔软细薄的绿色绸纱盖头。

（3）男子服饰：保安族的男子，平时喜戴用白布或黑布做的圆顶小帽，俗称号帽；里边穿白衬衫，外面套青布背心（似坎肩），下身着蹬马靴。在喜庆节日时，戴礼帽，身穿黑色翻领大襟长袍，该长袍似"藏袍"，但较"藏袍"稍短，还有不同宽度和不同色彩的"加边"，束彩色腰带，系腰刀。腰带的长度一般都是围腰3圈还须外露30厘米，大约是400厘米到600厘米长。老年人束青黑色，中年人束紫色，年轻人束红、绿色。冬季穿白茬羊皮袄或翻领皮袄，多为褐色面子（图3-296~图3-298）。

（4）女子服饰：妇女平时穿紫红色或墨绿色的大襟上衣，衣襟上点缀各种花色纽扣，外

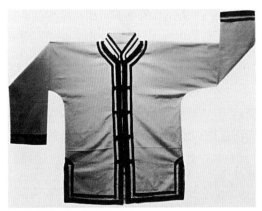

图3-296　保安族男服

图片来源：臧迎春. 中国少数民族服饰，五洲传播出版社

图3-297　保安族紫红织花缎镶边马褂

图3-298　保安族黑色半长棉褂

图片来源：中国织绣服饰全集编辑委员会. 中国织绣服饰全集5 少数民族服饰卷（上），天津人民美术出版社

套圆领套头式样的红缎坎肩，下身穿蓝色或黑色的土布裤子，有的穿过膝的长袍，衣袖和裤边也都有不同花色的"加边"。在喜庆节日里，保安族妇女上身喜欢穿色彩鲜艳的衣服，下身多穿水红的花色裤。

保安族女性常戴盖头，其式样有比较明显的年龄区分。如通常少女戴绿色的，结了婚的女性戴黑色的，老年女性戴白色的。盖头从外形上看似披风帽，通常用柔软的纱绸制作。戴在头上以后能遮住头发、耳朵、脖子，只露出面孔。一般的戴法是先把头发盘在头顶或脑勺后，戴上白色的圆撮口帽，然后再戴上盖头（图3-299）。

（5）腰刀：保安腰刀，一向以刀刃坚韧、锋利著称，它造型优美，线条明快，装潢考究，工艺精湛，不仅是生活用具，也是别致的装饰品和馈赠亲友的上乘礼品（图3-300）。早在清代同治年间，保安族人迁往甘肃大河家地区，途经循化时就向塔撒坡的工匠学会了打刀技术，至今已有一百多年的历史。早期的保安刀是防身用的，式样简单。后经过保安族工匠的不断改进，保安刀在设计、锻打、淬火、镶嵌、砸铆等方面都有了新的发展，并在刀的刀鞘孔里插一根小巧玲珑的紫铜环子，制造出许多精致的腰刀。当今伴随着市场开放，也给保安腰刀打开了销路，商业、外贸部门订货不断。保安族人制作腰刀的工序十分惊人，一把腰刀少则40多道工序，多则要经过80道工序。保安腰刀的制作工艺不仅巩固了保安族的文化根基，也丰富了中国金属工艺的内容。

保安腰刀有二十多个品种，主要有"什样锦""波日季""雅五其""双落""满把""扁鞘""双刀""细螺""哈萨刀""蒙古刀"等，刀面上，分别镌刻着手、龙、梅花等各种图案，这是区别腰刀的不同风格、不同式样的标志。其中以"什样锦"最精巧，最有名气的则推"波日季"。

保安腰刀锋利无比，削铁，刀

图3-299　保安族女子传统头饰

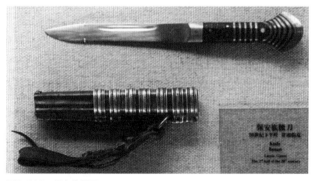

图3-300　保安族腰刀

口不缺，刀刃不卷。削发，把头发放在刀刃上，用嘴轻轻一吹，头发立即就断。然而最引人注目的是腰刀把子。刀把均用什样锦镶嵌而成，图案协调华丽。银白色的刀鞘，包着三道枣红色的铜箍，分外璀璨夺目。刀鞘上端，有个小孔，挂有别致的紫铜环子。拔刀出鞘，刀锋闪闪发亮，寒光逼人。

三十一、侗族

（一）侗族概况

侗族是我国南方人口较多的一个民族。根据2010年第六次全国人口普查统计，侗族总人口数为2879974人。主要分布在三江侗族自治县境内。分布特点是大聚居，小分散。战国至秦汉之际，侗族属于"百越"族群中的骆越支系，隋唐时被称为"僚"。有的史书称之为"峒僚"。唐宋时期，中央封建王朝在侗族先民居住地区建立羁縻州、县、峒，这里的侗族先民被称为峒民。从宋代起，有的学者将今湖南沅江流域的侗族先民称为"仡伶"。明代，"峒民""峒人"或"洞蛮"逐渐成为侗族的专称。清代则多称为"峒民""洞家"或"洞苗"，有的泛称为"苗"。民国时期，已明确成为"洞人""洞家""洞民"或"洞族"。中华人民共和国成立后，统称为侗族。

侗语属汉藏语系壮侗语族侗水语支。侗语分南北两大方言，广西的侗族属于南部方言区。侗族没有自己的文字，通用汉文。

侗族多聚族而居。一个村寨有一个至几个大姓，大寨有五六百户，村庄依山傍水。房屋以"干栏"为主，楼下安放农具、杂物以及喂养牲畜；楼上住人，中为厅堂，两边为火塘，是炊煮和取暖的地方，两头为卧室；三楼为卧室和粮仓。鼓楼是侗族一村寨或一族姓的标志，也是其政治、文化活动的中心。风雨桥是侗寨外面为过河而建筑的桥梁，造型别致。凉亭、石板道、寨门、水井亭、干栏房、鼓楼、风雨桥等建筑群，构成了侗族村寨的特色。

侗族家庭组织为一夫一妻制小家庭，严格实行族外婚。青年男女婚前恋爱自由。结婚时须征求父母的同意。过去姑表婚盛行，中华人民共和国成立后已基本消失。

侗族人民能歌善舞，歌有大歌、双歌、耶歌、琵琶歌等；舞蹈有芦笙舞、踩堂舞、春牛舞和瓠颈龙灯舞等。另外，侗锦、刺绣、银饰、侗布和竹藤编织等，都有鲜明的民族特色。此外，每年三月三侗族会举行非常有趣的传统活动——花炮节。

（二）侗族服饰文化

侗族男子服装为上衣下裤式样，多数地区采用侗族特有的"亮布"进行缝制。上衣一般为立领、对襟。柳州三江八江、良口等地男子穿白裤，绑黑色绑腿，绑腿上部绣有"太阳

图3-301 侗族男子头饰

图3-302 三江侗族服饰

图3-303 侗族女子服饰

纹"的三角形布片。多数地区的男子包头巾，用长长的亮布制成；三江八江地区的男子在头上插锦鸡翎，表现男性的英勇。侗族节日庆典时的芦笙舞极为盛大，因而侗族的芦笙衣非常华丽。芦笙衣一般由上衣和飘带裙组成。每个地区的芦笙衣又有很大的差异。差异最大的三江同乐地区，该地区男子头戴"龙头帕"，身穿长至脚踝、绣有12个太阳和12个月亮的裙子（图3-301~图3-303）。

　　侗族女子服饰按地区划分大致可分为五类，前四类为上衣下裙式样，最后一类为上衣下裤式样。

　　（1）柳州三江八江的女子服饰：柳州三江八江的女子服饰为上衣下裙式样。上衣为蓝色无领左衽短衣，两侧开衩；下着长至膝盖的黑色百褶裙；绑黑色绑腿；比较突出的是银项圈、银发钗和银绒花。

　　（2）柳州三江富禄的侗族女子服饰：柳州三江富禄的侗族上衣为无领对襟短衣，两侧开衩；内穿领部绣有"太阳纹"的胸兜，胸兜下部的三角形比上衣长；下着至膝盖的黑色百褶裙；绑黑色绑腿。年轻人衣襟上的刺绣装饰较多，老年人装饰较少。

　　（3）柳州三江苗江的侗族女子服饰：上衣为无领大襟短衣，下着至膝盖的黑色百褶裙，裙外穿百褶围腰；绑黑蓝色绑腿；颈带排圈，最多可带9个颈圈和项链。因受苗族的影响，项链以蝴蝶纹项链居多。

　　（4）柳州融水的侗族女子服饰：柳州融水的侗族服装分为上衣下裙。上衣有对襟和交领两种式样，领口袖子有花边装饰，内穿胸兜；下着至膝盖的黑色百褶裙，裙外夹百褶围腰；绑黑色绑腿（图3-304、图3-305）。

　　（5）柳州三江同乐的侗族女子服饰：上衣为黑色无领对襟短衣，领口、底摆镶蓝边，两侧开衩。穿领部绣有"太阳纹"的胸兜，胸兜下部的三角形比上衣长；下着黑色长裤。女

图3-304　融水黑地马尾绣女上衣黑棉布百褶短裙

图3-305　同乐侗族女子头饰

子头盘发髻，置于头的左前方或脑后，插头槽或银梳，戴耳环、手镯和项链。侗族中有很多支系穿着裤装，其服装款式与三江同乐相同，只是颜色、花边有所不同。

图3-306　侗族马尾绣翘头绣花鞋

图片来源：北京服装学院民族服饰博物馆藏

　　侗族是一个信仰多神的民族，相信"万物有灵"，于是这些"万物"被应用在侗族的服饰中，以祈求平安无灾，得到神灵的庇护和保佑。例如，谷粒纹和谷种崇拜有关，流行于整个侗族地区的习俗"吃新节"就是谷种崇拜的反映；水波纹、漩涡纹与侗族的水崇拜有关；螺旋纹、龙纹分别来源于侗族的蛇崇拜与龙图腾；圆圈纹与太阳崇拜有关；云雷纹来源于天崇拜、雷崇拜；齿形纹与山崇拜有关；蝴蝶纹、飞鸟纹等与林木崇拜有关。侗族人对纹样布局非常讲究，习惯将各种花、鸟、鱼、虫绣在圆形或方形图案中，圆形象征上天，太阳是上天的代表，方形象征大地。从侗族纹样的布局可以了解到侗族人对天地的崇拜（图3-306）。

三十二、白族

（一）白族概况

　　白族是中国第15大少数民族，主要分布在云南、贵州、湖南等省，其中云南省的白族人口最多，主要聚居在云南省大理白族自治州。此外四川省、重庆市等地也有分布。

　　白族的起源具有多元的特点，最早的白族先民由洱海周边的土著昆明人、河蛮人与青藏高原南下的氐人、羌人融合形成，之后又融入了多种民族。在数千年的历史长河中，由于征战、拓土、商贸、屯垦、驻边等历史原因，白族才逐步形成当今白族之雏形。从明朝到1956年白族民族身份得到确立的几百年内，是白族大量汉化的过程。现代白族除了大理州外，从丘北的马者龙、昆明的西山、元江因远、楚雄南华、保山的旧寨、丽江相互之间呈不连续分布的事实也反映了这一点。白族是由一个藏缅文化主心骨的族群同化了大量不同来源的人形成的民族。华夏文明、古印度文明两大文明陆续传播到洱海地区。白族先民不断学习借鉴，由此具有梵、汉特色的白族文化初步形成。

　　白族是一个聚居程度较高的民族，有民家、勒墨、那马三大支系。聚居于洱海区域、贵州、湖南等地的为民家人，受汉文化影响较深。勒墨、那马则散居于怒江流域兰坪、维西、福贡等县，经济文化水平与邻近的怒族、傈僳族相近。白族各支系之间在语言上有较大差异，风俗习惯也稍有不同。由于地域分布上的差别，白族各支系分别与周围的民族相互融合、互相往来，也就形成了各支系之间的差别。白族经济以农业为主，手工业、商业较为发达，生产水平基本与周围汉族相同。

　　白族住屋形式，坝区多为"长三间"，衬以厨房、畜厩和有场院的茅草房，或"一正两耳""三方一照壁""四合五天井"的瓦房，卧室、厨房、畜厩俱各分开。山区多为上楼下厩的草房、"闪片"房、篾笆房或"木垛房"，炊爨和睡觉的地方常连在一起。

　　白族有本民族语言，白语属汉藏语系藏缅语族彝语支。汉文自古以来一直为白族群众通用。白族在艺术方面独树一帜，其建筑、雕刻、绘画艺术名扬古今中外。在形成与发展的过程中，与周边的各民族相互往来，创造了灿烂的经济文化。

（二）白族服饰文化

　　白族崇尚白色，衣物以白色为贵，是适应于白族人生产劳动、生活文化以及气候特点的产物，又是秀丽的湖光山色潜移默化地对白族人审美观念陶冶的结果，具有独特的风格。白族服饰最明显的特征，是色彩对比明快又映衬协调，挑绣精美，有镶边花饰，朴实大方，充分反映了白族人在艺术上的高度才能。

　　白族男子服饰差别较小，简洁朴实。其服饰形制多为：着白色对襟上衣，纽扣大多9~10个，外穿镶花边的黑领褂或羊皮领褂，下穿白色或蓝色肥宽裤子，脚穿剪子口的牛皮底鞋，头戴白色或浅蓝色的圆形大包头，肩挎工艺考究又实用的绣花挎包。上衣以一次穿多件为美，层数越多越好看，也称"千层荷叶"；穿三层且内长外短，外件比里件略短1厘米，称"三叠水"，人们视之为俊美、富足的象征。节日时青年男子戴"八角帽"；而在山区或与其他民族居住的白族男子在白色对襟衣外面穿一件羊皮褂或腰系蓝色土布腰带，下穿宽松裤，裹着有装饰边纹的裹腿。鞋子有"象鼻鞋"、布制凉草鞋，鞋尖鞋帮往往缀上樱花。老年人穿的有红缎万寿鞋、翅头鞋等。男子服饰，现多已改变成汉族服装，只有在"绕三灵""火把节"等民族节日才能看到一些具有民族特色的服饰。白族服饰最大的一个特点就是无论怎样修饰都不能在围腰中心有任何装饰，因为围腰正中这一块正盖在肚子上，其上不绣任何图案，意为做人不能有"花花肠子"之心（图3-307、图3-308）。

妇女服饰悬殊较大，既鲜艳，又素雅华美，往往是上身和头饰比较花俏，而下身又较朴素：姑娘和小孩服饰比较艳丽，中老年服饰比较淡雅。"苍山绿，洱海清，月亮白，山茶红，风摆杨柳枝，白雪映霞红"，这正是婀娜多姿、飘然若舞的大理白族服饰的真实写照。白族妇女的衣饰堪称造型与色彩调配的艺术杰作。青年女性的衣饰，主要有头帕、上衣、领褂、围腰、长裤几个部分。上衣多用白色、嫩黄色、湖蓝色或浅绿色，外套黑色或红色领褂，右衽结纽处挂"三须""五须"银饰，腰间系有绣花飘带，上面多用黑软线绣上蝴蝶、蜜蜂等图案，下着蓝色宽裤，脚穿绣花的"白节鞋"。手上多半戴扭丝银镯、戒指。已婚妇女梳发髻，未婚少女则垂辫或盘辫于顶，有的则用红头绳缠绕着发辫下的花头巾，露出侧边飘动的雪雪缨穗，点出白族少女头饰和发型所特有的风韵。这一身打扮，结构映衬协调，色彩协调，对比明快，线条婀娜多姿。白族新娘服较为特别，头戴由上百个五颜六色的小绒球制成的帽子，身穿以大红大绿为主色调的衣服（图3-309）。

图3-307 白族女服

图3-308 云南鹤庆白族女服

图3-309 白族姑娘头饰

图片来源：中国织绣服饰全集编辑委员会. 中国织绣服饰全集6 少数民族服饰卷（下），天津人民美术出版社

白族妇女的头饰比较华丽，往往与其上身穿着相映成趣。不同地区的白族妇女所戴头饰有不同特点：大理的妇女皆戴头帕，未婚者编独辫盘于顶，辫上多缠红白绒线，左侧垂有红白绒线流苏；已婚者多挽发髻。剑川一带的白族年轻女子则又喜戴小帽或"鱼尾帽"。洱源西山及保山地区的白族妇女，常束发于顶，上插银管，再以黑布包头，穿右襟圆领长衣，系绣花腰带，衣袖和裤脚喜镶绣各色宽窄不同的花边，有的还喜束护腿，显得十分匀称协调和俊俏美观。洱海东部地区的妇女爱梳"凤点头"的发式，用丝网罩住，或绾上簪子，用绣花巾或黑布包头。鹤庆一带的白族妇女所戴帽子像个大圆盘，形状别致，给人留下深刻的印象。各地妇女都爱佩戴耳坠，戴手镯。

三十三、朝鲜族

（一）朝鲜族概况

朝鲜族，又称韩民族、朝族、高丽族等，是东亚地区主要民族之一，朝鲜族自古有"白衣民族"之称，自称"白衣同胞"。朝鲜族的主源，应当是朝鲜半岛最早的居民韩和秽。他们的先人早在旧石器时代就一直居住在朝鲜半岛。韩种族属于南方蒙古人种，居住朝鲜半岛的南部。秽种族属于北方蒙古人种，居住在朝鲜半岛的北部及中国东北地区。韩、秽两种族人口众多，是朝鲜半岛旧石器以至新石器时代诸文化的主人。

朝鲜族主要分布在朝鲜半岛，是朝鲜和韩国的主体民族，两国均为单一民族国家，共有人口7500万左右。除了朝鲜和韩国，朝鲜民族人口在中国和美国都超过百万，根据2010年中国第六次人口普查资料，中国朝鲜族约有183万人。我国的朝鲜族人民主要分布在黑龙江、吉林、辽宁三省，其余则散居在内蒙古自治区和北京、上海、杭州、广州、成都、济南、西安、武汉等内地城市。其中，吉林省延边朝鲜族自治州多数居民使用朝鲜语和朝鲜文，杂居地区的朝鲜族通用汉文。

朝鲜族人民具有悠久而优美的民族文化艺术传统，尤善歌舞。节日或劳动之余，都喜欢用歌舞来表达自己的感情。家庭中遇有喜事，便高歌欢舞，形成有趣的"家庭歌舞晚会"。顶水舞、扇子舞、长鼓舞、农乐舞等都是广受喜爱的传统舞蹈节目。朝鲜族舞蹈优美典雅，其舞姿或柔婉袅娜，如仙鹤展翅、柳枝拂水；或刚劲跌宕，活泼潇洒，反映了明朗激昂、细腻委婉、含蓄深沉的民族性格。朝鲜族歌曲具有旋律流畅、婉转、明朗的特点，著名的民歌有《桔梗谣》《阿里郎》《诺多尔江边》等。

（二）朝鲜族服饰文化

朝鲜族男子一般穿素色短上衣，外加坎肩，下穿裤腿宽大的裤子。外出时，多穿以布带打结的长袍。男子短衣在朝鲜语中叫"则高利"。成年男子的上衣衣长较短，斜襟、宽袖、左衽无纽扣，前襟两侧各钉有一飘带，穿衣时系结在右襟上方。他们还喜欢黑色外套或其他颜色的带纽扣的"背褂"即"坎肩"，坎斥肩朝鲜语叫"古克"，一般套在"则高利"的外面。多用绸缎做面，毛皮或布料做里，有三个口袋，五个扣，穿上显得特别精神。"巴基"是指传统的朝鲜族"裤子"，其裤裆、裤腿肥大。由于朝鲜族传统房屋都有火炕供暖系统，人们常常是坐卧在地面的垫子或席子上，穿这种裤子便于在炕上盘腿而坐，裤腿系有丝带，外出时可以防寒保暖（图3-310~图3-312）。

图3-310　朝鲜族中老年男服　　　　　图3-311　朝鲜族男婚服　　图3-312　朝鲜族女婚服

图片来源：中国织绣服饰全集编辑委员会. 中国织绣服饰全集5 少数民族服饰卷（上），天津人民美术出版社

　　朝鲜族妇女会根据穿着者的年龄和场合，选用各种质地、颜色的面料制作民族服装。女子婚前穿鲜红的裙子和黄色的上衣，衣袖上有色彩缤纷的条纹；婚后则穿红裙子和绿上衣。年龄较大的妇女，可在颜色鲜明、花样不同的面料中选择。朝鲜族妇女的短衣长裙，是朝鲜族服饰中最具传统的服装，这也是朝鲜族妇女服装的一大特色。短衣长裙这一朝鲜族妇女传统的民族风格服饰久久不变是因为它符合朝鲜族妇女的审美心理，充分反映了她们温顺、善良和勤劳淳朴的美德（图3-313）。

　　朝鲜民族服装的结构自成一格，上衣自肩至袖头的笔直线条同领子、下摆、袖肚的曲线，构成曲线与直线的组合，没有多余的装饰，体现了古老袍服的特点。短衣是朝鲜族人最喜欢的上衣，以直线构成肩、袖、袖头，以曲线构成领条领子，下摆与袖窿呈弧形，斜领、无扣、用布带打结，在袖口、衣襟、腋下镶有色彩鲜艳的绸缎边，只遮盖到胸部，颜色以黄色、白色、粉红色等浅颜色为主，女性穿起来潇洒、美丽、大方。长裙，朝鲜语叫作"契玛"，是朝鲜族女子的主要服饰，腰间有长皱褶，宽松飘逸。这种衣服大多用丝绸缝制而成，色彩鲜艳，分为缠裙、筒裙、长裙、短裙、围裙。年轻女子和少女多爱穿背心式的带褶筒裙和裙长过膝盖的短裙，便于劳动。中老年妇女多穿缠裙、长裙，冬天在上衣外加穿棉（皮）坎肩。缠裙为一幅未经缝合的裙料，由裙腰、裙摆、裙带组成。长裙上窄下宽，裙长及脚面，裙摆较宽，裙上端有许多细褶，穿时缠腰一圈后系结在右腰一侧，穿这种裙子时，里面必须加穿素白色的衬裙（图3-314）。

图3-313　朝鲜族妇女盛装

图片来源：中国织绣服饰全集编辑委员会. 中国织绣服饰全集5少数民族服饰卷（上），天津人民美术出版社

图3-314　朝鲜王妃日常礼服

图片来源：北京服装学院民族服饰博物馆藏

朝鲜族儿童服装主要是七彩衣，是用七色绸缎给儿童做的，好像彩虹在身。朝鲜族人认为彩虹是光明和美丽的象征，或出于审美心理，或出于辟邪的目的，意在让儿童美丽幸福，聪慧可爱。

船形鞋是朝鲜族人独有的鞋。鞋样像小船，鞋尖向上微翘，用人造革或橡胶制成。柔软舒适。男鞋一般是黑色，女鞋多为白色、天蓝色、绿色。此外朝鲜族服饰中还有种七彩上衣，用七彩缎做成，象征幸福和光明，一般是在集会和喜庆活动时穿戴。朝鲜族人早期穿木屐、革屐，后来出现草鞋、麻鞋、胶鞋，现在普遍穿胶鞋或皮鞋（图3-315、图3-316）。

朝鲜族还有一种独特的习俗称为"千人针"，指的是经多人之手缝制的一条有文图的布带。当青年应征入伍时，斜披在肩上作为克敌制胜的象征，世世代代流传下来，谁家有应征入伍者家人就手捧布带求人缝千人针，以图吉利。

朝鲜族传统服饰最常用的面料是麻织物，还有薇纱、甲纱、丝绸等，这些面料所表现出来的美的特性就是柔和的旋律美。最受朝鲜族欢迎的纹样是自然形象，既包括亚、卍、雷纹

图3-315 朝鲜族传统木屐

图3-316 朝鲜族木靴

图片来源：中国织绣服饰全集编辑委员会. 中国织绣服饰全集5 少数民族服饰卷（上），天津人民美术出版社

等，也有来自带有吉祥意义的一些字文，如福、富、贵等。它们是一种图形与吉祥寓意完美结合的文化形式，反映了朝鲜族以"真"与"美"的统一为最高审美理想的艺术追求。

三十四、仫佬族

（一）仫佬族概况

仫佬族是广西的土著民族，2010年统计有216257人，主要聚居在罗城仫佬族自治县境内。多数仫佬族自称"伶"，少部分地区自称"谨"或"本地人"。汉族称之为"姆姥"，壮族用壮语称之为"布谨"。罗城县章罗、大新、中石等地的仫佬族，传说其祖先初来时讲西南官话，因娶当地女子为妻，所生子女从母俗。语言倒装，称母为"姆佬"（即汉称老母）。这是本民族中普遍的说法。可见，仫佬族的族称可能由称"母亲"为"姆佬"而来。

仫佬族有自己的民族语言，但没有自己的民族文字。仫佬语属汉藏语系壮侗语族侗水语支，与毛南语、侗语非常接近。仫佬族语中吸收了不少汉语、壮语词汇，大多数仫佬人会讲汉语和壮语，通用汉文。仫佬族衣着简朴，服色尚青；崇信多种神灵，敬奉祖公。

仫佬族几乎每个月都有节日。由农历正月初一的春节（即农历年）开始，到农历十二月二十四送灶王爷上天，以及十二月三十（大年）或十二月二十九（小年），全年的每个节日都有各自特色的活动形式与风格。其中最具特色的是农历四月初八的牛生节。这天，家家户户清扫牛栏，把牛洗得干干净净；给牛喂好料，给牛放假休息；宰鸡宰鸭，备酒备肉，供奉"牛栏神"；用枫树叶汁蒸黑糯米饭。先请牛吃，然后人才吃；在大门上插枫树叶，以驱赶蚊蝇。最隆重的节日应属三年一大庆的依饭节，该节的目的是向祖先还愿，祈求人畜平安、五谷丰登。

仫佬族是一个宗族观念很强的民族，血缘观念根深蒂固，尽管有些人由于种种原因离开祖居地，远迁异地，但始终没有忘记自己是仫佬人。一有机会就会回到祖居地寻根问祖，认亲人、祭祖茔、拜祠堂，不管相隔多少代，祖居地的族人都把他们当作亲人，并热情款待，在仫佬族大姓中流传着这样一句俗语："三百年前是一家"。

过去，仫佬族以信奉道教为主，后又信奉佛教。道教本身是多神信仰，崇拜的神很多，从日、月、星辰、风、雨、雷电，到地上的山、水、树木、飞禽走兽，以及人间的先哲贤才、忠孝义烈之士都在其所崇拜之列。另外，还有很多占卜、符咒、禁咒等道术。由于多神信仰，致使仫佬族的宗教活动繁多。主要有"问野敬""添花架桥""叫魂""依饭""添粮""添六马""架接命桥""许经""还愿""安龙"等。

"添粮"是专门为家中身体不佳的老人举行的法事。具体做法是主家买肉宰鸡，由四面八方的亲戚朋友各送来一抓小米，请法师在米上念咒作符后，煮给老人吃，以此来祈求老人"延年益寿"。

"添六马"的意义类似于"添粮"。仫佬族人认为人老力衰是因为其"六马"已倒，需要请法师来行法术。剪裁六匹马，放在当事人平时睡床的四个角以及头脚所向处，以此祝福老人延年益寿。

"安龙"比较普遍，仫佬族人认为各个村寨都有龙神，每个家庭也有龙神。凡是村寨发生不幸，全寨子的人都要举行"安龙"活动。如果家庭内发生不幸，则全家人举行"安龙"活动，以求平安无事。

（二）仫佬族服饰文化

仫佬族人崇尚青色，服饰风格素朴简约（图3-317）。他们自种棉花和蓼蓝，自织自染的土布美观大方、经久耐用。仫佬族人视蓝靛染制的土布为珍品，老年人的"防老衣"和姑娘们的"送嫁衣"都是用这种布料做成的。

仫佬族男子上衣为黑色或深蓝色立领对襟盘扣；下穿黑色或深蓝色长裤；头裹黑色或深蓝色头巾。近百年来仫佬族服装经历了几个阶段的变化，辛亥革命前，仫佬族普通人家，成年男子一生之中只缝制一件长衫，做客时穿着。其他时间都穿无领短衫，长度可掩盖臀部，身宽袖大，前襟缝扣，开于右胸侧面，俗称"木桶盖"，也称"琵琶襟"，下着长裤，脚穿草鞋。老年人常戴硬檐平顶

图3-317　仫佬族服饰

"碗帽"，青壮年多戴瓜皮碗帽或扎青布头巾。1911年以后，男子穿琵琶襟衣服的渐渐少了，大都改穿大襟衣，即把开于胸右侧的襟移到肋下，样式仍与琵琶襟衫相同。这个时候，时兴的"紧身衣"和"马裤"，多在冬天穿。1949年以后，仫佬族的服装大多已经汉族化了。20世纪80年代，仫佬族人更换上各式时装，原来的服装除一些上了年纪的人时有穿着外，平时少见了。节日盛会里，作为民族的艺术服装，才被文艺工作者穿着起来。

仫佬族女子着大襟、右衽、窄袖、立领的黑上衣，襟边、袖口镶蓝色的宽边和两条细边，袖口上端再镶1~2条窄花边，成为服装上比较醒目的装饰；下着黑色长裤，裤脚镶有一宽一窄的蓝边。在家多跣足，赶圩则穿草鞋。年老妇女腰上都束青色围裙，系带用黑白相间的棉线织出精致的几何图案，裙边还用抽纱拧线编成网状花纹，朴素而雅观。女子穿有绲边的大襟短衣，宽身阔袖，配绣花筒裙或长裤，束青布围裙，裙带上织有几何纹，喜欢佩戴各种金银饰品。

仫佬族有丰富的服饰配件，仫佬族妇女喜欢用白银和玉石制作银制，饰品有银针、银钗、银簪、银镯、银戒指、银环。银针约10厘米长，形似葱叶，上大下锐，粗如小葱之叶，插于髻上作固髻之用。银钗以小银柱为脚，钗的上端安有一朵铜钱般大小的银花，银花上用细银丝卷成两条短银柱，柱端各套安一只小绒球。银钗也是插入发髻上的装饰品。银环和银钗平时都不戴，仅在出嫁或做客时才佩戴。玉制饰品有玉簪、玉镯（图3-318、图3-319）。

仫佬族妇女大都会制作布鞋，其做工十分讲究。妇女多穿尖头鞋，鞋头精工制作，用彩丝绣上草虫花朵。它与仫佬族儿童襁褓的刺绣，同为仫佬族服饰中的两种具有典型代表性的

图3-318　仫佬族常用绣花图

图3-319　仫佬族女绣鞋

工艺品。男子1911年以前多穿云头鞋，这类鞋如今已很难找到了。据一些上了年纪的人介绍，自制的布鞋曾有"云头鞋""猫头鞋""单梁鞋""双梁鞋"四种样式。云头鞋是一种布质平底鞋，分圆口、方口两种。鞋底、鞋面均用布料。鞋底用布约二十多层，近脚跟处多用两层干透的笋箨以增加鞋底的透气度和弹性，用细麻线密密穿孔扎实。鞋面用布4~5层，用棉线密缝。鞋头较宽缝并叠成云纹状，故名云头鞋。底面合成后，在鞋底触地面涂抹多层桐油。具有结实耐穿、保暖、防潮、抗湿的特点。云头鞋在民国以前穿着比较普遍，以后，随着胶鞋和皮鞋的普及它现已基本绝迹。仫佬族人还喜欢穿草鞋，因为它柔软、舒适，行走轻松，同时也是一种编织工艺品。仫佬族山乡的草鞋品种繁多，有竹麻草鞋、黄麻草鞋、禾秆心草鞋等。将砍回的嫩竹放于火上烤软，用刀刮皮抽丝、轻捶，晾干后与麻编织而成。有易做、耐穿的特点，并流传至今。

仫佬族的帽子有两种：

（1）麦秆帽：仫佬族人的麦秆帽已有相当长的历史了。由麦秆编成的草帽经石灰水煮而使其增白后晾干而成。在仫佬族有一习俗，姑娘如果不会编织麦秆帽就不能出嫁。

（2）杨梅竹帽：杨梅竹帽工艺精巧，品种繁多，有方眼帽、六角眼帽、圆顶帽、尖顶帽、放鸭帽、小人帽等品种。轻便大方，用途广泛，既可遮阳，又可避雨、挡风（图3-320、图3-321）。

图3-320 仫佬族女帽

图3-321 仫佬族儿童帽

图片来源：中国织绣服饰全集编辑委员会. 中国织绣服饰全集6少数民族服饰卷（下），天津人民美术出版社

三十五、柯尔克孜族

（一）柯尔克孜族概况

柯尔克孜族主要分布在吉尔吉斯斯坦以及中国新疆维吾尔自治区等地，在黑龙江省富裕县五家子屯也有数百人聚居，是18世纪从新疆迁去的。柯尔克孜族是吉尔吉斯斯坦的主体

民族，占其总人口的69.2%，根据2010年第六次全国人口普查统计，中国境内的柯尔克孜族人口数为186708人。

民族语言为柯尔克孜语，属阿尔泰语系突厥语族东匈语支克普恰克语组。在柯尔克孜族的文学遗产中，民间文学占据首要地位。其形式有神话、传说、故事、史诗、叙事诗、寓言、民歌、谚语、谜语、绕口令等，内容丰富，题材多样。

柯尔克孜族最早信仰萨满教，居住在黑龙江富裕县的柯尔克孜人至今仍信仰该教。新疆塔城、额敏县的柯尔克孜人信藏传佛教。但大多数柯尔克孜人信仰伊斯兰教，又有原始信仰的残余。库特，是柯尔克孜族原始宗教信仰遗留之一。库特在柯尔克孜语是幻想中的吉祥物的意思。柯尔克孜人认为，库特能带来如意吉祥，只有胸怀坦荡、心地善良的人才能得到它。

柯尔克孜人的图腾崇拜源于其对动物的崇拜。古代从事游牧和狩猎的柯尔克孜人，对动物有着特殊的感情，特别对动物的力量与勇猛十分崇拜。他们想借助动物的神力发展自己，并求得凶猛动物的保护，视这些动物为自己的保护神，并将这些动物的图形文在身上或绣在织物上，挂于毡房内。

柯尔克孜族的饮食，以牛、羊、马、骆驼、牦牛肉和奶制品为主，几乎一日三餐都离不开肉、奶、乳制品。小麦、青稞、蔬菜在柯尔克孜族的饮食中，只是辅助食品。"克么孜"（马奶酒）和"勃左"（孢孜酒），都是柯尔克孜人夏秋季招待客人的上好饮料。

现代柯尔克孜族基本上实现了定居，但仍保留了部分游牧民族的传统特点。居住农村和牧区的住宅稍有区别。农区村落的庭院式住宅，砖木结构的平顶屋较多。牧区的柯尔克孜人喜用白毡盖毡房，将其称为"勃孜吾依"，这与他们崇尚白色有关。牧民夏天多住在气候凉爽的高山地带的河流附近，称为"夏窝子"；冬季多住在气候温暖的山谷地带，称为"冬窝子"。

主要节日有肉孜节、古尔邦节、诺鲁孜节、掉罗勃左节等节日。过节时，男女均着新衣，并以茶水、油果等互相招待。柯尔克孜族中最受重视的人生礼仪有诞生礼、摇篮礼、满月礼、割礼、丧葬和婚礼。

（二）柯尔克孜族服饰文化

柯尔克孜族的男装多刺绣，短装，上衣多长及臂部。直领，领口绣花，袖口紧束否则便带刺绣，上衣对襟，对襟处钉银制纽扣，内衣多白色，常刺绣，外套"坎肩"，也叫"架架"，与妇女所穿式样相似，但颜色不同。男装多黑色、灰色、蓝色三色。外出都穿大衣，大衣无领，袖口多用黑布贴边，称"托克切克满"；也有穿皮衣的，称"衣切克"。男子不留须，不蓄发。如为独生子，可在10岁内蓄发，但不能蓄其全部，只在头部的前、后、左、右留上四撮圆形或半圆形的头发作记号，长至10岁后，这种记号便要剃掉。男子的帽子多

图3-322 柯尔克孜族男服

图3-323 柯尔克孜族刺绣袷袢

图片来源：臧迎春. 中国少数民族服饰，五洲传播出版社

图片来源：北京服装学院民族服饰博物馆藏

用红布制成（其他颜色的也有），在帽子的顶上有丝绒做成的穗子。穗子上缀有珠子等装饰品，冬季戴皮帽。男子常戴用皮子或毡子制作的高顶方形卷檐帽和两侧有突出护耳式样的帽子。穿无领"袷袢"长衣，内着绣有花边的圆领衬衣，外束皮带，左佩小刀等物。夏天穿立领短袷袢，春秋喜穿条绒缝制的宽脚裤（图3-322、图3-323）。

柯尔克孜族女子多喜红色，穿短装，通常穿连衣裙，外套黑色小背心，南部妇女穿宽大直领衬衫。妇女包头巾，喜戴装饰品。布料衣服缝制简单，高级衣服缝制讲究，袖口和对襟处钉银扣。裙子用宽带，或用绸料叠成多褶制成圆筒状，上端束于腰间，下端镶制皮毛。内衣翻领套坎肩，坎肩领口甚大，内衣显露。在短装外面套大衣，多为黑色，翻领敞胸，冬季内加棉絮。妇女戴圆形金丝绒红色花帽，叫"塔克西"，上面蒙上头巾。另一种帽子叫"艾力其克"，镶有装饰品和刺绣。戴这种帽子时，里面要戴绣花软帽。冬季戴"卡尔帕克"，毛毡制成，顶加帽穗，帽面用呢料或布料，帽两侧开口，顶部一般是白色。后两种帽子比较古老，多数人不戴了。妇女的头饰很复杂，用"绣花布条"绑扎发辫，发辫末梢缀银质小钱数个，再用珠链将两条发辫连接在一起，脸上喜涂脂粉，手戴玉镯、戒指（图3-324~图3-328）。

在柯尔克孜族众多的帽子中，最典型又最普遍的是一年四季常戴的、用羊毛毡制作的白毡帽。这种白毡帽是从服饰上识别柯尔克孜族最鲜明的标志，柯尔克孜族人非常珍惜它，将其奉为"圣帽"。平日不用时，把它挂在高处或放在被褥、枕头等上面，不能随便抛扔更不

图3-324 柯尔克孜族女服

图3-325 柯尔克孜族男女盛装

图3-326 柯尔克孜族妇女头饰

图3-327 柯尔克孜族已婚妇女头饰

图3-328 柯尔克孜族老年妇女头饰

图片来源：中国织绣服饰全集编辑委员会. 中国织绣服饰全集5 少数民族服饰卷（上），天津人民美术出版社

能用脚踩踏，也不能用它来开玩笑。柯尔克孜族人佩戴这种白毡帽已有悠久的历史，传袭至今。冬季，男子戴羊羔皮或狐狸皮做的卷檐圆形帽子"台别太依"，姑娘则戴以水獭皮或白羊皮制作的皮帽"昆都孜"。夏季，男子多戴下檐镶一道黑布或黑线，向上翻卷的"卡尔帕克"白毡帽，其形制主要有左右开口或不开口、圆顶或四方顶及帽顶有无珠、穗等饰物之差别（图3-329）。

在牧区，戴"卡尔帕克"比较普遍，这种帽子往往是从衣着上区分柯尔克孜族的一个重要标志。柯尔克孜族未婚女子戴红色金丝绒圆顶小花帽，缀有缨穗、羽毛等装饰品。年轻妇女多戴红色、黄色、蓝色的头巾，中老年妇女则戴颜色素洁的头巾。柯尔克孜族男女都穿皮靴和毡靴，牧民大多数穿一种自制的"乔勒克"船形皮靴。柯尔克孜族不论男女，都喜欢佩戴首饰。妇女喜戴银质耳环、项链、戒指、手镯等，发辫上也缀有

图3-329 柯尔克孜族老人常服

图片来源：中国织绣服饰全集编辑委员会. 中国织绣服饰全集5 少数民族服饰卷（上），天津人民美术出版社

银币、铜钱等饰物，有的地方还佩戴铸有花纹的银质胸饰。男子除戴戒指外，还在腰带上镶嵌金银饰物。改革开放以来，由于柯尔克孜族人与各兄弟民族经济文化交流的日益深入，自身物质生活水平的不断提高，其在服饰上也有了很大的变化，中式服装、西服与传统民族服饰相结合，既带有民族风味，又突显出现代特点（图3-330~图3-332）。

图3-330 红绒平顶小花帽

图3-331 柯尔克孜族银镶宝石胸饰

图3-332 柯尔克孜族银镶宝石三角形带坠胸饰

图片来源：中国织绣服饰全集编辑委员会. 中国织绣服饰全集5 少数民族服饰卷（上），天津人民美术出版社

图片来源：北京服装学院民族服饰博物馆藏

三十六、达斡尔族

（一）达斡尔族概况

达斡尔族主要分布于内蒙古自治区莫力达瓦达斡尔族自治旗、黑龙江省齐齐哈尔市梅里斯达斡尔族区、鄂温克族自治旗一带；少数居住在新疆塔城、辽宁省等地。达斡尔族居住地最早记载为讨浯儿河（今洮儿河），明初迁往黑龙江以北；17世纪中叶因中俄边疆战事，达斡尔族最初迁往嫩江流域，少部分仍留在今外贝加尔一带。后因清政府征调青壮年驻防东北和新疆边境城镇，逐渐形成了现在的分布状况。据2010年第六次人口普查显示，达斡尔族共有人口131992人。

达斡尔族有自己的语言，达斡尔语属于阿尔泰语系蒙古语族。原文字已丢失，现使用拉丁字母为基础的文字。达斡尔族能征善战，后金为入关巩固后方，三征索伦，故有俗语"索伦骑射甲天下"。清朝内外战争均有达斡尔将领参与，抗日战争时期，达斡尔族为东北地区抗日做出杰出贡献。达斡尔族是能歌善舞的民族，民间音乐有山歌、对口唱和舞词等多种形式。

达斡尔族同其他阿尔泰语系各民族一样，主要信奉萨满教。在长期的历史发展中，达斡尔人虽然受到过喇嘛教、道教和天主教的影响，并且也有人供奉过汉地的关帝神、娘娘神等神灵，但是外来的宗教和神祇均不足以破坏萨满教的完整性和独立性，没有动摇传统的萨满教在达斡尔人精神文化中的原有地位（图3-333、图3-334）。

达斡尔族的早期农业主要是种植稷子、荞麦、燕麦、大麦等早熟作物，故主食方面有米食和面食。米食以稷子米饭为主，面食主要是荞麦面。

"乌钦"是流传在达斡尔族民间的一种吟诵体韵律诗，结构严谨，用词凝练简洁，吟诵起来音律和

图3-333 萨满法师服饰

图3-334 达斡尔族萨满服饰

图片来源：内蒙古博物馆藏

谐，富有音乐节奏感，内容丰富多彩。达斡尔人有围绕篝火集体跳舞的传统习惯。达斡尔人称这种民间舞蹈为"路日给勒"（鲁日歌乐）。"路日给勒"的表演形式，开始时多为二人相对慢舞，中间为表演性的或叙事性的穿插，结尾是高潮迭起、活泼欢快的赛舞。传统的"路日给勒"无器乐伴奏，由表演者用高亢洪亮、此起彼伏的呼号声或节拍鲜明严整的民歌伴舞。常见的呼语性衬词有"阿罕拜、阿罕拜""哲黑哲、哲黑哲""德乎德乎达""哈莫、哈莫"等数十种。而有些用于伴唱伴舞的呼号声显然与生产劳动密切相关，例如，"哈莫"（熊的吼声）、"格库"（布谷鸟的叫声）、"珠喂"（呼唤鹰的声音）等。

阿涅节，是达斡尔族最盛大的传统节日，相当于汉族的春节。从进入腊月开始，人们便开始为阿涅节而忙碌，准备过年用的各种食品。正月十五日是节日最后的一天。这天，青年人手上涂着锅烟灰，聚在一起，争着朝人的脸上涂抹，据说这样可以讨得一年的吉利。这一天，达斡尔语叫"达钦"，也叫"黑灰日"。

（二）达斡尔族服饰文化

达斡尔族男装以狍皮为料，针脚外露，色调素净，散发古朴气息；而女装以棉布、绸缎为料，缝花绣蝶，镶边衬里，荡漾着秀丽的风韵。达斡尔族男女服装的这种差别，是与生产生活方式相联系的。很早以来就已定居生活的达斡尔族，形成了男外女内的劳动分工。男人从事狩猎、捕鱼、伐木、放牧、种地等野外劳动，所以沿用了古老的穿着狍皮衣袍的习俗。女人从事采集、挤牛奶、侍弄园田、制作桦皮用具、鞣皮缝衣和家务劳动，穿着狍皮服装不方便，所以在能够得到布料的条件下，转向穿着布料服装是必然的。据史料记载，在17世纪中叶，汉族和满族商人到达斡尔族生活的黑龙江以北流域，以物易物，输入绸缎和棉布。那时，达斡尔族人就已有了布制服装。南迁嫩江流域以后，穿布制的单衣棉衣的人多了起来，不但妇女用布料制作衣袍，男人穿布制服装的也不断增多（图3-335）。

由于达斡尔族人一直生活在北方寒冷地区，并受生产和经济发展水平的制约，过去以穿皮服装为主，清政府也常赐绸缎等物给达斡尔族头人和有功人员。后来，又随着产品交易的发展，纺织物服装在达斡尔族人中流行了。但因为皮制服装本身有耐寒、耐磨等优点，加之广大劳动人

图3-335 清代达斡尔族男子狍皮服

图片来源：内蒙古博物馆藏

民生活贫苦，直到中华人民共和国成立前后，皮制衣物仍为达斡尔族群众所钟爱、穿用。

传统的达斡尔服装为男子穿大襟皮袍，袍子前襟正中开衩，以便于骑乘。夏天穿布衣，外加长袍（图3-336），用白布包头，戴草帽。袍边镶有云纹或八宝纹，腰系宽大腰带，佩短刀，脚蹬绣花皮鞋，戴狍头帽。

（1）德力：用秋末冬初猎获的狍皮做的皮袍叫"布坤其德力"，用隆冬时猎获的狍皮做的叫"往拉日斯·德力"，其特点是毛密绒厚，长过膝盖，右侧开衩，系铜扣或布条编结的扣。下摆前后开衩，一般不挂布面，毛朝内，保温、轻便，便于骑马，适于打猎等劳动和冬季出远门时穿着。

（2）哈日米：用春夏和初秋猎获的狍皮做的皮袍叫"哈日米"，其特点是绒毛稀短皮质结实，挡风耐磨。"哈日米"根据需要，可长可短，短的在前面开襟，钉5个扣。达斡尔族人也把用农历八月时打的狍子做的皮衣袍称为"克日·哈日米"，把用伏天打的狍子做的皮衣袍称为"挂兰其·哈日米"。"哈日米"主要是在春、秋季节劳动时穿用，刮去毛的光板皮做的"哈日米"，可在夏季穿用。

（3）果罗木：狍皮朝外做的皮上衣叫"果罗木"，在打猎时穿，起伪装作用。

妇女早期着皮衣，清朝以后以布衣为主，服装的颜色多为蓝色、黑色、灰色（图3-337、图3-338）。老年女还喜欢在长袍外套上坎肩，中年以上的妇女，部分还保留着满族式发髻。青年女装以布衣为主，温暖季节外穿满族式长旗袍、布裤，内着布上衣，冬季穿棉长袍或棉上衣、棉裤。女性衣、袍袖子较宽，除衣襟以外不开衩，在衣领、开襟、下

图3-336　达斡尔族男子礼服　　　　　　　　　图3-337　达斡尔族妇女盛装　　图3-338　达斡尔族女服

图片来源：中国织绣服饰全集编辑委员会. 中国织绣服饰全集5 少数民族服饰卷（上），天津人民美术出版社

摆、袖口等处缝上镶边。年轻女子喜穿色彩鲜艳的服装，并镶有彩布花边，缝绣花草图案，做工考究（图3-339）。

三十七、布朗族

（一）布朗族概况

布朗族是一个拥有着悠久历史的少数民族，主要分布在云南省西部及西南部沿边地区。居住在西双版纳的布朗族自称"布朗"或"巴朗"；临沧市和保山市的自称"乌"；墨江、双江、云县、耿马等地的自称"阿瓦"或"瓦"；思茅的自称"本族"；澜沧县文东乡的自称"翁拱"；镇康、景东的自称"乌"或"乌人"。根据2010年第六次全国人口普查统计，布朗族总人口数为119639人。

图3-339　戴头箍穿盛装的达斡尔族姑娘

图片来源：中国织绣服饰全集编辑委员会. 中国织绣服饰全集5 少数民族服饰卷（上），天津人民美术出版社

布朗族居住在山区，气候温和、雨量充沛，十分利于植物生长，所以，"靠山吃山"是山地民族生存的一大特点。像其他山地民族一样，得天独厚的地理环境和丰富的自然资源，尤其是广袤的森林资源，使得布朗族适应自然并从自然获得生存的方式主要就是采集、渔猎和刀耕火种。这样的生存方式形成了稳定的生产风俗文化。20世纪70年代以前，刀耕火种依然较为盛行，采集和渔猎仍然是人们维持日常生活的补充手段。过去，布朗族的刀耕火种创造出人随地走、地随山转的轮耕法，即把村寨的土地划分为若干片，在严格的规划下，实行有序的轮垦，使地力得到休息，避免毫无节制地砍树烧山，以保证刀耕火种农业的正常进行。

民族语言为布朗语，属南亚语系孟高棉语族布朗语支，可分为布朗和阿瓦两大方言区，没有本民族的文字。布朗族除了信仰上座部佛教外，还保留着许多原始宗教的传统信仰。人们普遍信鬼神，崇拜祖先。布朗族人认为，他们之所以崇拜不计其数的鬼神，是因为所有的鬼神都有它们各自不同的专司职能，大小及地位高低不同，或利或害，善恶不一。布朗族民间信仰中另一个重要内容便是祖先崇拜，他们认为氏族、家族的发展和家族生命周期的更迭、延续以血缘世袭为纽带，这使祖先观念与灵魂观念牢牢结合。茶在布朗族的生活中占有重要的位置，人们把茶视为圣物珍品，用于祭祀、婚丧，或作为礼品馈赠亲朋好友。由于人们对茶的需要、珍视以及感激而使得茶树最终升华为神灵。因此，布朗人在采摘春茶前，都要祭献"茶树王"，对它顶礼膜拜。

布朗人以大米为主要食粮，以玉米、豆类为辅。虽然烹制技术简单，但仍有自己独特的风味。布朗族不仅喜食酸鱼、酸菜、酸笋，而且喜欢饮用一种独具民族特色与地区特色的饮料，酸茶。

布朗族的传统住房为十栏式竹楼，为竹木结构，既可通风防潮又能避开野兽的侵扰，比较适合山区的地理环境和气候特点。

布朗族有着极为丰富的口头文化，至今仍然保留着最具鲜明特征的民族语言、服饰、歌舞、风俗习性。布朗族民间流传着许多优美动人的口头文学作品，体裁多种多样，包括了民间故事、神话、传说、歌谣、史诗、叙事诗、谚语、谜语等。

布朗族的节日与农业生产和宗教活动有着密切的关系。西双版纳、澜沧、双江等地区的布朗族受傣族的影响，信仰小乘佛教，宗教节日尤其繁多，如"考瓦沙"（关门节）、"奥瓦沙"（开门节）、桑堪比迈（新年）、尝新节和以"赕"为中心的各种节日活动。施甸布朗族与汉、彝两个民族杂居，节庆多受汉、彝民族的影响，节日绝大多数与汉族相同，只有少数节庆还保留本民族固有的特点，主要节日有春节、清明节、端午节、火把节、中秋节等。

（二）布朗族服饰文化

布朗族人穿着简朴，男女皆喜欢穿青色和黑色衣服，妇女的衣裙与傣族人相似，上穿紧身短衣，头顶挽髻，用头巾缠头，喜欢戴大耳环、银手镯等装饰。姑娘爱戴野花或自编的彩花，将双颊染红。

布朗族男子服饰比较简单，一般上着青色或黑色的圆领长袖对襟衣，口袋内贴。下着宽裆裤，多为深色，喜戴白色、黑色或粉红色毛巾包头（图3-340）。

由于受其他民族文化的影响，在布朗族年轻一代中，有不少人改穿汉装、傣装，但传统民族服装仍独具特色，布朗族女性服饰因年龄的不同而有差异。青年女子穿着艳丽，上身内穿镶花边小背心，对

图3-340 布朗族老年男服

图片来源：臧迎春. 中国少数民族服饰，五洲传播出版社

襟排满花条，用不同的色布拼成，有的还在边上缀满细小的五彩金属圆片，亮光闪闪。背心外穿窄袖短衫，一般用净色鲜艳布料做成，左右大衽，斜襟，无领，镶花边，紧腰宽摆，腋下系带，打结后下面的衣摆自然提起，成波浪状。下穿自织的筒裙长及脚背，内裙为白色，比外裙略长，露出一道花边。外裙的上面三分之二是红色织锦，下面三分之一由黑色或绿色布料拼缝而成，裙边用多条花边和彩色布条镶饰。用条方块银带或多条银链系裙。脚穿凉鞋或皮鞋。留长发，挽髻，上缀彩色绒球并插很多色彩艳丽的鲜花，已婚妇女一般是彩色围巾包头，包头两端抽成须穗状，坠在头的左右两侧。戴银钏，少则十几圈，多则几十圈。富裕

人家的女子还戴银镯或玉镯。中老年女性包黑色包头，穿黑色上衣，下着镶黑色或蓝色脚边的织锦筒裙，衣服上装饰较少（图3-341、图3-342）。

布朗族有一独特的风俗"染齿"。他们认为只有染黑的牙齿才最坚固、美观，经过染齿的男女青年才有权谈恋爱。布朗族男子有文身的习俗，四肢、胸部、腹部皆刺以各种几何图案和飞禽走兽，然后涂上炭灰和蛇胆汁，使其不消失。

织布和染色在布朗族服饰文化中占据着重要位置。布朗族染色具有悠久的历史，他们独特的染色技术在我国民族染织业中独树一帜。布朗族人不仅能用蓝靛染布，而且懂得用"梅树"的皮熬成红汁染成红色，用"黄花"的根，经石碓舂碎，用水泡数日得黄汁染成黄色等，其色彩具有大自然之风韵，耐洗不褪。

图3-341 布朗族女子服饰

图3-342 布朗族女子服饰

图片来源：北京服装学院民族服饰博物馆藏

三十八、撒拉族

（一）撒拉族概况

撒拉族是中国信仰伊斯兰教的少数民族之一，因自称"撒拉尔"，简称"撒拉"而得名，主要聚居在青海省循化撒拉族自治县、化隆回族自治县黄河谷地、甘肃省积石山保安族、东乡族、撒拉族自治县的大河家乡一带，根据2010年第六次全国人口普查统计，撒拉族总人口数为130607人。根据民间传说，撒拉族的族源有多种说法，一说是从土耳其来的，一说是从哈密来的，一说是从撒马尔罕来的。学术界比较一致的意见是撒拉族源自中亚撒马尔罕。

民族语言为撒拉语，属阿尔泰语系突厥语族西匈奴语支乌古斯语组，也有人认为属于撒鲁尔方言，无文字，通用汉文。伊斯兰教是撒拉族的主要信仰，所以，宗教对其历史发展和政治、经济、文化等方面都有较深的影响。撒拉族是中国信仰伊斯兰教的10个民族之一，严格遵守伊斯兰教的宗教制度和基本信仰，实行念、礼、斋、课、朝五项功修，尊奉《古兰经》、圣训。

撒拉族日食三餐，食物以小麦为主，辅以青稞、荞麦、马铃薯及各类蔬菜。撒拉族有一种传统特色食品叫"比利买海"，又称"油搅团"，用植物油、面粉制成。逢年过节，人来客至，炸油香、馓子和鸡蛋糕，煮手抓肉，还要蒸糖包子和菜包子、烩"碗菜"，煮大米饭、装火锅。婚嫁喜庆日要杀牛宰羊，水煮油炸，食物更为丰盛。奶茶和麦茶是撒拉族男女老幼最喜爱的饮料。

撒拉族热情好客，讲究礼节，彼此见面，互道"色兰"问安（"色兰"，阿拉伯语"和平""安宁"之意），尊老爱幼，和睦邻里。男女见面，要保持一定距离。到撒拉族家中做客，首先须向主人问好，然后才能落座；主人沏的茶，客人要把茶碗端在手上；吃馒头和面饼时，要把馒头掰碎送进嘴里，切忌狼吞虎咽。与主人分别时，要表示谢意。撒拉族十分敬重"舅亲"，认为"铁出炉家，人出舅家"。

撒拉族每一户人家自成院落，称为"庄廓"，由堂屋、灶房、客房、圈房四部分组成，堂屋在正中，灶房和客房分设两旁，圈房建在院落的东南或西南角。撒拉人家在堂屋的正中墙壁上挂着用阿拉伯文书写的伊斯兰教经文中堂，表示虔诚的敬仰。

主要节日有开斋节、古尔邦节、圣纪节三大节日。此外，撒拉族还有转"拜拉特夜"节，在斋月前第15天夜举行，各家各户邀请阿訇到家诵经。"法蒂玛"节，在斋月的第12天纪念穆罕默德的女儿——法蒂玛。一般只有成年妇女参加，每7人凑在一起主持一年一度的"法蒂玛"节。"盖德尔"节在斋月的第27日举行，也称"小开斋节"，以一个"孔木散"为单位制作麦仁饭、油香、包子等，请阿訇、满拉到家中念经，准备开斋。

（二）撒拉族服饰文化

撒拉族的服饰大体与回族相同，区别在于上衣一般较为宽大，腰间系布。撒拉族男子喜留胡子，头戴六角形的黑色或白色圆帽（图3-343）。青年男子爱穿白色的对襟汗褂，腰系红布带或绣花腰带，外套适体的黑色短坎肩，黑白对比鲜明，显得清新、干净而又文雅。结婚时，腰束用红蓝缎子缝制并绣有各种花卉图案、缀有绣带的"绣花围肚"，脚穿绣花袜子和布便鞋。撒拉族男子多穿交领长衫、大裆裤，腰扎布带或丝巾，头戴羊皮卷檐帽。

撒拉族妇女喜欢穿色泽鲜艳的大襟花衣服，外套黑色、绿色的对襟长或短坎肩，显得苗条俊俏，喜欢佩戴金银耳环、戒指和手镯等装饰品。妇女头披纱巾，身穿连衣裙（图3-344）。后来随着畜牧业经济向农业经济的转变及受周围回族、汉族等民族的影响，服装的式样与原料也渐渐发生了变化，短装越来越多，棉布、绸缎的使用不断增加。撒拉族妇女头上戴的盖头，身上的"夹夹"，脚上的鞋的颜色因年龄各异而不同。一般情况下，妇女们的盖头有三种颜色：少妇戴绿色盖头，象征朝气蓬勃，充满活力；中年妇女藏黑色盖头，象征沉着持稳，通达老练；老年妇女戴白色盖头，象征朴实自然，纯洁无瑕。"夹夹"（指坎肩）有长短之分，一般老年妇女穿黑色坎肩，中年妇女穿蓝色或灰色坎肩，年轻妇女穿红色或几种颜色搭配的坎肩，尤其是花色坎肩，使人眼花缭乱，感叹不已。

图3-343 撒拉族男子服饰

撒拉族根据所处时代和环境的差异，不同的经济生活方式乃至不同的气候特点，创造出独具特色的民族服饰。

（1）六牙子帽：据传撒拉族男子在清代中后期，头戴六牙子帽。所谓六牙子帽乃是六角帽，上绣有各种花卉，与现代维吾尔族人戴的帽子有相同之处。

（2）包头：撒拉族中老年妇女服饰习俗是将头发盘在脑后，用白纱布包头将头包起来，并绕脑后几圈，将盘在脑后的头发固定。"包头"一般都是比较长的纱布。撒拉族人认为，妇女的头发属于羞体，不可外露，所以须用包头包起来（图3-345）。

（3）坎肩：一般穿于春秋冬三季，"坎肩"无袖无领，用三角布头缝成。妇女的"坎肩"五颜六色，各种颜色相配得当，颇具风韵。冬天都穿羊皮（或羔皮）里坎肩。

（4）皮袄：撒拉语叫"拖尔腾"。羊皮或羔皮制成，家境富裕者在皮袄外加一层绒或黑布料，底边与袖口处用红色、蓝色、黑色的四角布条缝起来，穷人则仅是皮袄而无其他装饰。皮袄是中老年人冬日御寒的最好服饰，穿着皮袄全身暖和，冷空气无法侵入，并用一条绸带在腰部裹起来。

图3-344 撒拉族妇女盛装

（5）绣花袜子：撒拉语叫"吉杰合寮恩"。用黑蓝布料密密缝成袜底后，用各色丝线在袜底绣上梅花、牡丹、葡萄等花果图案，黑底红花，色彩鲜艳，针脚细密，颇具匠心。此外还

图3-345 撒拉族妇女盖头

在袜底制一块"凸"形的绣花袜跟,尤其在婚礼的"摆针线"时女方一定要向男方家人赠送此种袜子。

(6)耳坠:撒拉语叫"丝尔格答合"。撒拉族女孩子在儿童时期,其母用软铁丝卡主耳垂,使其逐渐白行戳通,尔后戴上耳环。过去因为戴不起金耳坠,因此较讲究银耳坠。正式戴耳坠,要戴男家送定茶时一起送来的耳坠,表示女儿已经许人了。

(7)手镯:撒拉语叫"盘吉日答痕"。撒拉族妇女常以戴一副银手镯而自豪。手镯或是送定茶时送的,或丈夫后来送的,以比作夫妻的信物。戴手镯的妇女在洗衣或筛谷时,手镯发出的有节奏的碰撞声,为家庭增添一分欢乐。

(8)戒指:又叫"盖吉日答痕",汉语音转及撒拉语合成词。过去,一般有条件的妇女戴戒指。撒拉族男子忌戴戒指,据说穆罕默德很反对奢侈腐化。本来他自己戴着一枚戒指,后来众人仿效,他就摘掉了,从此,男人戴戒指成为禁忌。

(9)鞋:中老年妇女的鞋底是千层底,鞋面用黑色条绒或布料做成,是一种圆口缉鞋子,青年妇女们则穿绣花鞋,其外形如船,鞋尖翘起,鞋面及鞋帮均有各种花卉图案的刺绣,做工精细,样式新颖美观(图3-346)。

图3-346　撒拉族白布绣花鞋

图片来源:中国织绣服饰全集编辑委员会. 中国织绣服饰全集5 少数民族服饰卷(上),天津人民美术出版社

刺绣是撒拉族妇女普遍喜爱的一门艺术。农闲时节,她们喜欢在枕头、袜底、袜后跟、女鞋帮等物品上精心绣上各种图案和花卉。图案有干枝梅、牡丹、月季、芍药、马莲花等,手工精巧秀丽,多姿多彩。她们还喜欢在年轻小伙子的围肚上绣花朵和鸟类。那些花儿竞相开放、鸟类栩栩如生,呼之欲出。妇女们还在自己贴身带着的荷包上绣上喜爱的花卉。所绘图案小巧玲珑、细致匀称,色彩或淡雅或鲜明,手法独具一格。每逢婚庆佳节,要摆出新娘的针线活,人们都以刺绣水平高低来谈论新娘的德和能(图3-347)。

图3-347　撒拉族牡丹纹肚兜

图片来源:甘肃省博物馆藏

三十九、锡伯族

（一）锡伯族概况

锡伯族，是我国少数民族中历史悠久的古老民族。锡伯族原居东北地区，乾隆年间清廷征调部分锡伯族西迁至新疆以充实当地。今锡伯族多数居住在辽宁省（70.2%）和新疆察布查尔锡伯自治县和霍城、巩留等县，在东北的沈阳、东港、开原、义县、北镇、新民、凤城、扶余、内蒙古东部以及黑龙江省的嫩江流域有散居。

关于锡伯族的族源，占主流的是鲜卑说、女真说。持女真说的学者还具体指出锡伯族源于女真瓜尔佳氏苏完部。此外，也有学者认为，锡伯族最早起源于高车人色古尔氏，发源于贝加尔湖南部的苏古尔湖，公元429年，北魏太武帝远征高车后，始迁嫩江流域。

锡伯语属于阿尔泰语系通古斯语族满语支，是在满语基础上发展形成的一种语言，跟满语很接近。锡伯文是1947年在满文基础上稍加改变而成的。新疆的锡伯族至今保持着本民族的语言文字，兼用汉语、维吾尔语、哈萨克语。东北的锡伯族在语言、衣食、居住等方面同于汉族。

过去锡伯族的宗教信仰较杂，曾经有过对天、地、日、月、星等的自然崇拜；对鲜卑兽、狐狸、蛇、虫、古树、人参等动、植物的崇拜；对土地神"巴纳厄真"、谷神、瘟神、牲畜神"海尔坎"、灶神"肫依妈妈"、门神"杜卡伊恩杜里"、娘娘神、河神"罗刹汉"、山神"阿林乌然"、引路神"卓尤恩杜里"、猎神"班达玛法"、柳树神"佛多霍玛法"和渔神"尼穆哈恩杜里"等神的崇拜；对灵魂的崇拜；对祖先的崇拜；所信的程度都不一样。一般说来，主要是崇奉"喜利妈妈"和保护牲畜的"海尔汗玛法"，素信萨满教，兼信藏传佛教。

锡伯族，是我国北部少数民族中较早从事农业生产的民族。清初，锡伯族便开始种植水稻，清代文献中称之为"锡伯米"。农作物主要有小麦、玉米、高粱、大麦、胡麻、油菜籽、谷子、葵花、烟草等。在锡伯族生产活动中，牧副业也占一定的比例。农民大多养马、牛、羊等牲畜，察布查尔地区的锡伯族，有在伊犁河捕鱼的良好条件。

锡伯族民间许多传统节日，大都与汉族相同，如春节、清明节、端午节等。每年农历除夕前，家家都要杀猪宰羊，赶做各种年菜、年饼、油炸果子。除夕晚，全家一起动手包饺子，正月初一五更饺子下锅，初二要吃长寿面。做长寿面时先做好肉汤，然后将面另锅煮熟，捞出过水，食用时加肉汤，象征着送旧迎新。某些节日时间虽然与汉族相同，但过法却有自己的独特之处，如"春节""端午节""元宵节"等，在过节形式上均与汉族有差别。春节多走亲串门、祭祖及娱乐活动。农历三月间以鱼为祭供品的"鱼清明"、农历七月间以瓜果为祭供品的"瓜清明"及"孙扎拜义车孙扎"（端午节）和中秋节。欢度这些节日均以本民族的习俗方式进行祭奠、饮食和娱乐。民族化节日有"四一八"西迁节和正月十六"抹黑节"。

（二）锡伯族服饰文化

随着时代的变迁，地区的差异以及民族间的相互影响而有所变化，现在锡伯族青年和大部分中年人，基本穿着制服、西服和连衣裙，着装和汉族大体相同。随着生产的发展和生活水平的提高，服装用料越来越考究，样式越来越多样化，只有老年人还保持着传统服装的式样，穿戴基本与满族相同。

在清代，锡伯族的男子服装喜用青、蓝、棕等颜色，为了便于骑马和操作，男子都穿大襟右衽、左右开衩的长袍和短袄，外套坎肩，下穿长裤，扎裤脚。长袍的款式，多是大半截的，底边在膝盖下15厘米左右，袖口为马蹄形，可以卷起，也可放下。长裤的外面一般再穿一条"套裤"，春秋穿夹套裤，冬季穿棉套裤。夏季穿短衫，系青蓝色腰带。锡伯族的男子也穿短衣，短衣的款式是对襟、圆领、钉布纽扣，为黑、蓝等颜色。锡伯族老年男子穿对襟的小白褂，外穿长袍，还有一部分老人外套马褂。现在的锡伯族男子服装与汉族服饰大体相同（图3-348、图3-349）。

锡伯族女子服装兼有满族、蒙古族、维吾尔族服饰特征。锡伯族妇女与男子袍子的最大区别是不开衩，或者开衩很低，下摆较宽，类似现在的旗袍，大襟及下摆等处都有绳边和镶边的装饰。已婚妇女和未婚妇女的服饰是不一样的。未婚妇女的长袍腰身较瘦，袍子较长，长及小腿，外面套背后开衩的高领对襟短坎肩；已婚妇女的长袍稍长，长度到脚面。外面套坎肩的样式不一样，未婚妇女穿背后开衩的高领对襟短坎肩，已婚妇女穿两侧开衩的大襟坎肩，老年妇女穿深色的袍子，长及脚面，扎裤脚（图3-350）。

锡伯族妇女普遍喜欢戴各色头巾，老年妇女一般用青色或白色的头巾包头，头巾与腰带类似蒙古族服饰。锡伯族姑娘只留一条长辫子，从背后正中垂下，扎各色头绳，头戴

图3-348 锡伯族中年男服　　图3-349 锡伯族青年男服　　图3-350 锡伯族女袍

额箍、簪子、绢花。新疆察布查尔地区的锡伯族妇女佩戴头箍，头箍用色彩鲜艳的绸料制成，或者绣有图案，或者用珍珠、宝石等点缀，额箍的前面垂下银链在眉宇间，结婚后盘头翅。其中有一种最富有锡伯族特色的扁形银簪，叫作"大插库"，别上大插库是已婚妇女的标志。做新娘的时候还有一种特殊的佩戴物——"肢带"，由若干个荷包组成，从腋窝到脚底，一侧有几个荷包，每一个荷包与丝带的接口上都配有铜镜、琥珀、玛瑙、水晶石等闪亮发光的饰物，头上要插6~12枝有各种吉祥名字的簪花，显得光彩动人分外漂亮。

新疆察布查尔地区的锡伯族妇女的坤秋帽，外形为圆形，帽檐上卷，并用海豹皮等名贵的皮毛镶嵌，帽顶用颜色鲜艳的缎子制成，还刺绣了各种花，甚至用金银装饰，帽子上还飘着各种飘带。具体制作方法是，先裁一条宽10厘米左右、稍长于头围的布做帽子的面料，然后找出耳朵的位置，在耳朵的位置处缝上两块上边平、下边椭圆的约半个手掌大的布做护耳，再按照帽面的形状剪帽里，然后里、面缝合在一起。

锡伯族人穿布鞋，有单、棉两种。棉鞋和毡鞋高腰，底子厚而结实，鞋头也较大。单鞋为圆口，以黑色布料做成。锡伯族人也穿双梁盘龙鞋和软靴，以青色棉布做成。妇女和儿童的鞋样式较多，有平底便鞋、花盆底鞋、四散花鞋等。

四十、怒族

（一）怒族概况

怒族是中国人口较少、使用语种较多的民族之一，主要分布在云南省怒江傈僳族自治州的泸水（原碧江县）、福贡、贡山独龙族怒族自治县、兰坪白族普米族自治县，以及迪庆藏族自治州的维西县和西藏自治区的察隅县等地。怒族自称"怒苏"（泸水）、"阿怒"（福贡）、"阿龙"（贡山）和"若柔"（兰坪），自认为是怒江和澜沧江两岸的古老居民。他们可能有两个来源：泸水市（原碧江县）一带怒族自称"怒苏"，而福贡、贡山县的怒族自称为"阿龙"或"龙"。由于长期交往，这两部分人在怒江区域逐渐接近，相互影响和相互融合，逐渐发展并形成今日的"怒族"，但他们各自还保留着自己的某些特点。

怒江地区的怒族主要从事农业生产，社会生产力水平还很低。农作物有玉米、荞子、大麦、青稞、土豆、红薯及豆类。耕地分"火山地"、锄挖地、牛犁地和水田四种。火山地用刀耕火种，锄挖地用怒锄挖种，都是不固定的耕地，牛犁地和水田是固定的耕地。怒江怒族社会分工不明显，手工业和商业还没有从农业中分离出来。家庭手工业有织麻布、编竹器、制木器、打铁、酿酒等。织麻布是妇女的工作，主要供自用。编制竹篾器是男子的主要手工劳动，家用的木碗、木勺也由男子制作。泸水少数怒族会修补和打制简单的铁刀、铁锄等工具，在农闲季节进行。

怒族使用怒语，怒语属汉藏语系藏缅语族。怒族主要信奉原始宗教，认为万物有灵，凡举风、雨、日、月、星、辰、山、林、树、石等都是崇拜的对象。怒族自然崇拜有鬼灵和神灵两类。福贡一带信奉的鬼灵是氏族鬼灵、自然鬼灵、灾疾鬼灵等三十余种；贡山怒族信奉的鬼灵有山鬼、水鬼、路鬼等十余种。神灵则有山神、树神、猎神、水神、庄稼神等十余种。与藏族相邻的贡山北部的怒族，由于受红教喇嘛寺的影响，许多人信奉喇嘛教。19世纪后期，帝国主义把天主教、基督教传入怒江地区后，也有人改信天主教和基督教。

唱歌对调也是怒族人民生活中最受欢迎的一种民间社会活动，它既是怒族人民心声的自然流露，也是思想情感的直接再现。每逢过节、耕种、打猎、盖房，以及欢庆丰收、举行婚礼，都要以唱歌对调尽兴抒发和尽情欢乐。怒族的舞蹈，因各地居住环境的不同，先祖来源的不同，形成了不同的风貌；怒族的舞蹈，又因其历史、社会、自然、宗教等方面的原因，仍保留着较多的古文化特征。怒族的歌舞活动要数"鲜花节"时最为盛大。"鲜花节"又叫"仙女节"，是怒族母系氏族尊崇女性的古老遗风。阿茸姑娘受害的这天正值农历三月十五，每年的这一天，仙女洞旁的山坡上鲜花盛开，怒江两岸三山九乡的怒族男女老少便云集山坡，采摘鲜花祭奠仙女。在这里人们要尽情歌舞三天三夜，欢跳优美的达比亚舞，粗犷的嘎，奔放的库噜羌，而每次的歌舞活动都以库噜羌掀起高潮。

怒族习惯于日食两餐。其主食绝大部分以玉米为主。每到腊月末，家家都要清扫庭院，除净火塘中的余灰，并用松枝装饰门面。地上及炊具、餐具、各种器皿铺上一层绿松毛（松树叶），象征去旧迎新。除夕之夜，家家要吃团圆饭。初一凌晨，年轻的小伙子要抢先去井里打吉祥水，并给长辈拜年请安，长辈要拿出酒、油茶、麻花等进行招待。烧好的第一顿饭要先给牛和狗分出一份面饼和肉汤，牛不吃荤，主人要用手掰开牛的双唇灌进去。过年期间，杀猪宰羊，要相互送礼，邀乡里亲朋好友，共同聚餐，酒菜丰盛，情趣盎然。除过年外，还过鲜花节（农历三月十五）、祭谷神节（农历十二月二十九）和祭山林节。

（二）怒族服饰文化

根据清代《丽江府志略》载，怒族男女皆披发，并用红藤勒在额前束发，上身穿麻布短衣，下身男子则穿裤、女子着裙，无论男女老少都打赤脚。到清朝末期，怒族男女着装有了更多的款式，开始接受棉布制衣，饰物渐渐多了起来，女子勒在额前的红藤也被红色料珠串成的头箍所取代。到民国中期后，怒族的传统服饰样貌已基本形成。随着社会的发展和怒族人民经济生活的不断改善，怒族服饰也发生了巨大变化，现在妇女服饰已用金丝绒等高档布料制作，色彩更加丰富，华丽美观已成为怒族服饰的基本特征。

怒族的服饰皆因居住区域的不同而略有差异，但是都富有地区的民族特点。由于纺织技术传入怒族地区较早，因此怒族妇女擅长用麻线纺织麻布，故怒族男女服装多由麻布制成。

事实上，由于支系不同，受居住地邻近不同民族的影响，云南境内的怒族服饰可大致归为若柔模式、阿龙模式、阿怒及怒苏模式，一般以最后一种—阿怒及怒苏模式为族际区别的代表服饰。

（1）若柔模式：若柔服饰接近白族、汉族装束。成年男子打包头，上身穿对襟衣，下身穿普通裤；女子也打包头，头饰较少，上身穿前襟短后襟长的粗蓝土布上衣，下身穿普通裤。

（2）阿龙模式：阿龙的服饰受到藏族、纳西族的影响。妇女戴头巾，系头巾的带子要用若干种彩色毛线编成，并结成发圈套在头上；身穿麻布长衫，胸前多戴珠玉佩饰；下身着长裤，再自腰处围上一块长齐脚踝的怒毯，这怒毯颇似藏族的氆氇，不过花格是竖条形的，有的妇女还喜欢围上一条纳西族式的黑色多褶围裙。阿龙地方的男人服饰穿戴则与其他地方的怒族男子相似。

（3）阿怒及怒苏模式：阿怒及怒苏地区男子上身穿麻布长衫，腰系藤条或麻绳，下身裤长只到膝下，小腿上穿一副用细篾片编成的脚笼，以防山林行走、田间劳作时被草木虫蛇伤害，如今大多数人用更舒适的麻布绑腿取代了脚笼。妇女的装束要复杂一些：上身穿白色长袖衣，外罩一件深红色、黑色或深蓝色镶花边的夹袄，下身穿一条深色的大摆长裙；头戴用珊瑚、小铜铃、贝壳、铜币等串制成的发箍；胸前挂一串串珠链和一个大大的贝壳，传统上，这个大贝壳应是男友所赠，因而女子佩挂的珠链和贝壳也往往成为其荣耀的宣言。

怒族男子整体的服饰风格古朴素雅，与傈僳族相似，男子多蓄长发，披发齐耳，用青布或白布包头。传统服饰为交领麻布长衣，内穿对襟紧身汗衫，外穿敞襟宽胸长衫，长衫无纽扣，穿衣时衣襟向右掩。长裤及膝，穿时前襟上提，系宽大腰带，扎成袋状，以便装物。服装的色彩以白色为基调，间着黑色线条，戴坠红飘带的白包头，下着短裤，大部分男人左耳佩戴一串珊瑚，成年男子喜欢在腰间佩挂主怒刀，肩持弩弓及兽皮箭包，脚打竹篾制作的绑腿，显得英武剽悍。由于受周边民族影响，北部地区的怒族男子多爱戴藏式毡帽，而南部地区男子则多以黑布裹头（图3-351、图3-352）。

怒族女子服饰多为麻布质地，妇女一般穿敞襟宽胸、衣长到踝的麻布袍，在衣服前后摆的接口处，

图3-351 云南贡山县男服　　　图3-352 怒族女服

图片来源：云南民族博物馆藏

缀一块红色的镶边布。怒族妇女在胸前佩戴彩色珠子串成的项圈，有的妇女用珊瑚、玛瑙、贝壳、银币等串成漂亮的头饰或胸饰，耳戴垂肩的大铜环。头戴用彩珠连串的珠珠帽，怒语称"卢批靠"；胸前挂彩色串珠，怒语称"夏委"和用海贝制作的一块圆形装饰品"勒呗"。装饰品的多少贵贱象征佩戴者的身份和经济状况，怒族女子或用精致的竹管穿耳，喜戴铜耳环，喜挎自己缝制刺绣的怒包装饰并盛物。年轻的姑娘喜欢在裙外系有彩色花边的围腰，已婚妇女的衣裙上都绣有花边。贡山一带的妇女不穿裙，而是在裤外围两块彩条麻。

四十一、俄罗斯族

（一）俄罗斯族概况

俄罗斯族散居在新疆、内蒙古、黑龙江、北京等地，主要集中聚居在新疆维吾尔自治区西北部、黑龙江北部和内蒙古自治区东北部的呼伦贝尔市下辖额尔古纳市等地，根据2010年第六次全国人口普查统计，中国境内俄罗斯族总人口数为15393人。中国的俄罗斯族主要是从俄罗斯移居而来。早在清朝顺治元年（1644年），侵入我国黑龙江地区的部分沙皇俄国士兵被俘归降后，被清政府送往北京，编入八旗。在后来的顺治七年（1650年）、康熙七年（1668年）、康熙二十二至二十四年（1683~1685年）间，又有百余俄罗斯士兵，随军队自黑龙江北雅克萨边城迁居北京。今北京的罗、何、姚、田、贺五姓俄罗斯族有200余人，即他们的后裔。经过百年的同化，其外貌、长相、风俗和习惯等，已与俄罗斯的俄罗斯人完全不同，并渐渐形成了自己的民族特色。

俄罗斯族人从事农、牧业，经营园艺，还从事各种修理业、运输业和手工业等。

俄罗斯族，语言属印欧语系斯拉夫语族东斯拉夫语支。中国境内俄罗斯族使用俄文，一般兼通俄语、汉语、维吾尔族语、哈萨克族语等多种语言，在社会上，俄罗斯族讲汉语，使用汉文，在家庭内，在与本民族交往时讲俄语，使用俄文。

俄罗斯族大多信仰东正教，少数人信仰基督教。中国俄罗斯族的年长者对东正教信仰较深，壮年和青少年则大多按东正教徒的常规欢度节日，但多不诵读圣经，不进行祈祷。俄罗斯族因与汉族通婚较多，生活习惯上也深受其影响，如春节时拜年请客，清明节祭祖扫墓，逢已故亲属的生日和忌日进行祭祀，墓前不立十字架而立墓碑等。

俄罗斯族传统住宅多为砖木结构，高大宽敞的平房，也有单一木材结构的房屋。

俄罗斯族主食是小麦面包，多为烘烤时中间裂开的长形大面包，称为"列巴"，进食时将其切成片状，上涂果酱或奶油。副食有各种蔬菜、鱼、肉、奶制品等。节日食品有馅饼、大圆面包、蜜糖饭和红甜菜汤、酸牛奶及各种做法的鱼。俄罗斯族男子喜欢喝伏特加（白酒）和自制的啤瓦（啤酒），还有自制的各种类似啤酒的"格瓦斯"饮料。由于与其他民族的长期交往，抓饭、牛奶米饭、牛奶面条、馕、包子、饺子等也成了俄罗斯族的家常饭，许多俄罗斯族人习惯用碗筷。家庭主妇多善于烤制各种香甜可口的面包和饼干。

俄罗斯民间文学历史悠久，体裁多样，有民歌、民间故事、谚语、谜语、小品等。俄罗斯族的主要乐器有手风琴及曼陀林、小提琴、钢琴、三角琴、班吉拉等。俄罗斯族舞蹈形式多样，有独舞、双人舞和集体舞等，传统舞蹈踢踏舞、头巾舞极有特色。新疆的俄罗斯族几乎每家都备有手风琴，手风琴既用来独奏、合奏，又用来伴奏，成为人民娱乐的必需品。

俄罗斯族的节日主要有圣诞节和复活节。此外，还有"报喜节"（节期在每年3月上旬）、"成年节"（节期在每年6~7月）等，也过元旦、春节、国庆等全国性的节日。

（二）俄罗斯族服饰文化

俄罗斯族人的民族服饰基本与俄罗斯国家民族服饰相同。俄罗斯族的民族服装色彩鲜艳，对比度强烈，这和俄罗斯族的生产、生活有关，也体现了俄罗斯族人豪迈的性格。俄罗斯族人讲究头饰，注重礼仪。他们的服饰丰富多彩，人们在不同季节里，选择不同颜色、不同款式的衣着。而今，平日穿着民族服装的人已不太多。在重大节日时，人们才换上传统的民族服装。现代俄罗斯族人的服装特色是整洁、端庄、大方、和谐，俄罗斯族服饰整体具有实用性和美感较强的特点，体现出浓重的俄罗斯民间艺术风格。

俄罗斯族男子夏季多穿丝绸开衩长袍、长裤，或穿白色绣花半开襟套头衬衫（俄语称鲁巴什卡，图3-353），胸前、袖口带有装饰花边，下身穿丝绸面料的肥腿、深色灯笼裤及长筒马靴，戴八角帽、鸭舌帽、毡礼帽等，显得格外干练。冬天穿黑、蓝色扎成竖条状的棉衣裤或黑白皮面大衣及毛朝外的软皮大衣（俗称皮大哈），戴羊皮剪绒皮帽，穿高筒皮靴或毡靴（俗称毡疙瘩）。现代男子多喜欢穿列宁服和便服，配以俄式灯笼裤，春秋穿绒衣。男人着衣基调为青、蓝、白三色，列宁服外观是西服大翻领、双排扣、双襟中下方带一个暗斜口袋。后又出现中山装、西装、夹克衫、风衣、休闲服等。

按俄罗斯族的传统习惯，妇女必须穿裙子，特别是在公众和正式场合，而今俄罗斯族仍保持着这一传统。妇女夏季多穿短上衣和小圆翻领、短袖、半开胸、卡腰式、大摆绣花或印花的连衣裙（俄语名为布拉吉）。也有的上穿无领绣花衬衫，下穿自制的白色大长裙，上面绣着色彩鲜艳的图案花纹，衣裙外习惯罩小围裙。春秋季节多穿西服上衣或西服裙，头戴色彩鲜艳的小呢帽，上面插着羽毛做装饰。有些身份讲究者秋季披华丽毛织大披肩。冬季穿毛呢料裙子，内着秋裤、毛裤或护膝、

图3-353 俄罗斯族男服

厚袜，很少穿棉裤，外套狐皮或羊羔皮领半长皮大衣，脚穿高筒皮靴（俄语称布尔克）。一般靴头为亮面牛皮，靴筒毛朝里，多为黑棕色羊皮软靴。中老年无论何季节都会头戴毛织三角形大头巾。女子工作时候的服饰为列宁装，女式列宁装有时还会附加上一条腰带或者两边掐腰，它的紧束功能有助于女性身体线条的凸显。日常生活中穿裙子较多，"萨拉范"是比较流行的女士连衣裙，款式颇像今天的太阳裙或沙滩裙，它是一年四季都可以穿的服装。冬季，萨拉范用厚呢、粗毛、毛皮制成，里面贴身穿棉麻衬衣，外面穿萨拉范，然后围上厚厚的毛披肩。夏季萨拉范的面料是粗麻布、印花布等，衣服上还饰有绣花、补花、丝带，显得自然、活泼、随意。其着衣基调上衣为白色、蓝色、粉色、浅红色或带小花、小格；下衣为青色、蓝色、紫檀色三色。现代女子的服饰变化各异，如百褶裙、裹裙、连衣裙、形体衫、蝙蝠衫等（图 3-354、图 3-355）。

俄罗斯族妇女的头饰颇具特色，年轻姑娘与已婚妇女的头饰有严格区别。少女头饰的上端是敞开的，头发露在外面，梳成一条长长的辫子，并在辫子里编上色彩鲜艳的发带和小玻璃珠子；已婚妇女的头饰则必须严密无孔，即先将头发梳成两条辫子，然后盘在头上。

在民族服装中，俄罗斯族女子的装饰品主要有披肩和腰带。披肩有两种样式：三角形和正方形，上面印着鲜艳的大花图案。除披在肩头外，俄罗斯族女子还常把披肩包在头上，作为头巾使用。俄罗斯族人认为腰带不仅能保暖，还能保佑平安，因为腰带象征太阳光的圆环状。在民间，未来媳妇送给公婆的第一件礼物就是腰带，所以俄罗斯族女子从少女时代便学习刺绣和缝制腰带。

俄罗斯族服饰绣花图案多为色彩艳丽的方格形、长条形几何图案或花草图案，花纹整体呈带状分布，在领边、袖口、裙摆、腰带等处较常用到。刺绣方法集各种技法于一身，采用亚麻线、羊毛纤维和混合绘画天然染料制成的绣花线，使用各种类型的绣花机进行刺绣。纹饰用珠宝连接，通过色彩对比鲜明的民族性编织

图 3-354　俄罗斯族妇女服饰　　图 3-355　俄罗斯族女子服饰

刺绣图案，辅之花边、织带，形成具有特别美感的装饰品（图3-356）。

20世纪30年代，俄罗斯族人们生产力比较低下，生活较贫困，服装衣料主要为土布和洋布，还有"更生布"（用破棉絮和破衣服纺出或用植物秸秆织成麻袋片），富裕一点的人们用丝绸面料配以刺绣做衬衫。裙子面料用亚麻制成，随季节布料薄厚不同。

俄罗斯族服饰设计式样、色彩、刺绣装饰丰富多彩，具有典型的俄罗斯民族韵味。随着社会不断进步，加强民族认同感，融合新鲜元素，发扬民族文化，有助于推进现代服饰多元化的发展。

图3-356　俄罗斯女服

四十二、鄂温克族

（一）鄂温克族概况

鄂温克族是东北亚地区的一个民族，主要居住于俄罗斯西伯利亚地区，以及中国内蒙古和黑龙江两省区，蒙古国也有少量分布。在俄国被称为埃文基人。鄂温克是鄂温克族的民族自称，其意思是"住在大山林中的人们"。根据2010年第六次全国人口普查统计，我国鄂温克族人口数为30875人。

由于鄂温克族居住分散，各地自然条件不同，社会经济发展很不平衡。主要从事畜牧业生产，住蒙古包，过游牧生活。长期以来，鄂温克族始终沿袭"逐水草而居"的生产生活方式。畜牧业、农业也是鄂温克人的传统产业之一。

鄂温克民族的语言文化具有独特性，属阿尔泰语系之通古斯语族北语支，在日常生活中，鄂温克人多数使用本民族语言，没有本民族的文字。鄂温克牧民大多使用蒙古文，农民则广泛使用汉文。过去，鄂温克族多信萨满教，牧区的居民同时信喇嘛教。1945年前还保留有动物崇拜、图腾崇拜和祖先崇拜等，部分氏族以鸟类和熊等为图腾崇拜对象。

鄂温克族人在森林中没有固定的住所，"撮罗子"是他们的传统民居。"撮罗子"，鄂温克语叫"希椤柱"，它的外形如同鄂伦春族的"斜人柱"，高约3米，直径约4米，是一种圆锥形建筑物，实际上是用松木杆搭成的圆形窝棚，也是一种非常简单的帐篷。

鄂温克族喜欢唱歌。他们的民歌曲调豪放，富有草原和森林气息。其特点是即景生情，即兴填词。表现了生活在森林中和草原上的鄂温克人宽阔的胸怀、质朴的性格。短的歌曲大部分是抒情歌，较长的叫故事歌。鄂温克族喜欢跳舞步简单、生动活泼的集体舞，妇女大多通过舞蹈来表现鄂温克族的生产和生活。鄂温克族人崇尚天鹅，以天鹅为图腾。天鹅舞是鄂温克族的民间舞蹈，鄂温克语叫作"斡日切"。妇女们闲暇时喜欢模仿天鹅的各种姿态，自娱而舞，逐渐演变成一种固定的舞蹈"天鹅舞"。

鄂温克人是从游牧发展到定居的，从事畜牧业生产方式的人群。他们的传统文化具有极大的丰富性，最为突出的是服饰文化和饮食文化。鄂温克族妇女擅长刺绣、雕刻、剪纸等工艺。图样多取材于生产、生活，具有独特的民族风格。在鄂温克族的日常生活中，桦皮占有一定的位置，可称为"桦皮文化"。其打猎、捕鱼、挤奶用的制品很多都是用桦皮制作的。餐具、酿酒具、容器、住房"撮罗子"、篱笆、皮般。甚至人死后裹尸用的物品都用桦皮制作。除此外，鄂温克族许多服饰也是用桦皮做的。妇女一般从七八岁开始学习世代相传的雕刻、压印、绘画、拼贴等手艺，并逐步产生了钻研技艺的热情，对器皿用具进行美术创作。图样多源于生产、生活之中，有花草、树木、山峰、虫鱼、石崖等自然构图，具有独特的民族风格。

居住在北部大兴安岭原始森林里的鄂温克族，完全以肉类为日常生活的主食，纯畜牧业生产区的鄂温克族以乳、肉、面为主食，每日三餐均不能离开奶茶。鱼类多用来清炖，清炖鱼时只加野葱和盐，讲究原汤原味。鄂温克族很少食用蔬菜，仅仅采集一些野葱，做成咸菜，作为小菜佐餐。从20世纪50年代初开始，主食渐被面食面条、烙饼、馒头等所代替。

每年5月22日的"米阔鲁节"是鄂温克族民间传统节日，流传在内蒙古陈巴尔虎旗鄂温克族当中。这天，人们要举行赛马、套马比赛，还要给当年产的羊羔剪耳朵，作为记号。按照传统习惯，老人要送给后辈人母羊羔，祝福他们今后羊群如云、生活幸福，还要设宴款待亲朋好友，宣布他们当年幼畜的数字。

（二）鄂温克族服饰文化

鄂温克族服饰的原料主要为兽皮，大毛上衣斜对襟、衣袖肥大，无论男女，衣边、衣领等处都用布或羔皮制作的装饰品镶边，束长腰带。短皮上衣、羔皮袄，是婚嫁或节日礼服。鄂温克族人喜爱穿蓝色、黑色的衣服。皮套裤外面绣着各种花纹，天冷时穿在皮裤的外面。男子夏戴布质单帽，冬戴圆锥形皮帽，顶端缀有红缨穗。妇女普遍戴耳环、手镯、戒指，或镶饰珊瑚、玛瑙。已婚妇女还要戴上套筒、银牌、银圈等。

清末以前，鄂温克族人只以兽皮制衣；清末以后，才开始用布料制衣。他们的衣着处处离不开毛皮，这与其主要从事畜牧业，所在地区气候寒冷不无关系。冬天一般用长毛、厚毛皮做衣服；春秋用小毛皮，夏天也有用去了毛的光板皮做衣服的，在皮制的衣着中以羊皮为最多。皮制衣服种类很多，依据穿、戴、铺、盖等不同用途而形式各异，其中皮被子颇有特点。现代的鄂温克族人仍然保留着以兽皮制作衣袍的习俗，在内蒙古自治区呼伦贝尔敖鲁古雅生活的鄂温克族人的衣帽、鞋靴、被褥都用兽皮制作。由七八张羊皮做成，皮板朝外，异常结实的大毛长衣是鄂温克族人最经常、最普遍的劳动服。男子大衣下边有开衩和不开衩的，女子的大衣不开衩。衣服袖口有"马蹄袖""夸袖"。短皮衣，是结婚时男女双方送亲、迎亲的代表都必须穿的一种礼服。缝制精细的羔皮袄是在做客、会亲和过年过节时才穿的礼服。此外，有皮裤、皮套裤、皮袜子、皮靴、皮帽子、皮手套、皮褥子、毡褥子等。萨满的法衣一定得用鹿皮制作，其他皮子都不行，法衣只有在跳神时才穿（图3-357）。

鄂温克族男子都扎腰带（图3-358、图3-359），女子平时不束腰，只是劳动方便才临时扎一下，习惯上，当女儿出嫁时，要陪送一条好的腰带。腰带有用皮子做成，有用毛、布、绸子做成，颜色一般为浅绿色。用皮子做成的被子，出于防寒的需要，缝成筒形，睡时两脚插入，也有做成长方形的平面皮被，一般4~6张羊皮可做一床。布匹多了以后，又有了布面的皮被，棉被是1949年以后才盛行的。随着与其他民族交往的加深，还有用布、绸等衣料做的衬衣、坎肩、长衫、大夹袄、棉袍等（图3-360、图3-361）。

鄂温克族人缝衣用的针线有自己的特点。早期用兽骨磨成针，或用飞禽的硬翎削成针，不过得先用锥子扎眼后再穿针引线。也有用钢针的，线的原料早期为牲畜的毛尾、鬃和筋，多用手捻制而成，结实耐用。棉线是缝制一般布衣所用。衣扣曾用过铜扣、杏木扣、骨扣、银扣等，富裕人家也有用翡翠、玛瑙、珊瑚及各种花纹光润的小石头做扣子的。布扣和线

图3-357 鄂温克族萨满服

图3-358 鄂温克族皮短衣

图3-359 鄂温克族男服

图片来源：中国织绣服饰全集编辑委员会. 中国织绣服饰全集5 少数民族服饰卷（上），天津人民美术出版社

图3-360 鄂温克族女服

图3-361 鄂温克族女子服饰

绳扣是近几十年才有的。中华人民共和国成立后，鄂温克族人民的物质生活有了显著改善，普遍穿上了各种布衣、毛衣、料子衣服，式样也多种多样。过去束腰的皮条都换成彩色的绸缎，几乎家家都有皮鞋、高筒皮靴、球鞋、胶革。至于装饰，鄂温克族人喜欢在衣服、靴、帽上进行装饰。不论男女的衣服和领子都镶边，妇女喜镶绿边，也有用黑布镶边的。在靴子、套裤膝盖、烟袋、衣襟、开衩上都饰以各种花纹。此外，鄂温克族人爱围头巾，

男的多用白色，女的多为蓝色、白色、青色、绿色等。装饰品有耳环、戒指、手镯，妇女都戴耳环。有的家长有意给自己的男孩子戴一只耳环，说是为了好养活。耳环是已婚妇女所戴的装饰品，它是用银链分别串上珊瑚、松石、玛瑙等物而成，一耳戴三个。戒指由骨、铜、铁、银和金子做成，妇女习惯上要戴两个。手镯是妇女戴的，有铜的、银的。结婚妇女最少要有一副。也有少数男子戴红铜镯子，其用意如同男孩子戴耳环，认为男扮女装能平安无恙（图3-362～图3-364）。

图3-362 鄂温克族鹿皮袋

图3-363 鄂温克族犴皮靴

图3-364 鄂温克族犴皮靴

图片来源：北京服装学院民族服饰博物馆藏

四十三、裕固族

（一）裕固族概况

裕固族源自唐代游牧在鄂尔浑河流域的回鹘，今主要聚居在我国甘肃省肃南裕固族自治县和酒泉黄泥堡地区。裕固族自称"尧乎尔""西喇玉固尔"，1953年，取与"尧乎尔"音相近的"裕固"（兼取汉语富裕巩固之意）作为族称。根据2010年第六次全国人口普查统计，裕固族总人口数为14378人。

裕固族使用三种语言，分别为：属阿尔泰语系突厥语族的裕固语（尧乎尔语），属阿尔泰语系蒙古语族的裕固语（恩格尔语）以及汉语。

裕固族在东迁以前信仰过萨满教和摩尼教。东迁后，裕固族改信藏传佛教格鲁派（黄教）。裕固族皈依藏传佛教后，仍保留着古老的信仰，即对"汗点格尔"的崇拜。从讲两种语言的裕固族在敬奉"汗点格尔"时都用尧呼尔语的传统来看，这可能是原始萨满教的遗留。"点格尔"在裕固族语中是"天"的意思，"汗"是"可汗"的意思，"汗点格尔"意为"天可汗"。裕固族人认为"汗点格尔"能使他们辟邪免灾，一年四季太平吉祥。

裕固族是以畜牧业为主的民族，为适应游牧生活，裕固族以帐篷为主要居住方式。裕固族帐篷是用牛毛或羊毛褐子缝制而成的。扎立帐篷，要选择避风向阳的地方搭盖，多数坐北向南。

裕固族牧民的饮食以酥油茶、糌粑（裕固语叫"塔勒坎"）和奶皮子、曲拉（一种块粒状奶制品）等乳制品为主。每日通常是三茶一饭。手抓羊肉、肉肠、"支果干"是裕固族人最喜爱吃的风味食品。随着生活水平的提高，裕固族牧民现在的饮食品种大为丰富，饮食结构趋于多样化。但饮奶茶等习惯仍长久地保留着。国家每年专门从湖南益阳调来砖茶，以供牧民之需。

裕固族民间口头文学非常发达，包括历史传说、民间故事、叙事长诗和民歌等多个种类。民歌是裕固族人最喜爱的一种口头文学形式，题材非常广泛。关于生产劳动的有擀毡歌、割草歌、垛草歌、放羊歌、放牛歌、拉骆驼歌等。关于婚嫁礼仪的则有戴头面歌、离别歌、待客歌、"瑶达曲戈""阿斯哈斯"等。裕固族擅长造型艺术，主要是实用工艺美术，他们在自制的毛口袋、毯子和马缰绳上编织出各种美丽的图案。裕固族妇女吸取了汉族的刺绣技术，在妇女的衣领、衣袖和布靴上绣出各种花草虫鸟、家畜、家禽等，色彩和谐，形象生动。明花地方的裕固族男子还擅长根雕艺术，他们将生长在沙漠中的梭梭根，依照其原始形状进行加工，刷上清漆，就是一件很有价值的艺术品。

春节是裕固族一年中最大的节日。节前要包饺子（用作冻饺）、炸油馃子、馓子等，并有祭祖的习俗。节日期间放鞭炮，点酥油灯，互送哈达、礼品以示祝福。

（二）裕固族服饰文化

裕固族男子服饰比较简单，但也有其独特之处。毡帽的帽檐后边卷起，形成后面高、前面低的扇面状。帽檐镶黑边，帽顶多在蓝缎上用金线织成圆形或八角形图案。男子一般穿高领、左大襟长袍，系紫红色或蓝色腰带，戴圆筒平顶锦缎镶边的白毡帽，穿高筒皮靴。过去富裕人家多用布、绸、缎等面料缝制，穷人家则把白羊毛捻成毛线并织成白褐子来缝制。冬天富裕人家男人多穿用绸缎或布料做面子的皮袍，穷人家只能穿没上布面的白板皮袄。男子一般都系大红腰带，腰带上带腰刀、火镰、鼻烟壶。不论单棉服，衣襟都用彩色布条和织金缎镶边，富裕人家也有用水獭皮镶外边的。单、夹袍下摆左右开衩，在衣衩和下摆外镶边。裕固族男子，逢年过节或重大活动，要在长袍上面罩一件青色长袖短褂，左右开小衩。上年纪的老人，腰间要挂香牛皮缝制的烟荷包，荷包呈长脖子大肚皮的花瓶状，底部垂红缨穗，荷包上还带有弩烟针和铜火盅。旱烟锅多是约30厘米长的乌木杆，两头分别装上玉石或玛瑙烟嘴和青铜或黄铜烟锅头，总长60厘米左右，平时从脖子后面插入衣领，烟嘴露在外面。

裕固族妇女一般身穿高领偏襟长袍，按季节分为夹棉和皮衣。衣领高齐耳根，衣领外面边沿用各色丝线上劲合股，模仿天上的彩虹，用红色、橙色、黄色、绿色、青色、蓝色、紫色等，精心绣成波浪形、三角形、菱形、长方形等几何图案。袍子一般用绿色或蓝色布料制作，下摆两边开衩，大襟上部、下摆、衣衩边缘都镶有云字花边。腰扎桃红色或绿色腰带，腰带右下方挂红色、绿色或天蓝色的正方形绸帕；腰带上还佩挂约10厘米长的小腰刀，刀鞘上饰有精美的刺绣图案和红缨穗。大襟衣扣上挂有刺绣的荷包，针扎妇女的长袍上面一般要罩一件高领偏襟坎肩。裕固族姑娘的服饰又是另一种风格。姑娘3岁剃头时，要把后脑勺的一片头发留下来，长发和串有珊瑚珠的丝线编成一条辫子，辫梢垂线穗被塞到背后的腰带里。两鬓的头发按年岁的增长编小辫，一直到出嫁。到了十三四岁时，前额要带"沙口达升戈"，即在一条长红布上，用各色珊瑚珠，缀成美丽的图案，做成一条10厘米宽的长带，带的下缘用红色或红白两色小珠子串成很多穗子，把带子从前额缠过系到脑后，穗子像珠帘一样齐眉垂在姑娘的前额。身穿类似大人的小袍褂，腰束彩色腰带，胸前戴"舜尕尔"，背后带"曲外代尕"，即用红布做成的两块长方形硬布牌，上缀有鱼骨做的圆块、各色珊瑚珠组成的图案，下边有红色线穗，并用各色珊瑚、玛瑙、玉石、珍珠串成的珠链把两块布牌连起来，戴在脖子上，分别垂挂在胸前和背后。当姑娘到了15岁时，要带"萨达尔格"，意味着姑娘长大成人，可以婚配了。"萨达尔格"是在用红布做成的一块方形布牌上，缀以贝壳和各色珊瑚而成的（图3-365、图3-366）。姑娘17~19岁，就到了成婚的年龄，在婚礼戴头仪式上，姑娘便换下少女的服装，开始穿上新婚礼服（图3-367~图3-369）。

随着社会发展，裕固族服饰的结构和功能也在发生着变化。现在的裕固族人平时很少穿戴民族服装，只有在节日或喜庆场合才穿戴，民族服装已经成为裕固族文化的一种点缀。

图3-365 裕固族少女"头面"

图3-366 裕固族妇女荷包串腰饰

图3-367 裕固族镶花边褐子布长袍

图3-368 裕固族少女服饰

图3-369 裕固族女服

图片来源：甘肃省博物馆藏

四十四、塔塔尔族

（一）塔塔尔族概况

塔塔尔族，在汉文史籍中常被译为"鞑靼""达怛"等，主要分布于中国新疆、俄罗斯、乌克兰、巴尔干、哈萨克斯坦等国家和地区，民族主体位于中国境外，塔塔尔族主要散居在我国新疆维吾尔自治区境内天山北部地区，以伊犁哈萨克族自治州、昌吉回族自治州、乌鲁木齐市等地区人数较多，比较集中分布在乌鲁木齐、伊宁、塔城、奇台、吉木萨尔、阿勒泰、昌吉等地，新疆维吾尔自治区昌吉回族自治州奇台县大泉塔塔尔乡是中国唯一的以塔塔尔族为主体的民族乡。2010年第六次人口普查数据显示，塔塔尔族在国内共有3556人，是中国境内人口最少的民族。

塔塔尔族主要是由古代保加尔人、钦察人和突厥化了的蒙古人长期融合发展而形成的。长期以来，畜牧业是塔塔尔族仅次于商业的重要经济领域。

塔塔尔族为蒙古人种的西伯利亚类型，有本民族的语言，属阿尔泰语系突厥语族西匈语支，有以阿拉伯文字为基础的文字，主要信仰为伊斯兰教。塔塔尔族和其他突厥语民族一样，在接受伊斯兰教之前，曾经历过一个万物有灵的原始宗教信仰的时期。塔塔尔先民曾把苍狼作为民族的图腾，相信其具有非凡的超自然力。在流传至今的《古丽奇要克》等塔塔尔民间传说和民俗中，仍可窥见一些遗迹。至今，塔塔尔民间还保留着佩戴狼牙饰物、珍藏狼的后脚踝骨等习惯，相信它们具有辟邪的非凡超自然力。

塔塔尔族的民间文学作品丰富，有神话传说、故事、谚语、歌谣、谜语等，尤其以诗歌、民歌在新疆各族人民中享有盛名。塔塔尔族的戏剧艺术发展比较早，20世纪30年代初期成立了塔塔尔剧团。塔塔尔族音乐节奏鲜明、旋律流畅华丽、结构短小精干、动听而易于上口，情绪热烈，唱起来促人起舞，往往于歌舞酣时伴以尖声呼叫和口哨声，表现了塔塔尔族热情豪放、活泼乐观的民族性格。乐器种类很多，有"库涅"（二孔直吹的木箫）、"科比斯（置于唇间吹奏的口琴）、二弦小提琴等。

塔塔尔族主食主要有"去买西"（烤面饼）、抓饭、馕、拌面、馅饼等；喜食牛羊肉，食用的蔬菜较少，主要有土豆、南瓜、番茄、白菜、洋葱、胡萝卜等。最富有特色的塔塔尔族风味食品是"古拜底埃"（糕点）和"伊特白里西"（烤熟的禽肉）。塔塔尔族除喜欢饮各类茶外，还喜欢喝奶茶、马奶等。最富有民族特色的饮料是"克尔西曼"和"克赛勒"。"克尔西曼"类似啤酒，是用蜂蜜和啤酒发酵后酿制而成的；"克赛勒"是用野葡萄酿的酒，这两种饮料都是塔塔尔族人民最喜爱的饮料。

居住在城市里的塔塔尔族居民，一般一家一户自成庭院，庭院内种植着果树和花草，修有小道、走廊，环境清幽，布置成宜人憩歇的小花园。在森林资源丰富的地方，一般多住木房。牧区的塔塔尔族适应游牧生活，都住毡房，其形式及结构与哈萨克族基本相同。

塔塔尔族的传统节日主要有"肉孜节""古尔邦节"和"撒班节"。

（二）塔塔尔族服饰文化

塔塔尔族的服饰十分别致。其服饰干净、整洁、艳丽、大方，刺绣装饰十分精美。其式样、原料、装饰物等方面既保留了游牧民族的某些特征，又具有一种与其居住区域的寒冷气

候和经济文化相适应的实用性
的美。

塔塔尔族男子的服饰与维
吾尔族相似。塔塔尔族的服饰
十分讲究，因居住地不同而有
所差异（图3-370、图3-371）。

男子一般多穿套头、宽袖、
绣花边的白衬衣，外加齐腰的
黑色坎肩或对襟无扣短衣或
"袷袢"，腰系三角绣花巾，农、
牧民喜欢扎腰带，行动起来比
较方便，下配赤色或黑色窄腿
长裤，脚穿高筒皮靴，牧民则
多穿一种自己用皮子制作的鞋。
头上也多戴黑、白两色的绣花
小帽和圆形平顶丝绒花帽，也

图3-370　塔塔尔族男服　　图3-371　塔塔尔族男服

图片来源：中国织绣服饰全集编辑委员会. 中国织绣服饰全集5 少数民族服饰卷（上），天津人民美术出版社

有红、绿等色。夏季喜戴绣花小帽，穿白衬衣，外加黑色齐腰短背心或黑色长衫，裤子一般
为黑色。冬季则戴一种用羊羔皮做的黑色或蓝色卷毛皮帽，帽檐上卷，下穿宽裆紧身黑裤，
脚蹬长筒皮靴，外套毛皮大氅，腰束皮带，显得威武、潇洒。青年人的腰带色彩艳丽，喜戴
鸭舌帽，中年人的腰带色彩较淡雅，老人衣着不饰花边，裤脚肥大，将靴遮住。

塔塔尔族的女子服饰装束接近欧洲民间服饰。女性城市居
民喜欢穿宽大的连衫带皱边的长裙子，上装的袖口很小。穿连
衫长裙时往往要在胸口上加一块围巾。或上穿衣领、袖口及上
肘等处缀以花边装饰的窄袖白色衬衫，下着白、黄或紫红色连
衫带褶边长裙，长及小腿或者曳地，裙摆装饰数层荷叶边，外
套西服上衣或胸前绣花的深色紧身小坎肩。未婚姑娘胸前还罩
一个白色长方形小围裙，围裙的边缘有褶皱，前胸绣有花卉图
案。脚穿长筒袜，"喀以喀"花皮鞋、长筒靴或羊皮女靴。配
以金、银、珠、玉等各种质地的耳环、手镯、戒指、项链（尤
其喜戴朱红色）、胸针等装饰品。塔塔尔族女子以戴镶有彩色
珠子的绣花小帽为美，外罩一块彩色透明大纱巾或系向脑后打
结。小帽上缀有彩珠装饰，似口袋，戴时帽子后半部分歪靠在
头上，将绣花图案露出来，十分漂亮（图3-372）。

图3-372　塔塔尔族姑娘盛装

女青年常把头发梳成两条发辫，并系上旧银币或特制的金属牌，戴镶有珠饰的绣花小圆花帽，帽上披一块彩色透明的纱巾，中年妇女头扎方巾。牧区妇女喜欢把银质或镍质的货币钉在衣服上。老年人的裙子和坎肩较肥大，颜色素净，裙摆上不装饰荷叶边。中年和老年的妇女还喜欢在靴子外面套上一双胶制的套鞋，尤其是下雨天或下雪天，穿套鞋既保暖，又可保护皮鞋。进门脱套鞋，出门穿套鞋，可避免把泥土或雪带进屋。

塔塔尔族无论男女老幼都喜欢穿一种宽袖、竖领、对襟的洁白绸缎衣料的绣花衬衣，衣领开至胸前。在衬衣的领口、袖口、胸前大都绣着十字形、菱形等几何图案花纹，用蓝色、浅色、翠绿色丝线，取十字形花纹构成花卉图案。在白色衬衣外，再套一件黑色齐腰短背心或黑色对襟长衫，背心是黑色和墨绿色平绒衣面，对襟沿边用深蓝色、橘黄色、棕色丝线，同样取"十"字方纹，彩绣出各种花草图案。腰带有以绸缎为面的深蓝色腰带，也有织锦腰带，多用咖啡色或深蓝色，其边缘有金黄色花卉。这种黑白色差强烈的搭配在男子的服饰上更为普遍。

四十五、鄂伦春族

（一）鄂伦春族概况

鄂伦春族是中国东北部地区人口最少的少数民族之一，主要居住在大兴安岭山林地带，是狩猎民族，因此他们的衣食住行及歌舞等方面都显示了狩猎民族特点。关于其族源，主要有两种说法，一是室韦说，二是肃慎说。学界多倾向后者。根据2010年第六次全国人口普查，全国有鄂伦春族8659人。

鄂伦春族使用鄂伦春语，鄂伦春语属阿尔泰语系通古斯语族通古斯语支，没有文字。在长期的狩猎生产和社会实践中，鄂伦春人创造了丰富多彩的精神文化，有口头创作、音乐、舞蹈、造型艺术等。鄂伦春族信仰具有自然属性和万物有灵观念的萨满教。这种宗教与该民族特有的原始观念是紧密地结合在一起的。他们的宗教形式，表现为自然崇拜、图腾崇拜和祖先崇拜，"萨满"（巫师）是沟通神人之间的使者。萨满教信奉的神灵相当多。

鄂伦春族的音乐以"赞达温"山歌曲调为主，高亢清透，伴有延长音和颤音，优美动听。"赞达温"的歌词即兴添加，语言朴实，感情浓烈。仅有的一种乐器是叫"彭努哈"或"卡木斯堪"的口弦琴，音量虽微弱，但能吹奏出各种曲调。鄂伦春族的舞蹈分仪式舞、娱乐舞、宗教舞三大类，共同特点是边歌边舞。动作由慢到快，动作激烈至高潮时结束。代表性舞蹈有"依和讷嫩""依哈嫩"、黑熊搏斗舞等。

鄂伦春族的传统节日不多，只有春节、氏族的"莫昆"大会和宗教活动"奥米纳仁"，还有篝火节。主要节日是农历新年，春节对于鄂伦春人来说是庆祝狩猎丰收、辞旧迎新的喜庆日子，因此鄂伦春人对春节十分重视。每年的6月18日是鄂伦春民族传统的节日——篝火节。这一天，鄂伦春人都要点燃篝火，欢歌舞蹈，欢庆自己民族的节日。

（二）鄂伦春族服饰文化

鄂伦春族的服装以袍式为主，主要有皮袍、皮袄、皮裤、皮套裤、皮靴、皮袜、皮手套、皮坎肩、狍头皮帽等，最具特色的是狍头皮帽。鄂伦春族均着宽肥大袍。因过去主要从事游猎，服饰多以鹿、狍、犴皮制作。领口、袖口、襟边、大袍开衩处均有刺绣、补花等装饰，常用云纹、鹿角纹等。戴犴皮帽，女帽顶用毡子，上缝各种装饰和彩穗。姑娘戴缀有珠子、贝壳、扣子等装饰的头带。男子出猎时，穿狍皮衣、皮裤，戴狍头皮帽，穿乌拉。现今日常已普遍着布衣、胶鞋，但出猎时仍多着皮衣（图3-373~图3-376）。

图3-373 穿夏狍皮袍的鄂伦春猎人

图3-374 鄂伦春族狍皮男袍

图3-375 鄂伦春族女皮袍

图3-376 穿袍服的鄂伦春族女子

图片来源：中国织绣服饰全集编辑委员会. 中国织绣服饰全集5 少数民族服饰卷（上），天津人民美术出版社

图片来源：臧迎春. 中国少数民族服饰，五洲传播出版社

在长期的游猎生活中，鄂伦春族人独具匠心，创造了极富民族特色的狍皮服饰文化。狍皮不仅经久耐磨，而且防寒性能极好。不同季节的狍皮，可以制作各种不同的衣着。如秋冬两季的狍皮毛长而密，皮厚结实，防寒力强，适宜做冬装。夏季的狍皮毛质稀疏短小，适宜做春夏季的衣装（图3-377、图3-378）。

皮袍，鄂伦春语叫"苏恩"。多以冬季猎获的袍子皮缝制而成，分男女皮袍两种。男皮袍稍短些，一般到膝盖，前后开衩。女皮袍较长，左右开衩，在袖口、衩口处都绣有花草和花纹。男子多系皮带，女子多系彩色的布腰带，老年妇女一般系素色。

"灭日塔"皮帽是用狍头皮制作的。猎到狍子后，完整地剥下头皮，保留向上翘起的两只角和耳朵，晾干鞣软后按照原来的形状在里面缝上布、毛皮，在原来眼睛的地方镶上黑色的毛皮做装饰，帽子的下面再接一圈皮子做帽耳，平时翻上去很好看，冷的时候翻下来遮风

图3-377 鄂伦春族狍皮窄袖女袍　　　　　　　　　　　　　图3-378 鄂伦春族狍皮套裤

图片来源：北京服装学院民族服饰博物馆藏

挡雪。"灭日塔"是大人小孩都喜欢戴的帽子，它不仅能抵御严寒，狩猎时还可以起到伪装作用，是鄂伦春族有代表性的服饰。

鄂伦春族妇女喜欢戴猞猁皮帽，或镶着狐狸皮或猞猁皮的毡帽"阿文"，帽上有四个耳，左右是两个大耳，前后是两个小耳，平时翻在上面，冷时放下来（图3-379、图3-380）。

鄂伦春族人冬天戴的手套有三种，一种叫"瓦拉开依"，就是我们现在戴的皮"手闷子"。另一种叫作"考胡落"，是用一块长方形的狍皮，一头剪成圆形抽成褶，在侧面镶条皮

图3-379 鄂伦春族狍头皮帽　　　　　　　图3-380 鄂伦春族黑色女毡帽

图片来源：北京服装学院民族服饰博物馆藏

子，做一个大拇指套缝在上面，大拇指同四指分开，手掌留口。平时，手在里面，射击或者是抽烟的时候不用摘掉手套，从手掌处的开口处直接把手伸出来，非常方便。第三种五指手套叫"沙拉耶开依"，非常精美，在手腕镶上各种颜色的毛皮，有的镶狐狸皮，有的是两道雪白皮间夹一道黑亮的貂皮，配上手背、手指上艳丽的绣花，叫人爱不释手。"沙拉耶开依"常常是男女之间的定情物（图3-381、图3-382）。

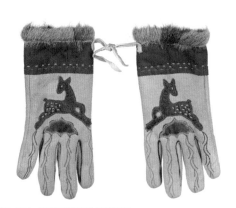

图3-381　鄂伦春族鹿纹绣花手套

图3-382　鄂伦春族狍皮狩猎手套

图片来源：北京服装学院民族服饰博物馆藏

　　鄂伦春族的服饰纹样主要有几何纹、植物纹、动物纹三种。几何纹数量最多，主要有圆点纹、三角纹、水波纹、浪花纹、半圆纹、单回纹、双回纹、丁字纹、方形纹、涡纹等。多半依个人需要组合，以产生新的图案节奏和旋律。植物纹数量居次，以叶子纹、树形纹、花草纹、花蕾纹等为主，其中南绰罗花纹样尤为突出，运用甚广。鄂伦春语"南绰罗花"意为"最美的花"，象征纯洁，多用于姑娘嫁妆的服饰。花形呈"十"字架，以云卷变形纹表示动物纹，数量最少，主要有云卷蝴蝶纹、鹿形纹、鹿头云卷纹及马纹。还有借鉴其他民族的纹样，如"寿"字纹等。

　　鄂伦春族的刺绣方法主要有两种，一种是用各种颜色的花线直接在皮制品上刺绣，另一种是将皮子剪成各种花纹后缝制在皮制品上。刺绣花纹有团花纹、角偶花纹、波浪形花纹和单独花鸟纹等。早期刺绣用的是骨针和用鹿、狍的筋制成的线，近代以来，多用钢针和彩色丝线。

四十六、赫哲族

（一）赫哲族概况

　　赫哲族是中国东北地区一个历史悠久的少数民族，主要分布于黑龙江、松花江、乌苏里江交汇构成的三江平原和完达山余脉，集中居住于三乡两村，即同江市街津口赫哲族乡、八岔赫哲族乡、双鸭山市饶河县四排赫哲族乡和佳木斯市敖其镇敖其赫哲族村、抚远市抓吉镇抓吉赫哲族村。赫哲人先民是肃慎族系的组成部分，历史上包含于肃慎、挹娄、勿吉等古代民族之中。由于居住地域广阔，赫哲人的自称较多，如"那贝""那乃""那尼傲"。"赫哲"作为族称最早出现于康熙二年（1663年）三月，1934年凌纯声《松花江下游的赫哲族》一书出版后，"赫哲"作为族称开始广泛传播。根据2010年第六次全国人口普查统计，赫哲族人口数为5354人。

民族语言为赫哲语，属阿尔泰语系满通古斯语族满语支（也有观点认为应归入那乃次语支），没有本民族的文字，使用西里尔字母来记录语言，因长期与汉族交错杂居，通用汉语。赫哲人普遍存在图腾崇拜、自然崇拜、灵物崇拜、鬼神崇拜和祖先崇拜等原始崇拜及萨满教信仰。万物有灵论构成了赫哲人原始崇拜和原始宗教信仰的基础。

赫哲族是一个渔猎民族，并且是北方少数民族中唯一曾以渔业为主的民族。在春、秋、冬三季捕鱼。在夏季渔闲期，渔民们修理捕鱼工具，为捕鱼季节的到来做准备。赫哲人的饮食也以鱼、兽肉和野菜为主，小米是副食，且饮食分生、熟两种。

赫哲人的住房原始、简陋。临时住处有尖圆顶的撮罗子和地窨子、"温特哈"、草窝棚等。固定的住处有马架子、用草苫顶的正房。历史上的赫哲族还曾住过树屋，是巢居的痕迹。正房的东侧或西侧一般还搭建鱼楼子，存放鱼和兽肉干、粮食或其他物品。

春节是赫哲人最重要的节日。一些人家做"吐伙宴"面饼、稠李子饼和稠粥分送与邻居们。在除夕夜，还要进行一系列的祭祀活动，为亡者"烧黄纸钱和包袱"。屋内西墙供奉祖宗三代之位，锅灶上方供奉灶神，后来房子西南外墙供天地神。受满族、汉族的影响，赫哲人也过元宵节、端午节、中秋节、"二月二"节、清明节、"腊月二十三"祭灶神等。赫哲族聚居区的赫哲族还过"乌日贡"节，以文体活动的形式庆祝丰收，日期为农历五月十五日。

（二）赫哲族服饰文化

赫哲族的服饰文化由于受到宗教信仰的影响，萨满服饰种类繁多。

（1）神帽：赫哲族男萨满神帽多用狍、鹿角、金属制成。初级杈少，高级杈多，有三杈、五杈、七杈、九杈、十五杈之分。萨满的神帽分为初级萨满神帽、高级萨满神帽、女萨满神帽。女萨满神帽形似初级神帽，帽圈外周围缀以荷花瓣的小片，下垂有飘带。神帽上的飘带有布与熊皮两种：布做的飘带长短不一，带的颜色亦不一样，飘带有两节或三节的，各节的颜色也不同。在帽后有一条布带特长，约为其他布带的两倍，带梢系一小铃铛，这带叫作"脱帽带"，因为萨满脱帽的时候，不能把神帽直接放到炕上，必须有人拿住脱帽带，萨满用一小木棒打鹿角，将帽打下，拿带子的人立刻把帽子提起来，不使帽子坠地。皮带的材料为带毛的熊皮，通常无节，较布带略长，布带与皮带的数目亦视萨满品级的高下而定。神帽上小铃铛的数目亦因萨满品级的高下而规定。帽的前面正中有小铜镜一面，它的功能是保护头不受伤害，所以也称护头镜。此外，神帽鹿角中间用铜或铁做只鸠神，两旁又各有神，有时帽上挂有求子袋。

（2）萨满的神衣：从前是用龟、四足蛇、蛙、蛇等兽皮缝制而成。现已改用染成红紫色鹿皮，再用染成黑色的软皮剪成上述各种爬虫的形状，缝贴在神衣上。神衣相似对襟马褂，衣的前面有蛇6条；龟、蛙以及四足蛇、短尾四足蛇各两个；后面较前面少短尾四足蛇两个，两袖底有小皮带4条。萨满的神服因居住地域不同而有差异，但有其共性。神服包括神裙和短褂（套在普通长袍的外面）。萨满专用的长袍是用布料制作的，很少有用丝绸的，样式与常服一样，主要标志是宽大的左襟掩在右侧。

（3）神裙：式样甚多，裙上附属品的多少亦视萨满的品级而定。良渚博物院现藏神裙前幅，有布带二十条、皮带4条、铃铛9个、小铜镜5面、龟3个、蛇3条、四足蛇3条、珠3串、求子袋9个；后幅只有铃铛4个，无他物。从前那乃萨满神裙有蛙、蛇、蜘蛛、龟、狐狸等图案。这些虫、兽在萨满去下界时能有所帮助。

（4）腰带：是用来系挂铁腰铃的，是用宽12~18厘米的兽皮制成。它从后面和侧面围住腰部，端部缝有小带子，以便在前面系在腰上。在腰带上缝有几排小短带，以便悬挂铁腰铃及小铜镜、小铃铛等。

（5）神手套：赫哲族人从前用龟皮做手套，现在改用鹿狍皮做，皮染红紫色。式样与普通手套相似，惟边缘有黑皮边须。两手套上各缝有龟一个，四足蛇两条，萨满须晋级至七叉鹿角时方能用此物。神手套用布料或鱼皮制成，手套上有四足蛇、蛇、蛙、蜘蛛等图饰。

（6）神鞋：从前用蛙皮制作，现改用野猪皮或牛皮做，鞋头、鞋帮、鞋跟有黑皮边须，鞋头面系有铃铛一个，鞋上缝有蛙、蛇等图案。

（7）腰铃：也是萨满使用的最重要的神具之一，用铜或铁制作，为锥形，尖部串一铁环，以便往腰带上拴系。

（8）铜镜：萨满的神帽及神裙上都缝有小铜镜，胸前及背后挂大铜镜，帽上的小镜叫护头镜，胸前挂的为护心镜，背上挂的为护背镜，铜镜在背面带有纹饰。铜镜帮助萨满通晓人间大（图3-383）。

此外，鱼皮服饰是过去赫哲族人独有的民族服装，充分说明了赫哲族人具有利用自然、改造自然和适应环境、创造生活的顽强意志与高度智慧（图3-384~图3-386）。鱼皮衣服是把鲢鱼、鲤鱼等鱼皮完整地剥下来，晾干去鳞，用木棒槌捶打得像棉布一样柔软，用鲢鱼皮线缝制而成。受满族服饰的影响，鱼皮衣多为长衣服，主要是妇女们穿用。鱼皮衣样式像古代旗袍，腰身稍窄，身长过膝。袖管

图3-383　赫哲族女服

图3-384　赫哲族鱼皮饰如意卷草纹大襟衣

图3-385　赫哲族鱼皮云子纹对襟衣

图片来源：北京服装学院民族服饰博物馆藏

宽而短，没有衣领，只有领窝。衣裤肥大，边缘均有花布镶边，或刺绣图案，或缀铜铃，显得光亮美观。鱼皮套裤，有男女两种，男人穿的上端齐口，裤脚下缘镶黑边，冬天穿上狩猎可以抗寒耐磨，春秋时穿上捕鱼可防水护膝。随着物质生活的不断提高，赫哲族服装的材料及式样也发生了根本性的变化。鱼皮不再是赫哲族人的遮体服饰，而是作为一种民间工艺被收藏于艺术的宝库博物馆之中。制作鱼皮衣的成本极高且制作工艺精妙，现在的赫哲族人已经很少有人会做鱼皮衣，这种民族工艺的传承受到了很大的挑战。

图3-386　赫哲族鱼皮连裆裤

图片来源：北京服装学院民族服饰博物馆藏

四十七、门巴族

（一）门巴族概况

门巴族是中国具有悠久历史文化的民族之一，主要分布在西藏自治区东南部的门隅和墨脱地区，错那县的勒布是门巴族的主要聚居区。门巴族和藏族长期友好往来，互通婚姻，在政治、经济、文化、宗教信仰、生活习俗等方面都有十分密切的关系。1964年，门巴族被正式确认为单一民族，根据2010年第六次全国人口普查统计，门巴族总人口数为10561人。

农业是门巴族主要的经济生产方式。门隅的农业比较发达，以较为精细的锄耕和犁耕为主，墨脱以刀耕火种为主。门隅腹心及以南地区的农作物主要有稻米、小米、高粱、玉米、青稞、大豆等。牧业生产也是门隅门巴族的重要经济活动。门巴族还有手工业如竹木器制作、石器制作、金属加工以及造纸等门类，其中以竹木器制作最为发达和最具特色，门巴木碗久负盛名。

民族语言为门巴语，属汉藏语系藏缅语族藏语支，方言差别较大，无本民族文字，通用藏文。在门巴族的传统宗教信仰中，原始宗教信仰、本教信仰和藏传佛教信仰的互融共生、杂糅并存，是门巴族宗教信仰的显著特征。万物有灵的原始宗教和本教是门巴族的古老信仰。门巴族认为，山有山神、树有树精，水怪、风雨雷电、地震水灾乃至人的生老病死都有超自然的神灵在左右驱使。为免灾祈福，人们敬奉鬼灵，供献牺牲，举行各种繁缛的巫术活动。

在日常生活中，门巴族的主食主要有荞麦饼、玉米饭、大米饭和鸡爪谷糊。常见的蔬菜品种有白菜、萝卜、元根、土豆、黄瓜等。门隅和墨脱森林茂密，盛产野生蘑菇和木耳。蘑菇种类繁多，味道十分鲜美。饮料有酒和茶两大类别。酒有"邦羌"、米酒和青稞酒，茶有酥油茶和清茶。

门巴族的音乐歌体有萨玛体、卓鲁体、加鲁体和喜歌体等。萨玛歌体多用于节庆、婚礼、亲朋欢聚等场合。卓鲁意为牧歌，曲调舒缓宽广、高亢而绵长。加鲁意为情歌，曲调细腻而流畅。门巴族的传统乐器有"里令"（双音笛）、"塔阿让布龙"（五音笛）、"基斯岗"（竹口琴）和牛角舞。门巴族的舞蹈最有特点的是"巴羌""颇章拉堆巴"和牦牛舞等。

（二）门巴族服饰文化

巴族人与藏族人交错杂居，服装款式也受其影响，尤其是受工布地区藏式服装的影响较大。由于门巴族人的居住地区温暖，故服饰更为简约，色彩也更为鲜艳。

门巴族的服饰多采用氆氇为面料。氆氇是制作衣服和坐垫的一种羊毛织品，种类多样，色彩艳丽，是门巴族生活中的必需品。

门巴族男子内穿白色布衣，其形为右衽斜襟，有袖无扣，长至膝盖。其外罩藏式的赭色的布袍或氆氇袍，比藏袍短小，有领、袖和扣，无衣袋，有长短之分，短者过腰，长者过膝，衣摆开衩，系腰带，上挂短刀和长刀各一把，另挂烟袋等物。下着长裤，耳垂大环。墨脱地区气温高且潮湿，男子穿着用棉麻自织的白袍，原料来自藏族同胞居住区或尼泊尔，赤足，系腰带，挂砍刀和叶形小刀。由于门巴族信仰原始宗教，他们认为神灵无处不在，万物皆有神，对神灵无限的敬畏，因此，门巴族服装上的图案较少。现随着生活水平的提高和与西藏各民族交往的频繁，有些门巴族男子系银腰带，上面还刻有鸟、兽的图案花纹，既有实用性又具有一定的装饰性（图3-387~图3-389）。

由于门巴族所分布的地域和气候上的不同，体现在女子服装上也有一定的差别，按地域划分大致可分为以下两类。

（1）门隅地区：门巴族妇女衣着比较艳丽，与藏族服装更为接近。女子穿的内衣叫"埃努普冬"，以柞蚕丝为原料，有白、红等颜色，无袖、无扣、无开襟、无领，只开一个圆口由头上套穿。内衣外罩红色或黑色的氆氇袍，称为"冬固"，分长短两种。袍右衽斜襟，无扣，领沿饰孔雀蓝边，袍长至膝下。腰系白色样，犹如符号标志，非常奇特。腰间系有一条长2米，宽约0.6米的红氆氇腰带，全身大块的黑白色服装和红色腰带相配，色彩极为漂亮。

图 3-387　门巴族男袍　　　　　　　　图 3-388　山南门巴族男服　　图 3-389　门巴族女服

图片来源：中国织绣服饰全集编辑委员会. 中国织绣服饰全集 5 少数民族服饰卷（上），天津人民美术出版社

胸前挂上一个"噶乌"，还佩戴绿松石和红珊瑚项链，这是服饰的重要点缀。

　　门隅地区的邦金、勒布一带的门巴族妇女还有一种不同于其他地区妇女的装束，她们习惯在背上披一块完整的牛犊皮或山羊皮。妇女穿着的牛犊皮一般毛朝内皮板朝外，牛皮颈部朝上，尾部向下，四肢的皮伸向两侧。这一特殊装束源于民间传说：文成公主进藏时，为避妖邪，背披牛皮，颈挂一串用松耳石、红珊瑚、玛瑙等串成的装饰品。日后文成公主将此毛皮赐予门巴族妇女，从此，背皮子的习俗沿袭了下来。现在，每逢吉庆节日或访亲会友，门巴族妇女都要披一张新牛皮作盛装。新娘更看重这种装束，出嫁时在嫁衣上必须披上一张新的小牛皮。这种习俗不仅具有特殊的审美功能，还有实用功能。门巴族妇女常年背负重物，背披牛犊皮可作为背物时的垫背。又由于她们居住地方气候潮湿，背一张牛犊皮可以防潮护身（图 3-390）。

　　门隅地区的门巴族人不论男女都戴一顶别具特色的帽子，门巴语把这种帽子叫作"尔裕"，意为"黑顶帽"，是门巴族的传统头饰。该帽呈筒形，帽顶是用蓝色的或者是黑色的氆氇做成，帽围是用红色的氆氇做成，约 6 厘米宽，翻檐部分是橘黄色毡，镶以孔雀蓝色的边，帽檐留有一楔形缺口。戴帽子的时候，男子是缺口对着右眼的上方，女子是缺口往后。邦金地

图 3-390　门隅地区门巴族妇女头饰

图片来源：中国织绣服饰全集编辑委员会. 中国织绣服饰全集 5 少数民族服饰卷（上），天津人民美术出版社

区的门巴族人戴盔式帽子，帽子的翻檐上还要插上孔雀翎或雄鸡尾，帽子的下沿有若干条穗，显得十分的别致。墨脱地区的门巴族人无论男女都很少戴帽子，常戴自编的斗笠防雨防晒。

门隅地区的门巴族男女还喜欢穿红黑两色氆氇配缝制的牛皮软底花长筒靴，靴底与靴帮用牛皮缝制，靴筒用红色氆氇缝制，靴面用黑色氆氇缝制，靴筒外侧约15厘米处留一长"V"字形缺口，缺口边沿用布缏边，靴筒高至膝下。墨脱地区的门巴族人多是赤足。门巴族妇女喜爱戴首饰，几乎每个门巴族妇女都佩戴着2~3个银质或铜质的戒指。平时劳动时，身上装饰品较少，到了节日走亲戚时就盛装打扮，将自己最珍爱的装饰品全部佩戴。

（2）墨脱地区：门巴族妇女的服饰与门隅地区差别显著。她们穿白色、黄色或红色的上衣或无袖、无领的宽大褂子，下着白底长条花布缝制成的长裙。裙子由白色氆氇制成，裙摆上坠有飘穗，名字叫作"墨约"。外套为自纺、自织的黑色、红色条纹的布或氆氇长袍。这种袍无袖、无扣，两侧不缝合，仅缏上边，中间开口为领，贯头而入，是最为古老的传统服装款式。穿袍时腰部系红色腰带。女性留长发编辫，辫子缠上彩色的绒线后盘于头顶，青年妇女梳双辫（图3-391、图3-392）。

图3-391　墨脱县门巴族女服　　　　图3-392　墨脱县门巴族妇女服饰

图片来源：中国织绣服饰全集编辑委员会. 中国织绣服饰全集5 少数民族服饰卷（上），天津人民美术出版社

四十八、基诺族

（一）基诺族概况

基诺族是云南省人口较少的7个特有民族之一，主要聚居于云南省西双版纳傣族自治州（以下简称西双版纳州）景洪市基诺山基诺族民族乡及四邻的勐旺、勐养、勐罕，勐腊县的勐仑、象明也有少量基诺族散居。1979年，基诺族被正式确认为单一民族，根据2010年第

六次全国人口普查统计，基诺族总人口数为23143人。

基诺族长期处于十分落后的原始状态，直到中华人民共和国成立前，以"刀耕火种"为主要手段和特点的山地农业是其经济生产的主要形式。基诺山是普洱茶六大茶山之一。传说三国时，基诺族人民就已开始种茶，并能进行初步的茶叶加工。基诺族人善于狩猎。狩猎是基诺男子的一项基本技能，猎获动物的多少，狩猎知识和经验是否丰富成为衡量男子能力的主要标志。捕鱼也是基诺族居民的重要副业。采集是基诺族妇女的重要生产活动。基诺族日常生活的佐餐、副食主要靠妇女采集的各种野菜、野果和虫类。此外，纺织和刺绣是基诺妇女的一项基本技能。在基诺山，随时都可以看到妇女或手持纺轮捻线，或穿针引线刺绣。纺线的技艺只有经过长期训练才能熟练掌握。

民族语言为基诺语，属汉藏语系藏缅语族彝语支，没有文字，过去多以刻木、刻竹来记数、记事，通用汉语。基诺族除具有一定的祖先崇拜和对诸葛孔明尊奉外，最具特色、占主要地位的宗教观是万物有灵思想。基诺族认为山有山神、地有地神、寨有寨神、谷有谷神。每年祭祀的活动很多，传统节日、喜庆丰收、生儿育女、天灾人祸都要祭祀神灵。

基诺族的传统节日以"特懋克"（或称"特毛切"）最隆重、最盛大。"特懋克"即过年，意为"打大铁"，是基诺族人民为纪念铁器的创制和使用而举行的节庆。过去节日活动都以村寨为单位举行，没有统一的时间，大约在农历腊月间，一般由"卓巴"（卓巴：村寨的主要领导，寨父，或称"老火头"）来决定，一旦"卓巴"敲响大鼓时，便意味着开始过节了。

（二）基诺族服饰文化

基诺族的服饰具有古朴素雅的风格。男子一般穿白色圆领无扣的对襟上衣，及膝的宽筒裤，裹绑腿，用长布包头，耳戴刻着花纹的竹木或银制的耳环。妇女穿圆领无扣短上衣镶七色纹饰，背部绣有太阳花图案，内衬紧身衣或戴菱形刺绣胸兜。下着红布镶边的黑色前开合式的短裙，裹绑腿，头戴披风形的尖顶帽。基诺族的服饰原料多为棉麻混纺的土布，颜色以原色为主，其间点缀黑红色条。织布技术原始简易，织出来的布不润滑、无光泽，但却结实耐用，深受基诺族人的喜爱（图3-393~图3-395）。

基诺族的服装配饰也相当丰富。

（1）耳环：基诺族男女皆喜欢戴大耳环，耳环眼较大。他们认为耳环眼的大小，是一个人勤劳与否的象征，所以从小就穿耳环眼，随着年龄的增长而逐渐扩大。如果一个人的耳环眼小，则会被人认为是胆小、懒惰。

（2）尖顶帽：基诺族人的头饰独具特色，女子头戴尖顶式披肩帽，用自织的白色厚麻布制成，上面饰有条状花纹，是基诺族妇女服饰的一个显著特征。它是用长约60厘米、宽约23厘米的竖线花纹砍刀布对折，缝住一边而成。戴时常在帽檐上折起指许宽的一道边。身

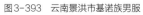

图3-393　云南景洪市基诺族男服

图片来源：云南民族博物馆藏

图3-394　基诺族传统女服

图片来源：中央民族大学民族服饰博物馆藏

图3-395　基诺族女服

材苗条的基诺族妇女穿戴上这样一套色彩协调、剪裁适体的服装，显得既庄重大方，又活泼、俏丽。有的帽子下摆很长，绣有彩色的挑花几何图案，下沿用珠子、绒线和羽毛做流苏。未婚少女将帽子服帖地戴在头上，已婚妇女则在头上架起一个竹篾编的架子，使帽子高高隆起。男子头帕上最好的装饰品是用红豆组成花纹的饰物，有白木虫的翅膀，这是姑娘给小伙子的定情信物，白木虫的翅膀坚硬、光亮永不褪色，象征着坚贞不渝的爱情。

（3）文身：受傣族人影响，基诺族人也有文身的习俗。一般是家庭富裕的人或有文身爱好的人才文。女人在小腿上黥刺，花纹与衣服上的边饰图案相仿；男人多黥在手腕、手臂上，花纹有动物、花草、星辰、日用器物等。

日月花饰是基诺族男子的背部装饰。每个男子在衣背中央均缝缀着一块彩色图案，基诺族人称之为"波罗阿波"，意为太阳花或月亮花，即日月花饰。日月花饰呈圆形，直径约为10厘米，用红、黄、绿、白等彩色丝线绣于18厘米见方的黑布上缝于衣背。圆形图案由中心往外展开，呈放射状彩线条，有的好似太阳，光芒四射；有的线条平缓，像月亮一样柔和。日月花图案旁往往还要加绣有兽形图案或几何形花纹，使得其花纹色彩对比更丰富、和谐。基诺族人认为是灿烂的阳光给大地万物带来生机和希望，是柔和的月光给万物带来了凉爽和露水，故缀饰日月花饰还有祈福之意。日月花饰的另外一种象征意义是：日月永远挂在天空，子女也要永远铭记父母的养育之恩，只要见到日月花饰就会想起自己的父母。

日月花饰也是基诺族男子成年的标志，佩缀它需经过成年礼仪仪式。凡年满十五六岁的男孩，在劳动或出门办事时，就会受到一次事先埋伏好的青年人的突袭劫持，然后将他"绑架"到举行祭祖仪式的会场，在庄严隆重的仪式中接受村寨长老的祝福，并要得到父母赠送的全套农具及成年衣饰。只有经过成年礼，穿上缀有日月花饰的衣服，他才算取得正式村寨成员的资格，开始具有基诺村寨成员的权利和义务，因此，日月花饰又具有村寨族徽的功能。同时也只有穿上这种衣饰，青年人才有谈情说爱的权利，才能参加男女青年的组织和活动。

传统的基诺族男子头饰有年龄之分，未成年男孩留短发、戴帽子，十五六岁举行成年礼时换帽为包头。包头为黑色，缠绕于头部，两端锁彩边，留出一侧，青年男子的包头上往往还插缀一朵装饰花。装饰花用红豆串成，下面吊着白木虫的翅膀，这是他们恋人赠送的定情之物，有着极为特殊的含义。红色的豆子永不褪色，金黄色闪着绿光的绿壳虫的翅膀，像金属一样坚硬不易打碎，它们象征着两人爱情的坚贞和持久。成年男子还喜欢戴刻有花纹图案的木制或银质耳环，在耳环和耳孔上往往还喜欢插缀鲜花。基诺族人认为戴耳饰和包包头是成年人神圣和庄严的事情，但并不是任何时候都可以为之，一旦父母和舅舅去世，一年内不得戴耳饰和包包头，否则将会被世人耻笑（图3-396）。

基诺族妇女非常喜欢戴耳饰（图3-397）。她们的耳饰多为空心的柱形软木塞或竹管和

图3-396　基诺族男子盘式包头

图3-397　基诺族妇女耳饰

鲜花。基诺山四季鲜花盛开，草叶繁茂。基诺族妇女们将采来的鲜花翠草插在耳塞的边侧或耳塞孔内做装饰，有的妇女为保持花草的鲜美，一天当中要更换数次。通常在女孩长到七八岁时，便要在双耳上穿孔，内塞竹或木管，随着年龄的增长，耳塞也由细到粗，耳孔也就逐渐扩大。长至十五六岁，当她们在耳朵眼儿里插上芬芳美丽的鲜花时，就标志着已经成年，可以谈情说爱了。青年男女在恋爱时，喜欢互相赠送花束，插在对方的耳孔或耳环眼里，以此来表达爱慕。

四十九、水族

（一）水族概况

水族是中华民族大家庭中的一个成员。水族主要分布在贵州省境内。2010年全国第六次人口普查统计数据，水族共有411847人，主要分布在南丹、宜山、融水、环江、都安、河池等县、市（自治县）。水族自称为"虽"，汉族称为"水"，是民族自称的音译。在历史上，水族曾被称为"百越""僚""苗""蛮"等，直到明清两代，才有"水家苗""水家"的汉称。中华人民共和国成立后，根据民族意愿，国务院于1956年确定其族称为"水族"。

水族有自己独立的语言，水语属汉藏系壮侗语族侗水语支。水族人民创造了光辉灿烂的历史和文化。很早的时候，水族人民就创造了一种古老的文字，称为"水书"或"水字"，共有800多字。"水文"的结构大致有三种类型：一种是象形字，主要描绘花、鸟、鱼、虫等自然界中的事物及一些图腾，有的类似甲骨文、金文；二是仿汉字，即汉字的反写、倒写或改变汉字形体的写法，故又叫"反手字"；三是标识水族原始宗教的各种密码符号。其中，许多字至今无法破译。水族人民还创造了自己的历法—水历。这种历法以农历九月为新年的正月，以农历八月为年终。水历的年终和岁首，正是谷熟时节，真正保留了"年"的本意。水族人民还创造了丰富的民间文学，《人类起源》《人龙雷虎争天下》等神话，反映了水族先民与自然界艰苦斗争的生活，揭示了人类早期群居穴处以及血缘家庭的一些生活画面；《石马宝》《简大王的故事》等民间故事，反映了水族人民反剥削、反压迫的不屈不挠的斗争精神。水族的民间乐器有铜鼓、大皮鼓、芦笙、胡琴、唢呐等，水族人民能用铜鼓和大皮鼓，演奏出典雅、抒情、奔放、热烈、哀怨、悲伤等情调。水族的斗角舞、铜鼓舞具有独特的民族风格和浓厚的生活气息。水族的工艺美术有刺绣、剪纸、印染和银器加工等，这些工艺精巧别致、久负盛名。

水族的风俗习惯颇具民族特色。端节、卯节等是按水历来推算的，节日祭祖和丧葬祭供时，除鱼肉之外，均忌荤，鱼肉是祭祀的唯一佳肴。水族以大米为主粮，以玉米、小麦、荞麦、芋头、红薯等为杂粮。他们喜吃酸辣食品，喜欢糯食，特别喜爱鱼类食品。

水族家庭组织是一夫一妻的父系小家庭，儿子们长大娶妻后另立门户，并奉行"同宗不

"娶"的婚姻习俗。同一姓氏中的大姓、小姓可以通婚，但"同宗不娶"必须恪守，否则就要受到社会舆论的强烈谴责和族法的严厉惩治。

（二）水族服饰文化

水族多数地区的男子服饰与其他少数民族服饰相同，上衣为立领对襟黑色或深蓝色布扣衣，下穿黑色或深蓝色长裤。融水地区的男子服饰稍微有些不同：上穿无领黑色对襟衣，围绕领口和袖口镶花边；下穿无纹饰白色长裤（图3-398、图3-399）。

图3-398　三都水族妇女日常服饰　　图3-399　水族女子服饰

女子服饰按地域划分可分为两种：宜州水族服饰和融水水族服饰。

（1）宜州水族服饰：宜州水族未婚姑娘喜着浅蓝色、蓝色或绿色长衣及靛青色长裤，衣裤边缘不加任何装饰。水族在服饰上禁忌大红、大黄的热调色彩，喜欢蓝、白、青三种冷调色彩，不喜欢色彩鲜艳的服装，喜欢浅淡素雅的服装。外穿绣花围腰，围腰上端至颈部挂银链，围腰中部两侧系提花腰带，拖在身后。已婚女子的衣裤边角有较为繁杂的修饰，领口、衣襟、袖口、裤脚镶斜面青布大绲边，外缘镶两根绲条，绲条外缘再镶花边。青年女子戴白色头帕，老年女子一般戴黑色头帕。

水族女子喜欢佩戴银饰，常见的有银梳、银篦、银钗、银花、银耳环、银手镯、银项圈及银蝴蝶针线筒等，品种多样、工艺精巧，具有民族特色。银花、银钗只有新娘才能佩戴，一般仅在结婚典礼时用。在其他节日，姑娘们只戴银项圈、压领和针线筒等饰品。

（2）融水水族服饰：融水地区的水族未婚姑娘喜欢用蓝、绿色的绸缎为上衣布料，衣身、衣袖较狭窄，以突显身段曲线。上衣为立领大襟衣，领子、袖口、大襟、底摆镶黑布边和花边。外穿绣花胸兜，胸兜上端至颈部挂着银链，胸兜中部两侧系提花飘带，系在身后。下装为靛蓝色长裤，已婚女子的衣裤边角有较为繁杂的修饰，裤脚镶黑布边，外缘镶两根绲条，绲条外缘再镶栏杆花边（图3-400）。

图3-400　水族马尾绣背扇

图片来源：北京服装学院民族服饰博物馆藏

五十、毛南族

（一）毛南族概况

毛南族是广西土著民族之一，主要居住在河池环江南丹、都安等地。1956年12月被正式确认为单一民族，称"毛难族"。1986年6月，经国务院批准，改名为"毛南族"。据考证，"毛南"一词系"母老"的音转和异写。远古时候，毛南族地区住着"母老"人，后因语音发生变化而出现差别。自宋代以后，史籍上曾把"毛南"写成"峒滩""茅难""冒南""毛难"等，既是族名，又是地区的名称。

毛南族是从古"百越"中的"僚"支分化并发展而来的。据史籍记载，汉末至隋唐，毛南族与水族、侗族和仫佬族都分布在僚人居住的黔桂边境。在经济生活、文化习俗诸方面，他们有很多相似的地方，尤其是语言，毛南语与水语最接近，四分之一左右词汇与侗语、仫佬语相同，这反映了他们有着共同的历史渊源，都由"百越"中的"僚"支发展而来。

毛南族有自己的语言，属汉藏语系壮侗语族侗水语支，但无本民族的文字，通用汉字。除小孩及部分女子外，毛南人既说毛南话，又通晓汉语和壮语。

毛南族的节日有农历五月的庙节（也称分龙节），清明节"赶祖先圩"和元宵节"放飞鸟"也是他们独有的纪念活动。毛南族的节日有两个明显的活动内容：一是祭祀祖先；二是唱歌、对歌活动。

毛南族民间最大的节日是每年夏至后的分龙节。分龙节又叫五月庙节，是毛南族特有的节日，在农历分龙日的前两天开始举行，主要是祭祀神灵与祖先，全村男女以及外嫁的女子和远方的亲友都赶来参加，隆重而热烈。过分龙节时，家家户户蒸五色糯米饭和粉蒸肉，有的还烤香猪折回柳枝插在中堂，把五色糯米饭捏成小团团，密密麻麻地粘在柳枝上，以示果实累累，祈望五谷丰登。

（二）毛南族服饰文化

毛南族男子上衣为黑色立领琵琶襟上衣，襟边、底摆、袖口处绲一宽一窄两条蓝色边；下穿黑色长裤（图3-401）。

女子上身穿立领右衽大襟衣，襟边、底摆、袖口绲蓝色边，并镶嵌花边。毛南族女子出嫁后包青头帕，露出头顶。外出走亲访友，喜戴花竹帽（图3-402~图3-404）。毛南族花竹帽的取材十分讲究。由于早春竹材寒湿太重，而霜后的竹篾皮易脆，通常于夏至后、立秋前选取直而匀称的金竹和墨竹。制篾时，先破竹裁条，然后破扁篾、破薄篾，再在竹篾两头拱开梳丝，分篾至细如发丝，用于交叉辐射、细密编织。花竹帽的基本造型为平面

图3-401 环江毛南族男子服饰

图片来源：臧迎春.中国少数民族服饰，五洲传播出版社

图3-402　毛南族女子服饰

图3-403　毛南族女子服饰

图3-404　毛南族花竹帽

图片来源：臧迎春. 中国少数民族服饰，五洲传播出版社

和圆锥体的组合，编成的蓑纹以五角星为中心。周边按六角形环叠交叉辐射编结，整合定型后上桐油。帽形大方，花纹美观，结实耐用。

五十一、仡佬族

（一）仡佬族概况

仡佬族聚居区地处黔北，在贵州与四川交界处，是云贵高原向四川盆地过渡的斜坡地带。地形地貌复杂多样，年降雨量高于全国平均数，有丰富的水力资源和动植物资源，适合于农业与多种经营的发展。

仡佬族以农业为主，平坦地区多种水稻，山区旱地多种杂粮，属稻作农耕经济文化类型。

仡佬族的称呼有数十种之多。广西的仡佬族一部分自称"牙克"，一部分自称"图里"。"仡佬"之称是"僚"的转音，源于古代的"濮"人，唐宋史书中即有"仡佬""仡僚""革老"等记载。元代以后，直到明、清、民国时期，仡佬之称一直沿袭下来，并因衣饰、生活、生产等特点而被称为青仡佬、红仡佬、黄牛仡佬、水牛仡佬等。此外，各民族对仡佬有种种传统称呼，如壮族称为"孟"、苗族称为"凯"、彝族称为"仆"等。

仡佬族支系很多，住地分散，现仡佬人口有550746人，遍布全省各地。由于受地理和其他民族的影响，各地仡佬族民居差异很大。仡佬族多数住在山区，民谚说："高山苗，水侗家，仡佬住在岩旮旯。"仡佬同胞因地制宜，以石建房。石头奠基，石块砌墙，石板盖顶，内部是木结构吊脚楼。

广西的仡佬族都由贵州迁来，主要居住在百色隆林地区。他们在贵州的祖籍各不相同，有的来自六枝，有的来自仁怀，他们的先民在原籍上就有许多差异。仡佬族进入广西的主要原因是逃荒，居住点的自然条件比较差，在以往的两三百年中受尽自然和人为的苦难。因此隆林仡佬族的两个支系至今保存各不相同的自称和相应的他称，在语言、风俗等方面也有相当大的区别。

仡佬族人爱唱歌，有丰富的民歌和民间传说。仡佬族有自己传统的民族习俗，由于长期与壮族、汉族等杂居共处，现在其衣、食、住、婚姻、丧葬、节日等风俗习惯已与邻近的各族相近。节日有农历三月初三的祭山节和农历七八月间的吃新节（又叫尝新节）。祭山节的主要活动是祭山或祭树，因此也称为祭树节。仡佬族吃新节的主要寓意，一是纪念祖先开荒辟草的功绩，二是预庆丰收。

仡佬族崇拜祖先，奉祀蛮王老祖；认为万物有灵，故信奉多种神灵。清代渐习汉俗，崇奉佛、道、儒三教，并信巫术。每家堂屋均设神龛，书供"天地君亲服、左昭在穆、古圣先贤、观音、牛王、财神"等香位。老人亡故，要做"亡斋"超度。逢节庆给祖先烧纸时，要给"地盘业主、早老先贤"烧袱纸一封。如遇灾祸病痛，则许愿还愿，以求清平，亦祈福延年。请巫师（俗称"端公""道士"）至家"打保福""冲滩"，或设"坛"敬"坛"，或"还梅山""送瘟神""打粉火"。相信一种超自然的力量，能消灾免祸，益寿赐福。有祭拜奇石、古树之俗。

（二）仡佬族服饰文化

1. **男子服饰**　仡佬族男子上衣为黑色立领对襟盘扣，下穿黑色长裤，与广西大多数少数民族的男子服饰相同。现在的仡佬族男子服饰形式与其他少数民族的男子服饰几乎完全相同，上衣为黑色或深蓝色立领对襟盘扣，下穿黑色或深蓝色长裤，头戴黑色或深蓝色头巾（图3-405、图3-406）。

图3-405　仡佬族青年男女服饰

图3-406　仡佬族镶边女裙

图片来源：韦荣慧. 中国少数民族服饰图典，中国纺织出版社

2. 女子服饰 蓝仡佬：蓝仡佬女子穿立领大襟蓝色半长衫，大襟、袖口部位绲深蓝色布边；下穿深蓝色长裤，腰扎深蓝色腰带；头缠层层蓝头巾。黑仡佬：黑仡佬女子穿立领右衽大襟衣，衣外穿胸兜，胸兜上绲一条细边，并用银链将胸兜挂在脖子上；下穿黑色长裤。少女盛装：仡佬族女子上穿立领对襟或右衽大襟衫。领口、襟边、袖口都有花边装饰；下穿绣着各种图案的长裙，裙前加蔽膝。

五十二、景颇族

（一）景颇族概况

景颇族，是中国云南地区世居的少数民族之一，主要聚居于德宏傣族景颇族自治州的山区，少数居住在怒江傈僳族自治州的片马、古浪、岗房以及耿马、澜沧等县。景颇族的来源与青藏高原上古代氐羌人有关，有"景颇""载瓦""勒赤""浪峨""波拉"五个支系。缅甸境内的大部分克钦族支系与中国境内的景颇族、傈僳族也有极深的渊源。根据2010年第六次全国人口普查统计，景颇族总人口数为147828人。

景颇族有自己的语言和文字，语言属汉藏语系藏缅语族，五个支系语言分属景颇语支和缅语支，文字有景颇文和载瓦文两种，均为以拉丁字母为基础的拼音文字。

景颇族普遍信仰万物有灵的原始多神教，少数人信仰基督教，也有人信仰小乘佛教。景颇族崇信万物有灵，认为自然界中的万物的鬼灵都能对人起作用，给人以祸福。供奉的鬼分三类，即天鬼、地鬼、家鬼。天上以太阳鬼为最大；地上以地鬼为最大；家鬼以"木代"鬼为最大。凡遇播种、收割、婚丧、械斗等均请巫师宰牲祭鬼，主持祭祀的巫师被称为"目陶"（音译），最大的祭典"目脑"，就是为祭"木代"鬼而举行的。

景颇族有丰富、优美的口头文学，有反映景颇族起源、迁徙历史的叙事长诗，有反映景颇族人与大自然做斗争的故事，也有神话、寓言、谚语、谜语等。历史传说、故事等多与音乐相结合，又说又唱，词曲优美动听；情歌内容广泛，形式新颖活泼，能表达细腻复杂的思想感情，具有丰富的想象力和较高的意境，在景颇族的口头文学中占有重要地位。景颇族舞蹈突出的特点是具有群众性，著名的"目脑纵歌"（意为大伙跳舞），现已发展成景颇族一年一度的盛大节日。"目脑纵歌"是一种上千人起跳的大型舞蹈，伴以雄浑的木鼓声，气势磅礴，表现了群舞的高度水平。

景颇族人住房多为竹木结构，分上下两层，上层住人，下层养家畜。房子每六七年翻修一次，一家建房，全村相助。待新房落成，主人鸣枪报喜，全村人便涌向房主家载歌载舞，向主人表示祝贺。

景颇族是一个以农业为生计的民族，粮食作物以水稻、旱谷、玉米、小麦、粟米为主，经济作物有甘蔗、油菜、八角、草果、香茅草等。景颇族对土地的经营，分为水田和旱地两种耕作类型。景颇族妇女善编织，能织出多彩的图案花纹数百种，其中大多是动植物，精美艳丽。棉织品图案精美，富有民族特色。各种银饰都达到较高的工艺水平。

景颇族坦诚好客，一直保留着"吃白饭"的待客习惯，即在日常交往中，无论走到哪一寨、哪一家，都可留下来吃饭，并可以不付任何报酬。景颇人喝酒十分注重礼节，主人递上酒筒，客人要用双手托住酒筒的底部，不能只用一只手抓住酒筒的上部。饮酒时，不能抬着酒筒喝，只能用酒筒盖盛酒喝。出门时筒帕里常常背着一个竹制的小酒筒，熟人相遇互相敬酒，不是接过来就喝，而是先倒回对方的酒筒里一点再喝。大家共饮一杯酒时，每个人喝一口后都用手揩一下自己喝过的地方，再转给别人，如有老人在场，当让老人先喝。

（二）景颇族服饰文化

景颇族男子的民族服装很漂亮，特别是他们头上裹着洁白的包头，在包头布的一端装饰着红色的绣球，挂在耳边格外的醒目。每个小伙子都携带着两件引人注目的东西：一只编织细致、装饰着小银泡和小银链的挎包，里面盛装酒筒、沙桔、烟草、槟榔等物，人们相见，必互递烟草，以示友好。另外就是一把挂在腰间的长刀。一般景颇族小伙子都有两把长刀，一把是平时劳动用的，一把是在喜庆节日时作为装饰的礼刀。礼刀很贵重，银制的刀把，刀鞘上面还刻着各种花纹。佩戴长刀可以显示景颇族人英勇顽强、刚毅不屈的性格，也是男性勇敢壮美的标志。景颇族男子的服饰风格粗犷豪放，多穿黑色圆领对襟上衣，下身着短面宽大的黑裤，出门时肩上挂筒帕，腰间挎长刀，简直就是一个气宇轩昂、骁勇彪悍的武士。

景颇族女子一般着衣领周围缀满银泡、银链的大襟短上衣，穿自织粗布做成的长衣筒裙，颜色多为深色。老年妇女大都穿较宽的蓝色或黑色短上衣，头发挽于头顶，外裹黑色包头。景颇族人的节日盛装就大不一样了，特别是姑娘们的装束更为精美、艳丽。她们的上衣是用黑色平绒缝制的紧身衫，颈项上挂银项链和银圈，腰挎红色和黑色毛线织的缀有许多银泡、银链的挎包，小腿裹用红色、黑色毛线相间织成的护腿；前胸和后背镶嵌着3圈闪闪发光的银泡，从银泡上向下挂着一串串银链和银饰物，有的姑娘胸前和后背还镶嵌着2排银牌（图3-407~图3-409）。这一套装扮，真好像古代女侠，走起路来哗啦啦响，更衬托出她们的娇

图3-407 景颇族錾花银镯　　　　　图3-408 景颇族银筒镯　　　　　图3-409 景颇族拧花银镯

图片来源：北京服装学院民族服饰博物馆藏

健美丽。那些银泡、银链装饰在身上，好像吉祥的孔雀（图3-410、图3-411）。

景颇族已婚妇女的头饰高度在中国具有包头习俗的众多民族中名列前茅。半时包取，长辈晚辈互相回避，外人不可随意触及。

五十三、普米族

（一）普米族概况

普米族是中国具有悠久历史和古老文化的民族之一，云南省怒江州的兰坪县、丽江市的宁蒗县、玉龙县和迪庆州的维西县是主要聚居地。其余分布在云县、凤庆、中甸以及四川省的木里、盐源、九龙等县。从汉文史籍和本民族传说及民族学资料来看，普米族源于我国古代游牧民族氐羌族群。普米族人口数为42861人。

图3-410 云南盈江县景颇族女服　　图3-411 云南泸水景颇族女服

图片来源：中国织绣服饰全集编辑委员会. 中国织绣服饰全集6 少数民族服饰卷（下），天津人民美术出版社

民族语言为普米语，属汉藏语系的藏缅语族羌语支，有南、北方言之分，没有本民族的文字，通用汉文。

普米族的宗教信仰主要是原始宗教，少数普米族也信仰道教或藏传佛教。丁巴教是普米族原始宗教的主要形式。普米族的巫师过去又称丁巴，故他们信奉的原始宗教称为丁巴教。但后来丁巴改称韩规或师毕，丁巴教也改称为韩规教。"丁"是指土地，"巴"是指普米土地上的宗教。"丁巴教"信仰的最高神是"巴丁剌木"，意为"普米土地上的母虎神"，她是"白额虎"的化身，是普米族崇拜的母系氏族的始祖。

普米族主要从事农业，居住地90%以上的耕地是山地，水田很少，基本上处于自给自足的自然经济状态。其生产技术大致与邻近汉族、纳西族、傈僳族相仿，已普遍进入犁耕阶段，只有极少数地区还遗留着刀耕火种的耕作方式。生产中普遍使用犁、铧、斧、刀、钉耙、镰等铁质工具，主要由汉族地区运入。农作物主要有玉米、小麦、蚕豆、大麦、燕麦、青稞、荞麦等，由于农作物的生长在很大程度上依靠自然，所以产量很低。普米族原来就是游牧民族，擅长饲养和放牧，采集和狩猎也是普米族社会经济生活的组成部分。

普米族饮食以玉米为主，兼食大米、小麦、青稞等，蔬菜种类较少。糌粑面是普米族的传统食品。普米族喜食肉，主要是猪、羊、牛、鸡肉，以猪肉数量为多。酒也是普米人喜爱的一种饮料，有烧酒和水酒。水酒类似啤酒，男女老少都爱喝，也是待客的必备之物，当地有"无酒不成话"之说。在婚丧和集会时，使用牛角杯盛水酒，称为牛角酒，主人以将客人灌醉为体面事。

普米族人的住房，除了少数汉式瓦盖楼房外，多数都是板屋土墙结构的楼房或木楞子楼房。"木楞房"是纯木结构，木板盖顶，四墙用木料重叠垛成，当地又称"木垒子"。各户住宅围一院落，院门正对的称正房，呈长方形或正方形，四角立柱，中央竖一方形大柱，称为"擎天柱"，认为是神灵所在之处。厢房和门楼都是两层，上层住人，下层关牲畜或堆放杂物。

普米族有自己的节日。主要是大过年、大十五节、绕岩洞、转山会、尝新节等，有些地方也过清明节、端午节等节日。

（二）普米族服饰文化

普米族人自古以来就有以白色为善的习俗。其突出表现在祭祀之时采用的颜色，他们宰花牛和白羊祭大神，杀白鸡祭山神。在服饰上也不例外。根据普米族古老的习俗，普米族儿童在13岁以前不分性别，全穿一件右襟麻布长衫，女孩发饰前留一辫，上拴红绿料珠；男孩则在头部的前边和左右各留一辫，不佩珠。13岁成人礼以后转为成年人装束，改穿衣裤、衣裙式短装。

普米族男子服装各地大致相同，与藏族服装近似，带有狩猎与畜牧业的痕迹。多为麻布大襟立领短衣和宽大的裤子，外穿羊皮坎肩，也有穿藏式氆氇和呢制长袍的。天热时将袍子褪至腰间，两袖系在腰中垂下，袍子上的皮毛边饰层层垂叠，煞是好看。头上戴前沿高高竖起的皮毛帽子或藏式卷檐帽，也有一些男子喜欢用黑布包头，膝下常以布、毡裹腿至踝，穿自制的半筒猪皮鞋。外出时身上还习惯披黑色或白色的羊毛披毡，佩刀系囊（图3-412、图3-413）。

普米族妇女的服饰各地有所差异，有两种风格。兰坪、维西地区的妇女喜欢穿白色、青色或蓝色的大襟短衣，外着色彩鲜明的黑色、白色、褐色绣纹坎肩，上配闪亮的银扣。穿长裤，腰系叠缀花边的围腰布。过去常编12根发辫，现在多梳两根发辫，以红白珠串掺饰，盘于头帕上。富裕人家女子的颈项上还喜挂珊瑚、玛瑙和玉珠项链，胸前佩戴"三须""五须"的银链，并戴锡圈和宝石戒指等。宁蒗、永胜地区的妇女多穿大襟上衣，下穿百褶长筒裙，腰间束裹一条宽大艳丽的以红色、绿色、蓝色、黑色、黄色、白色等交替织成彩条的羊毛腰带。有的在背上披一张洁白的长毛羊皮，显得美观大方。颇具特色的是普米族女子头上扎的大包头，包头以大而圆为美。看包头的颜色和装饰可以区分已婚妇女和未嫁姑娘，已婚妇女一般用长达 4 米、宽 60 多厘米的黑布做包头，编发掺杂牦牛尾和丝线盘于头顶，越是粗大越被认为美丽；未婚姑娘们则用双层刺花的天蓝色布包头，旁边还要挂一根红色毛线，别具一格（图 3-414~图 3-416）。

普米族不论男孩、女孩都戴耳环和银质手镯，过去通常戴大耳环，近代改为以彩线穿耳，下系碧玉。男子戴的帽子比较讲究，样式也较多，有戴帕子的，也有戴圆形毡帽子的，近几十年流行戴盆檐礼帽，有的还镶金边。男子的装饰品有手镯和戒指，有的也戴耳环，但仅扎左边一个耳朵眼，携带长刀和鹿皮口袋，内装取火之物。

图3-412　宁蒗县普米族男服　　图3-413　普米族男子服饰

图片来源：中国织绣服饰全集编辑委员会. 中国织绣服饰全集 6 少数民族服饰卷（下），天津人民美术出版社

图3-414　兰坪县普米族女服　　图3-415　云南宁蒗县普米族女服　　图3-416　云南宁蒗县普米族女服

图片来源：中国织绣服饰全集编辑委员会. 中国织绣服饰全集 6 少数民族服饰卷（下），天津人民美术出版社

五十四、独龙族

（一）独龙族概况

独龙族是中国人口较少的少数民族之一，也是云南省人口最少的民族。主要分布在云南省西北部怒江傈僳族自治州的贡山独龙族怒族自治县西部的独龙江峡谷两岸和北部的怒江两岸，以及相邻的维西傈僳族自治县齐乐乡和西藏自治区察隅县察瓦洛等地。缅甸境内也有不少独龙人居住。2010年我国人口普查数据显示，独龙族人口约有7000人。

独龙族使用独龙语，没有本民族文字。原始群婚的习俗，现已不存在。男女均散发，少女有文面的习惯。独龙族人相信万物有灵，崇拜自然物，相信有鬼。

独龙族的传统饮食自然独特。由于受社会经济发展及周边自然生态环境的影响（历史上他们的食物来源较为匮乏，属于粮食和野生植物各占一半的杂食型结构），主食品种不多，主要是玉米、土豆、青稞、稗子、荞子、燕麦等，其中淀粉质食物常常占有绝大部分的比例。好饮酒，喝的是自酿的低度水酒。凡亲友来往、生产协作、婚丧嫁娶、宗教仪式和节庆活动等都少不了酒，酒在独龙族社会生活中占有特殊的重要位置。

独龙族非常好客，如遇猎获野兽或某家杀猪宰牛，便形成一种远亲近邻共聚盛餐的宴会。此外，独龙族还有招待素不相识过路人的习俗，对过路和投宿的客人，只要来到家中都热情款待。认为有饭不给客人吃，天黑不留客人住，是一种见不得人的事。他们有路不拾遗、夜不闭户的良好传统习尚，视偷盗为最可耻的行径。在独龙族进行一些原始的祭祀活动时，游客不能参观祭祀活动。

独龙族宗教是中国独龙族固有的宗教，独龙族人以其固有的原始宗教观念为主，也有部分改信基督教的，万物有灵的灵魂观念是独龙族宗教的核心。独龙族认为，自然界的一切都有精灵、灵魂或鬼神，它们主宰着人们的吉凶安危。正是基于这种认识，没有足够的力量了解和战胜自然灾害和抵制疾病的独龙族，为了祈求鬼灵的庇护，消灾免祸而崇拜着自然界的山川、河流、大树、怪石等，并有了自己较具体的信仰对象，出现了祭祀人员，形成了一系列宗教活动，从而构成了富有本民族特色的宗教文化。

独龙族人认为人和动物都有两个灵魂"卜拉"（生魂）和"阿细"（亡魂）。认为人和动物的卜拉是由天上的"格蒙"事先安排的，一旦卜拉被格蒙收回或被恶鬼害死，生命即告终结。卜拉既不复生也不转世，而永远消失。亡魂阿细，常加害于人畜，因此人们常用酒肉饭食献祭，或用烧麻布发出的臭气熏赶阿细去"阿细默里"。独龙族宗教认为阿细默里居住在地的另一面，那里一切都和人间相似，不仅有山水村寨、房舍牲畜，且生前共处的阿细死后也生活在一起，生前活多少岁，阿细也存在多少年。

独龙族唯一的传统节日就是过年，独龙语叫"卡雀哇"。一般在农历的冬腊月，即每年的12月到翌年1月间举行，没有固定的日期，具体日子由各村寨自己选定。节日的长短视食物的多少而定，或两三天，或四五天。节日里，人们祭祀天鬼山神、抛碗卜卦、共吃年饭、唱歌跳舞以至通宵达旦，而最热闹、最隆重的就是剽牛祭天。

（二）独龙族服饰文化

由于独龙族居住的地区交通闭塞，很少有外地商贾进入这一地区，本地也没有集市贸易，因此其服装长期以来都保持着一种比较原始的样式。清朝末年，怒江地方官夏瑚曾对独龙族状况进行实地调查，在其报告中描写过当时的独龙族服装："男子下身着短裤，惟遮掩臀股前后；上身以布一方，斜披背后，由左肩右掖抄向胸前拴结。左佩利刃，右系篾笋。"妇女的服装是"以长布两方自肩斜被到膝，左右包抄向前，其自左向右者，腰际以绳紧系贴肉，遮其前后，自右妙左者，则披脱自如也"。中华人民共和国成立前夕，独龙族的服装也没有多大改变。那些未成年的孩子，多数常年赤身裸体，或者只是在下身围一小块麻布，或系挂一块约三指宽的小木板、小竹板之类的东西。成年之后，男女的服装也仅是一块麻布。男子在腰部系一根麻绳，用自织的一小片麻布围兜住下体，或是用一块大麻布斜披在背上，然后从左肩拉只角，从右腋下拉另一只角在前胸拴起即成。有的男子还裹一副麻布绑腿。女的则用两块麻布分别从双肩斜披，相互包裹，腰间用带子或麻绳拴紧，上身缠块麻布，从右向左包裹，拉到前胸用竹针别牢。有的妇女头上还包一小块麻布头巾。中华人民共和国成立后，独龙族人的衣着有了很大变化，男女服装基本上与汉族相同，只有部分老人在家时仍保留着传统装束。男女外出时，仍习惯在身上披一块"独龙毯"。

独龙族人一般穿黑白直条相交的麻布或棉布衣，下穿短裤，习惯用麻布一块从左肩腋下斜拉至胸前，袒露左肩右臂。独龙族的佩饰也颇具特色，用的不是金银珠宝而是山中的藤条，男女均喜欢用染色红藤作为了颈和腰环饰物。男子出门必佩砍刀、弩弓和箭包；妇女头披大花毛巾，项饰料珠。女子多在腰间系戴染色的油藤圈作为装饰。男女不戴帽，多披头散发，赤足。现在，服饰已有了较大改观，妇女仿傈僳族穿长袖衣裙，并佩戴彩色料珠链，男子喜欢挎腰刀。独龙族精于纺织，所织麻布线毯色调协调，具有鲜明的民族特色（图3-417、图3-418）。

图3-417 云南贡山县独龙族男服

图3-418 独龙族女子服饰

女子常常披挂五颜六色的串珠、胸链、耳环，甚至铜钱和银币也常挂在颈上和耳下。同时妇女出门要身背精致的篾篓，既美观又实用，为独龙族女子装饰自己的组成部分。曾流行一时的颈饰耳坠已在今日尚简约、务实的着装风格中渐渐退场，只在中老年妇女们盛装时的珊瑚石、绿松石饰物中留下些许印记（图3-419）。

独龙族妇女中还曾盛行独特的身体文饰—文面。关于文面的最初起因，恐怕是多方面的，如原始宗教信仰、图腾崇拜、标志性成熟、辟邪防害、区别于

图3-419 云南贡山县一带文面的独龙族人

图片来源：中国织绣服饰全集编辑委员会. 中国织绣服饰全集6 少数民族服饰卷（下），天津人民美术出版社

其他部落的人等。过去独龙江中上游各地独龙族妇女多有文面者，如今，为数不多的一些老妇脸上依稀可见的刺青，讲述着她们曾经拥有的美丽故事。随着经济条件的改善，他们普遍穿上了布衣装，但仍喜欢在衣外披覆条纹线毯，显得洒脱、大方，既有古朴自如的山林风韵，又有现代的时装魅力，颇受中外服装研究者们的青睐。

五十五、京族

（一）京族概况

京族是中国人口较少的民族之一。主要分布在防城各族自治县江平区的山心、万尾、巫头三地及恒望、潭吉、红坎、竹山等地区。主要从事渔业，兼营农业和盐业。京族，历史上自称为"京""越"或"安南"，1958年，根据本民族意愿，经国务院批准正式定名为京族。京族有自己的语言，但语言的系属未定。没有文字，绝大多数京族人通用汉语（广州方言）和汉文。京族口头文学内容丰富，其诗歌占有重要地位。京族人民爱唱歌，歌曲曲调有30多种，内容广泛，有山歌、情歌、婚歌、渔歌、叙事歌等。独弦琴是京族特有的民族乐器，音色非常优雅动听。

京族除了和汉族相同的春节、端午节、中秋节外，最隆重、最热闹的节日是"唱哈节"。京族农历六月初十（万尾、巫头岛）或八月初十（山心岛），正月二十五（红坎乡）时，当地京族要过最隆重的"唱哈节"，由歌手"哈妹"轮流吟唱。唱哈活动要连续进行三天三夜，一边宴饮，一边听唱。"唱哈节"过去每年都举行，各地日期不一。"唱哈"是京语唱歌娱乐之意，每逢唱哈节，京家男女老幼身着节日盛装，汇集到哈亭听哈之前，迎神、祭祀，祈保

渔业丰收，人畜两旺。唱哈的活动过程大致分为迎神、祭神、入席唱哈、送神四个部分。

哈节的日期，各地不相同。红坎在农历正月十五日，巫头、万尾在农历六月初十日，山心在农历八月初十日。在哈节来临时，家家户户把庭院打扫干净，布置一新，并备好菜肴，准备待客（图3-420）。

图3-420　京族哈节

（二）京族服饰文化

京族祖先从15世纪起陆续由越南涂山等地迁至广西定居，长期与汉族杂居，受其影响较大。由于生活在亚热带，京族服饰用料单薄，结构简单。上衣为黑色立领对襟盘扣短衣，下穿黑色长裤，与广西大多数少数民族的男子服饰相同。过哈节时，男子穿立领大襟长袍，头戴方巾。

京族女子上穿立领、紧身、窄袖、大襟、两侧开高衩的旗袍式样上衣，下穿裤，老年女子喜欢梳京族传统的"砧板髻"，即将头发从正中平分，两边留着"落水"，结辫于后，用黑布或黑丝线缠着，再盘结于头顶之上。还喜欢佩戴耳环和圆而尖的竹笠。这些竹笠是京族妇女利用本地盛产的竹子编织而成，是京族服饰的一个鲜明标志（图3-421~图3-423）。

图3-421　京族服饰

图3-422　京族男子服饰

图3-423　京族传统刺绣女褂

图片来源：中国织绣服饰全集编辑委员会. 中国织绣服饰全集6 少数民族服饰卷（下），天津人民美术出版社

［1］格勒.略论藏族古代文化与中华民族文化的历史渊源关系[J].中国藏学，2003(2)：75.

［2］徐国宝.藏文化的特点及其所蕴含的中华母文化的共性[J].中国藏学，2002(3)：128–146.

［3］李玉琴.藏族服饰区划新探[J].民族研究，2007(1)：24–33，110.

［4］李欣华.民族服饰文化的审美特征[J].中国民族，2010(12)：48–49.

［5］叶大兵.论象征在民俗中的表现及其意义[J].民俗研究，1994(3)：5–14，48.

［6］陈佳.彝族服饰元素在现代服装设计中的应用[J].大舞台，2013(6)：152–153.

［7］王春玲.解读西南少数民族崇尚的色彩语言—"黑"[J].贵州民族研究，2007(5)：40–45.

［8］王兰凤.哈尼族原始宗教信仰研究[J].学周刊，2013(22)：201–202.

［9］李萍.哈尼族传统服饰特征及其文化内涵探析[J].语文学刊，2014(23)：82–83，107.

［10］吴雨亭，李纶，陈红梅.云南哈尼族服饰特征探析[J].艺术探索，2009(5)：46–47.

［11］廖灿.哈尼族服饰图案的题材分析[J].大舞台，2015(2)：236–237.

［12］王晶.哈尼族服饰图案对现代服装设计的现实思考[J].现代装饰(理论)，2016(7)：161–162.

［13］李憾怡.哈尼族服饰文化解读——访哈尼族文化学者黄绍文[J].中国民族，2007(6)：40–41.

［14］刘鑫.浅谈元江哈尼族主要支系服饰特征[J].滇中文化，2004(2)：18–19.

［15］张皋鹏.羌族妇女传统服饰地域性差异研究[J].四川戏剧，2011(6)：81–85.

［16］周立人.伊斯兰服饰文化与中西服饰文化之比较[J].回族研究，2007(4)：53–58.

［17］彭伟.哈尼族服饰装饰元素分析和研究[D].昆明：云南艺术学院，2016.

［18］李阳.哈尼族服饰纹样视觉语言研究[D].昆明：昆明理工大学，2011.

［19］谭洋洋.哈尼族服饰图案艺术研究[D].昆明：昆明理工大学，2007.

［20］吴芬.哈尼族服饰图案在现代服饰设计中的应用研究[D].昆明：昆明理工大学，2013.

［21］吴晚霞.红河哈尼族服饰图案在现代成衣设计中的应用研究[D].齐齐哈尔：齐齐哈尔大学，2015.

［22］李晓晗.苗族风格元素在创意服装设计中的应用研究[D].天津：天津科技大学，2016.

［23］彭华.土家族服饰在现代时装设计中的应用研究[D].西安：西安美术学院，2011.

［24］李欣华.解析西藏民族服饰文化的审美特征[D].天津：天津工业大学，2009.

［25］王恩涌.人文地理学[M].北京：高等教育出版社，2000：33.

［26］辞海编辑委员会.辞海[M].上海：上海辞书出版社，1979：4132.

［27］李筌.神机制敌太白阴经[M].石家庄：河北人民出版社.清咸丰四年长恩书室丛书本.

［28］戴圣.礼记：第3卷　王制[M].影印本.天津：天津市古籍书店，1988.

［29］刘道超.择吉与中国文化[M].北京：人民出版社，2004：6–27.

［30］祁志祥.中国美学原理[M].太原：山西教育出版社，2003.

［31］靳之林.中国民间美术[M].北京：五洲传播出版社，2004：8–32.

［32］吕品田.中国民间美术观念[M].长沙：湖南美术出版社，2007：31–86.

［33］王平.中国民间美术通论[M].北京:中国科学技术出版社,2007:1-28.

［34］黑格尔.美学:第2卷[M].朱光潜,译.北京:商务印书馆,1979:11.

［35］理查德·M.道森.庆典中使用的物品[M].上海:上海文艺出版社,1993:41.

［36］周莹.中国少数民族服饰手工艺[M] 北京:中国纺织出版社,2014.

［37］殷广盛.少数民族服饰(上)[M].北京:化学工业出版社,2012.

［38］云南省标准化研究院.滇之锦绣:云南特有少数民族服饰考析[M].北京:中国标准出版社,2017.

［39］韦荣慧.中国少数民族服饰图典[M].北京:中国纺织出版社,2013.

［40］戚嘉富.少数民族服饰[M].合肥:黄山书社,2016.

［41］谢蕴秋.云南境内的少数民族[M].北京:民族出版社,1999.

［42］叶小林.中华颂:中国56个民族集锦[M].北京:当代世界出版社,2009.

［43］苏小燕.凉山彝族服饰文化与工艺[M].北京:中国纺织出版社,2008.

［44］中国织绣服饰全集编辑委员会.中国织绣服饰全集5:少数民族服饰卷(上)[M].天津:天津人民美术出版社,2005.

［45］刘晓红,陈丽.广西少数民族服饰(2版)[M].上海:东华大学出版社,2016.

［46］殷广盛.少数民族服饰(下)[M].北京:化学工业出版社,2012.

［47］鸟丸知子.一针一线:贵州苗族服饰手工艺[M].蒋玉秋,译.北京:中国纺织出版社,2011.

［48］张鹰.西藏服饰[M].上海:上海人民出版社,2009.

［49］李春生,陈涌.雪域彩虹·藏族服饰[M].重庆:重庆出版社,2007.

［50］赵展.满族文化与宗教研究[M].沈阳:辽宁民族出版社,1993:317.

［51］戴华刚.中国国粹艺术读本:民居建筑[M].北京:中国文联出版社,2008:21.

［52］臧迎春.中国少数民族服饰[M].北京:五洲传播出版社,2004.

［53］中国织绣服饰全集编辑委员会.中国织绣服饰全集6:少数民族服饰卷(下)[M].天津:天津人民美术出版社,2005.

［54］西南民族大学西南民族研究院.川西北藏羌族社会调查[M].北京:民族出版社,2008.

［55］杨光成,等.羌族历史文化文集[M].四川:《羌年礼花》编辑部,1994.

［56］张皋鹏.川西少数民族服饰数字化抢救与保护·羌族服饰保护卷[M].上海:东华大学出版社,2013.

［57］李松茂.回族史指南[M].乌鲁木齐:新疆人民出版社,1995:3.

［58］马强.流动的精神社区:人类学视野下的广州穆斯林哲玛提研究[M].北京:中国社会科学出版社,2006:335.

［59］陶虹,白洁,任薇娜.回族服饰文化[M].银川:宁夏人民出版社,2003.

［60］张娟,袁燕.福建霞浦畲族服饰文化与工艺[M].北京:中国纺织出版社,2017.

［61］杨文炯.保安族服饰文化解读[M].青海:甘肃人民出版社,2011.

［62］徐红,陈龙,瓦力斯·阿布力孜.新疆少数民族服饰及文化研究[M].上海:东华大学出版社,2016.

［63］徐红.新疆少数民族服饰艺术[M].乌鲁木齐:新疆美术摄影出版社,2015.

［64］艾山河·阿不力孜.维吾尔族传统服饰文化研究[M].乌鲁木齐:新疆人民出版社,2009.

［65］王瑞华,孙萌.达斡尔族萨满服饰艺术研究[M].哈尔滨:黑龙江大学出版社,2012.

［66］西南民族大学西南民族研究院.川西北藏羌族社会调查[M].北京:民族出版社,2008.

［67］张皋鹏.羌族妇女传统服饰地域性差异研究[J].四川戏剧,2011(6):79-83.

第四章
其他国家或地区民族服饰文化

课题名称： 其他国家或地区民族服饰文化

课题内容： 1. 印度服饰

           2. 印第安服饰

           3. 西班牙服饰

           4. 苏格兰服饰

           5. 日本服饰

           6. 俄罗斯服饰

           7. 阿拉伯服饰

课题时间： 12课时

教学目的： 用相关学科知识解析、理解中国少数民族服饰文化现象。

教学要求： 要求学生了解相关学科知识体系，进而对民族服饰文化具有更深入、系统的认识；

课前准备： 对相关哲学、民俗学、社会学、各民族哲学世界观、美学、宗教学等相关知识进行系统了解；熟悉各民族基本概况及服饰文化内容。

目前，全世界约61亿居民，分属约2000个民族，亚洲地区居住约有1000个民族。欧洲各国的民族成分比较单一，大多数民族都是在各自民族国家的范围内形成，民族分布区域与国界大体一致或接近，在民族分布交界的地区，民族成分比较混杂。非洲大陆约占全球陆地面积的五分之一，但人口只有8亿多，约占世界人口的八分之一，其中尼格罗人约占非洲人口的三分之二，大多分布在撒哈拉沙漠和埃塞俄比亚高原以南；属于欧罗巴人种和黑白混血人种的居民，主要居住在北非、埃塞俄比亚高原和索马里半岛。美洲的民族除印第安各族外，多在近代形成。从15世纪末开始，欧洲移民陆续迁入，使美洲的民族构成发生了巨大变化，除属于蒙古人种的印第安人外，还有属于欧罗巴人种的欧洲移民，以及不同种族互相通婚而形成的混合人种类型。这些民族在种族、语言、宗教、经济和文化生活上各有自己的特点，在服饰文化上各具特色，对现代服饰的发展有深远的影响。本教材重点介绍和分析了印度、美国印第安、西班牙、苏格兰、日本、俄罗斯等民族服饰文化。

跟中国少数民族服饰文化内容相似，其他国家或地区民族服饰文化具有相似的内容构成，对这些民族服饰文化内容的研究也具有相似的研究方法和角度及相关基础学科知识。民族宗教信仰、生存环境（包括社会、地理和气候）以及政治、经济、文化背景等与服饰文化内容，共同形成了这些民族特有的服饰审美理念。在研究这些民族服饰文化的时候，同样要从民族学、宗教学、美学、社会学、符号学、哲学等相关角度着手，分析该民族服饰文化构成内容及其审美理念。这些民族跟中国少数民族一样，一边在当今社会环境中，本着遵守本民族属性的前提，应用现代设计资源不断发展和完善本民族服饰文化，同时一些民族元素也被现代服装设计师采用，成为现代服饰设计的构成元素，影响着现代服饰设计，为现代服饰增添了身后的文化内涵。

第一节　印度服饰

一、印度文化基本概况

印度是历史最悠久的文明古国之一，具有丰富的文化遗产和旅游资源。位于亚洲南部的印度次大陆，与孟加拉国、缅甸、中华人民共和国、不丹、尼泊尔和巴基斯坦等国家接壤，与斯里兰卡和马尔代夫等国隔海。印度是南亚地区最大的国家，居世界第七位，是著名的文明古国，古印度人创造了光辉灿烂的古代文明，印度也是佛教的发源地。

（一）自然环境及气候（Natural environment and climate）

印度地理具有多样性，有雪山山脉和沙漠，平原和雨林，丘陵和高原。多条河流发源于或流经印度，如恒河、布拉马普特拉河、亚穆纳河、戈达瓦里河以及奎师那河，印度河上流的一小段也位于印度境内。印度南方是热带季风性气候，北方是温带气候。干旱、季风性气候造成的下雨及由此引发的突发性洪水，严重的雷暴雨、地震等是印度的主要自然灾害。从气候条件看，印度从北到南兼具寒、温、热三种类型的气候，但大部分地区属于亚热带气候。每年4~6月为热季，7~9月为雨季，10月至第二年3月为凉季。印度首都新德里的冬季气候宜人，最冷的时候只穿一件薄毛衣，到处绿树如荫，繁花盛开，印度人称之为"粉红色的冬天"，也是印度一年中最好的旅游季节。暑季则酷热难耐，有时气温高达50℃，从7月份开始，印度洋季风到来，雨季开始，几乎每天都要下一场雨。

印度共26个邦，6个中央直辖区。人口最密集的区域是北方邦，占印度总人口六分之一以上。北方邦是印度恒河（Ganga）与亚穆纳河（Yamuna）两大圣河交会处，拥有肥沃的冲积平原以及喜马拉雅山系的群峰峻岭，境内不同种族形成殊异的人文风情，尤其是宗教信仰影响印度人的生活习惯与形态，如纱丽穿着、印度的饮食、古典音乐、传统舞蹈等。

（二）宗教信仰（Religion）

佛教（Buddhism）是世界三大宗教之一，目前在印度有一百多万信徒。印度是佛教的发源地，早期的古典梵语文献，有《梵经》《吠陀经》《奥义书》和两大史诗《罗摩衍那》《摩诃婆罗多》。公元前6世纪佛教由北印度释迦牟尼创立，以其称号佛陀（Buddha，觉悟者）命名，提倡种姓平等，追求个人解脱（涅槃），公元前3世纪佛教经阿育王弘扬广泛传播。约公元1世纪救度一切众生的大乘佛教兴起，把追求个人解脱的佛教称作小乘。约公元7世纪大乘佛教的一部分派别吸收印度民间密教信仰演变为佛教密宗金刚乘，后逐渐被印度教同化。佛教文化艺术是印度文明的重要组成部分，印度贵霜时代的犍陀罗佛像和笈多时代的笈多式佛像，为亚洲诸国的佛像提供了范式，波罗时代的密宗佛教造像也对尼泊尔和中国西藏等地的佛教艺术产生了深刻影响。

印度教（Hinduism）是印度本土占统治地位的正统宗教，目前印度80%以上人口都是印度教信徒。印度教的前身为婆罗门教，约公元前9世纪形成，尊崇吠陀经典，奉行种姓制度，主持祭祀的婆罗门享有至上特权，崇尚"梵"（宇宙精神）"我"（个体灵魂）同一。后来印度教吸收了佛教、耆那教某些教义和各种民间信仰，成为印度最流行的宗教。印度教崇拜三大主神——创造之神梵天、保护之神毗湿奴和生殖与毁灭之神湿婆。印度教神庙群遍布印度各地，北印度的奥里萨和卡朱拉霍是印度教神庙的两大中心。德干地区从整面峭壁中开凿出来的埃洛拉石窟凯拉萨神庙，被誉为世界建筑雕刻史上的奇迹。印度教神像比佛教造像更加奇特怪诞，变幻多姿。南印度朱罗时代的铜像《舞王湿婆》被罗丹誉为"艺术中有节奏的运动的最完美的表现"，标志着印度教青铜造像的顶峰。恒河是印度教徒心目中的圣河，至今每天都有成千上万印度教善男信女在恒河圣水中沐浴，洗涤罪孽，净化灵魂，希冀死后灵魂被引渡到彼岸世界。

耆那教（Jainism）是印度本土的宗教之一，公元前6世纪由北印度大雄创立，以其称号耆那（Jain，胜利者）命名。目前在印度的信徒远远少于印度教和伊斯兰教。耆那教也属于反婆罗门教的异端宗教，主张不害（非暴力），提倡严格苦行，公元前后分为"白衣派"和"天衣派"（裸体派，以天为衣）。

（三）普迦仪式（Puja Ceremony）

普迦是印度教中向神祇膜拜的仪式，普迦仪式必须由祭司担任。仪式中信徒会将神像装饰后抬出寺庙游行庆祝，并且奉献鲜花、椰子、蒂卡粉等供品，最后再由祭司手持油灯，在神像前面进行"阿拉提（Arati）"，阿拉提的过程中，信徒用手轻轻覆盖祭司手中的灯火，然后在自己的眼睛上碰触一下，代表接受神祇赐予的力量。通常在普迦仪式结束后，信徒可以分到一些祭祀过的鲜花、蒂卡粉或水，称为"波拉沙达（Prasada）"，所以在印度，只要印度人从寺庙膜拜出来，额头上几乎都涂有红色或白色的粉末。

二、印度服饰文化

印度是一个古老的国家，其深厚的文化底蕴让该民族的服饰充满魅力。在服饰全球化、多元化、一体化的浪潮中，印度人保持了民族服饰的优秀之处，并与现代服饰相结合，产生了富有特色的服饰文化。

（一）印度女性服饰

印度女性服装色彩艳丽，传统服装主要有纱丽（Sari）和旁遮普服（图4-1）。

纱丽，是印度妇女最爱穿的一种服装，庄重、雅致、大方、美丽，常被穿着出现在正规场合，是印度的一种国服。纱丽是最具印度民族特色的女装，是一块长6~8米的现成衣料，穿时下端紧紧缠在身体肚脐以下部分，上端一般披在肩上，也可裹在头上。纱丽由三部分组成，上面是叫作"杰姆普尔"（Jim Poole）的紧身短袖胸衣，下身的"贝蒂戈尔"（Beidigeer）衬裙是一种宽松长裙，围衬在纱

图4-1　印度纱丽

丽里面，最外面的是纱丽。纱丽通常印有五颜六色的图案，质料有棉、丝、毛、人造纤维或混纺。纱丽多为已婚女子所穿，年轻姑娘逢有重大节日或喜庆活动也可穿用。

由于部落、语言、风俗、信仰、习惯、环境、职业、贫和富各不相同，印度纱丽的式样也多种多样，如渔家女喜欢将纱丽的衣片折叠在两腿之间，塞在腰后，便于水上生活；农村妇女因农活较脏，爱穿短纱丽；孟加拉国地区的妇女常常是用纱丽的折边遮掩头部，因为当地礼仪限制她们不得在男子面前抛头露面。卡拉拉邦的妇女所穿纱丽张开成扇形；穷人穿的纱丽大都是棉布或粗麻所做，贵妇人穿的是丝绸或薄纱的纱丽，上缀以金丝银线织成的图案装饰。

纱丽最基本的穿着方式，可以分为以下几个步骤：第一步，穿在纱丽里面的衣服，衬裙，长从腰及地，由穿在腰部的细带系紧；短上衣，长及腰，紧身。第二步，拉住纱丽布左边一端，塞进右侧的衬裙裙头。第三步，将纱丽布由右至左环绕一整圈，注意保证纱丽的下端不可离开地面。第四步，用纱丽布在右前方折成7~9折，每一褶皱深约15厘米，并塞入裙头，注意保证纱丽一直平整下垂。第五步，将剩余布块，由左后方绕过右边腋下，披向左边肩膀上。第六步，将剩余纱丽披在肩上，或披覆在头上。

印度女性最爱穿的是另一种民族服装，叫"旁遮普服"，上身是一条宽松的长及膝部的外衣，一般在领口、胸前和袖口绣有美丽的图案。下身穿一条紧身的裤子，名叫"瑟尔瓦"，脖颈上从前往后披一条薄如蝉翼的纱巾。

（1）吉祥痣：是印度妇女独特的一种饰物，在她们额头正中点一颗指面大小的圆形痣。印度妇女额上的痣，以红色最为普遍，也有少数妇女点紫黑色的，通常点在额离鼻梁约3厘米的正中部位。因妇女的年龄境遇不同，痣的颜色和代表的意义不同，只有寡妇或年幼的少女才不点痣。一般说来，已婚妇女点红色的痣，表明她们已经有了归宿，享有家庭幸福生活；未婚女子点痣不用红色用紫黑色；生孩子或回娘家的妇女，也以紫黑痣作点缀。印度妇女额上的痣具有宗教意义，表示对神的虔诚。婆罗门教的妇女每天早晚沐浴以后都要点一下额痣，在出门旅行之前也要点，而且还要家中的年长妇女或其兄长、姐妹代为涂点，印度人认为涂痣的部位正是灵感的中枢，点上后在心里有一种安全感（图4-2）。

（2）涂红：是印度妇女普遍喜爱的一种化妆方式，也是印度的一种传统的民间艺术。所谓涂红，是将含有染色物质的桃金娘树叶加水捣碎，然后用细树枝或火柴梗等蘸其红棕色汁液，在手掌、手指、手背或背上涂上各种图案。涂红这一习俗，在历史史书中均有记载，一般每年雨季开始后便为涂红季节，妇女们为雨水所阻，不能外出干活，以涂红解闷。每逢喜庆节日，涂红盛况更为壮观。在很多

图4-2　印度妇女吉祥痣

地方，涂红是结婚仪式中一个不可缺少的部分，男方去女方家迎亲时，必须用从男家带去的桃金娘叶给新娘涂红。有的地方，街坊的女眷们不时举行涂红聚会，在这种聚会上，妇女们在彼此的手掌上用桃金娘叶汁涂上美丽的图案（图4-3）。

图4-3　印度妇女涂红

印度首饰历史悠久，种类繁多，在世界上首屈一指[1]。佩戴首饰不仅反映了印度人生活的内容多样，而且是印度文化一个必不可少的组成部分，显现出印度文化的光辉灿烂、丰富多彩。印度人的饰品通过身体演绎出了无限的能量和创造性，通过可视和可感觉的身体和饰品，满足了他们对看不到的人类精神的普遍渴望。印度饰品很少是简单设计或者缺少内涵和象征意义的，穿戴者用隐喻的方式向观众传达了每一种饰品的象征意义，这种传达方式或明显，或隐约，或随意。印度饰品不仅愉悦了观众的视觉，同时也实现了穿戴者期盼美好、吉祥的愿望。

（3）鼻饰：印度人认为，鼻饰是最性感的饰品，其含意跟印度人的性理念有些关联。其形状有饰于鼻孔弯曲部位的钉饰，或是围绕着面颊，位于嘴唇上方的金圈，周围悬挂着雅致的珍珠坠饰。鼻饰的位置取决于饮食时是否舒适。鼻饰随着社会等级的不同，有很大差异，是一件很特别的面部装饰品（图4-4）。

4-4　印度妇女鼻饰

（4）臂带（Armbands）：印度妇女胳膊的上部分，常常会系一种黑色或红色的绳带用来辟邪。在胳膊的上部分，臂环也是一种饰品，根据需要，臂环设计成不可以随便滑落的结构。大多数臂环带有一个或多个象征辟邪作用的垂饰，这些垂饰用柔软的链子悬挂，人们可以根据个人需要，系紧臂环。

（5）腕饰（Bangles）：印度腕饰由不同材料制成，品种繁多，有无釉赤陶、石头、壳、铜、金、银等各种材料。紫胶和玻璃材质腕饰在印度最为普遍。这种圆形的腕饰，从普通设计到颗粒、压花、鸟类、动物头设计，都象征着太阳的潜在能量。腕饰是印度妇女的一种已婚标志，又具有象征浪漫和爱情的内涵，腕饰可以表明已婚妇女被自己的丈夫所爱及作为家庭中母亲的荣誉。腕饰发出的碰撞声，可以说明饰者的出现和饰者希望得到别人的注意，也具有表示愤怒和渴望的作用。

[1] Woman and Jewelry: The Spiritual Dimensions of Ornamentation, Articlel of The Month-March 2002.

（6）额饰（Tika）：是一种组合饰品，链子的一端是挂钩，另一端是坠饰，挂钩系在发根，坠饰正好落在额头的中央（印度瑜伽认为，前额中央是人体精神力量的中心）。印度人用这种额饰来说明他们是人类发展和传承的继承者和保护者。额饰具有两个翼瓣，象征一种两性神，一半是男性，一半是女性，代表着二元性的最终统一，在印度的密教中，象征着男性和女性最终合二为一。因此，额饰与印度妇女和自己的配偶结婚，共同生活并始终信守加入的新族谱的誓言联系起来（图4-5）。

图4-5　额饰

印度的服饰品还有腰饰、颈饰、项饰、耳饰、指甲花等。印度的贵霜王朝时代，首饰和迦腻色迦皇帝的权力与荣誉发生了联系，形式也有了变化。以前被广泛使用的花朵，被鸟、鱼、象、狮子或其他动物造型所取代。从当时首饰上的动物，诸如一些鱼、鹰、狮子及大象来看，当时首饰的设计者及工匠已具有高超的技艺和丰富的想象力。在吸收外来文化影响的同时，印度首饰保留了印度河流域流传下来的主要文化特征，这种艺术既发扬了传统，又有了新时代条件下艺术的更新，满足了人们新的追求和爱好（图4-6）。

图4-6　印度女子饰品

（二）印度男性服饰

因天热的缘故，印度人崇尚白色，男性服装以白色为主。传统的男子服装叫"陶迪"，是一块缠在腰间的布，上身穿"古尔达"，肥大、过膝的长衫，现在印度男子在家仍然穿这种传统服装，舒适宽松（图4-7~图4-9）。

图4-7　印度男子服装陶迪（Photi）

图4-8　正式场合戴头巾，穿珠宝装饰礼服的印度男子

图4-9　穿白色长款外套（Sherwani），紧身裤（Churidar），礼服的印度男子

印度男人着装传统，在印度南部，大街上的男人都穿陶迪下装，用一块白色或花格布围在腰间，闲时垂在地上，像飘逸的长裙；干活时把下摆往上一兜，一直兜到裤裆处。乡下的农民以穿陶迪、三角裤和赤脚为主。印度中部和北部地区，冬天天气较冷，人们在单衣外面披一条线毯或毛毯，即可御寒过冬。

印度男子在一些比较正式而又要求体现民族特点的场合，多穿"尼赫鲁服"，这种服装是印度民族独立运动时期象征印度民族精神的服装，即"民族服装"，类似于中国的"中山装"，不过上身稍长一些，扣子也多几排。尼赫鲁服的面料考究，做工精细，这种服装有小竖领，一排扣子很醒目，常见的都是浅色的，多数是灰色，高级官员在涉外活动、大型庆典中穿这种正式民族服装。

印度男人的头巾长达几米，从头巾的不同包法上可以看出他们的宗教信仰和地域的差别，如印度教徒和锡克教徒的头巾包法有明显的不同。

三、印度民族服饰设计元素的应用

Manish Arora2017秋冬时装秀，运用星际的灵感和绚丽的色彩，结合印度服饰文化，使得东方文化和当代设计碰撞出不一样的火花。这是一个带有印度风格的运动系列，丝绸材质的连衣裙配上太空式的图案，添加了三维装饰的条纹和生动色彩形成的羽毛般的领子。充满异域风情和未来感。而原本是印度男士的头巾用一种异想天开的方式被重新设计，把围巾当作帽子盘绕在头上作为头饰。

KENZO、HERMES、Giorgio Armani等品牌也曾用过印度风格元素进行系列设计（图4-10）。

图4-10　Manish Arora 2017秋冬时装秀

第二节　印第安服饰

一、印第安文化概况

印第安人是对除因纽特人外的所有美洲原住民的总称，在漫长的历史长河中，美洲的印第安人留下了丰富的古代文明。以玉米为代表的多种农作物的种植和栽培，使其成为世界农业文明的摇篮之一；以太阳神金字塔为代表的建筑艺术，是世界建筑艺术史上的一朵奇葩；以鹰羽冠为代表的民族服饰，色彩鲜艳、做工精巧，为世界民族文化增添了亮丽的色彩；以纳斯卡荒原巨画为代表的令人不解的"斯芬克司之谜"，至今仍让人感到神秘莫测，激励更多的学者去探索和破译。

印第安人相信"万物有灵论"，崇敬自然，对自然界的一草一木、一山一石都报以敬畏态度。印第安人在相当程度上已经被欧洲基督教信仰所同化，今天的美国大部分印第安人信基督教，但印第安的原始信仰仍然存在，它与基督教相混杂，成为一种奇怪的宗教信仰。卡耶特说："宗教信仰在印第安人生活中占据很高地位，最重要的部落首领是宗教领袖，他在内部事务上的权力高于部落酋长。"在大多数部落中，部落酋长仅负责对外事务，主要与联邦或当地政府打交道，对外代表部落，但他的任命权在宗教领袖，对内事务更要听宗教领袖的。

美国著名人类学家路易斯·摩尔根对印第安人的印第安文明历史和社会风俗进行了长达半个世纪的考察和研究。根据他的研究和实地考察，北美印第安人的社会组织属于古代氏族制度，主要处在母权制氏族社会发展阶段，个别部落中间依照父权制组成。基本组织形式为：氏族、胞族、部落、部落联盟。

美洲大陆最初没有人类居住，印第安人的祖先是从亚洲迁移过来。大约在4万~5万年前从亚洲北方进入美洲，然后逐步向南迁移，布满整个美洲大陆。在长期发展中，印第安人中有一些比较发达的民族，如玛雅人、阿兹特克人和印加人。玛雅人生活在墨西哥南部和中美洲一带，在美洲最先培植了玉米、番茄、马铃薯、甘薯、辣椒、南瓜等作物。印加人居住在南美洲，印加帝国的首都库斯科（在秘鲁南部）是一个有10万~20万人口的大城市，它用巨大的石块建造城墙和宫室，非常坚固，库斯科的王宫拥有大量金银，太阳神庙非常壮观。阿兹特克人是印第安文明的后起之秀。

印第安人的节日很多，与古代印第安人宗教仪式纷繁复杂有关。印第安人崇奉万物有灵的图腾信仰，各部落每年都要举行各种图腾崇拜的宗教仪式，一些仪式流传演化下来就成为至今魅力犹存的非常独特奇异的节日。如墨西哥的亡灵节、秘鲁印第安人的太阳祭等，印第安人还保留了一些自己独特的节日，如巴西印第安人的穿耳节、玻利维亚印第安人的降魔节等。在各种节日里，人们穿着盛装，进行庆祝。

亡灵节：是墨西哥境内的印第安人祭奠亡人的节日。节日期间，人们利用从店铺里买来的各种死者生前喜欢玩和吃的骷髅状玩具、糖果、糕点等物，在家里搭起祭坛，祭祀亡灵，有的还要收拾好死者睡过的床，好让亡灵回家。除此而外，人们还要到公墓去扫墓，他们来到举行仪式活动的墓地，戴上各种面具跳起狂欢之舞，以唤醒长眠地下的亡灵与之共舞（图4-11）。

图4-11 印第安人亡灵节

太阳节：是秘鲁印第安人的民间传统节日，内在含义是要净化心灵，和谐共存。让人们彼此奉献、感恩，倡导用造物主给予的生命，为自己民族的幸福勇于奉献的一种理念。在秘鲁东南部古印加帝国的故都库斯科附近的萨克萨伊瓦曼，每年6月24日都要举行一次别开生面的太阳节，历时9天。这个节日源自古印加人对太阳神的崇拜。在南半球，6月24日是太阳北偏后开始南移的日子，印第安人在太阳节打扮成"印加王"的表演者。

降魔节：是玻利维亚奥鲁罗省的印第安人每年举办的节日。印第安人认为，人们寻找矿源，挖掘矿井，触犯了地下的阿乌阿里魔王，故魔王要用"鬼咳"（就是硅肺病）以及爆炸、塌顶等残酷的灾难来惩罚矿工，这种迷信和本能的自卫心理逐步演变成一个固定的节日。节日来临前，矿区城市的商店中到处都出售各种各样的面具和服饰。矿工们为了参加这一天的化妆节庆活动，不惜工本，耗费一年的积蓄去买一套自己最理想的面具和服装。节庆时，化妆成各式各样的人物团结一致地与"魔王"斗争，最后降服魔王。

穿耳节：是巴西印第安人的民间传统节日。每7年举行一次，每次历时半个月，具体时间要视"瓦普特"的训练情况而定。穿耳节又叫"牺牲节"，源于巴西沙万特人的一个奇特风俗。

印第安人的节日还有土著人日、克拉克萨节、民俗节、雅瓦尔节、阿拉西塔斯节等。

二、印第安服饰文化[1]

印第安人的服饰，给人印象最深的是头饰鹰羽冠。印第安人衣着装饰简单，但服装的色彩、款式各不相同，装饰品的材质、样式多种多样，充满了民族特色。

1. **服饰品** 鹰羽冠，随着社会的发展印第安人生活水平也在不断提高，一些社会经济较发达和人数较多的印第安人的支系部分地保住了自己的风俗和传统文化（图4-12）。一些

---

[1] EMIL HER MANY HORSES, *Identity by Design*, National Museum of the American Indian, Smithsonian Institution, An Imprint of Harper Collins Publishers, 2006.

生活在偏远森林山区的印第安人部落至今仍保留着独特的风俗和传统文化。许多地区的印第安人还保留着古代印第安人的衣饰习俗，他们至今仍喜欢穿富有本民族特色的传统服装，戴富有本民族特色的传统饰品。

印第安人把羽毛作为勇敢的象征、荣誉的标志，经常插在帽子上，以向人炫耀。拥有鸟羽象征着勇敢、美貌与财富，根据颜色及佩戴方式，鸟羽也象征不同的社会地位和情感状态，如在卡希纳华部落，男子会在他所钟情的妇女面前佩戴鸟羽装饰品以表达热切的情感，有效地防止了对方的敌意。神鹰的黑羽使人联想到权贵和死亡，而南美大鹦鹉的红羽则表达了善意、能力和富饶，如果当地居民都有资格佩戴红羽，那么黑羽将凸显其尊贵。

图4-12　印第安人头饰，鹰羽冠

面具和文面是印第安人的另一种文化艺术表现。早期制作的面具大都表现神灵或恶兽，每个面具都有一段故事背景，一般在舞蹈或战斗中出现（图4-13）。生存在圣塔仑河谷的印第安西瑞族妇女的文面被认为是一种稀有的文化，文面是为了得到幸福和爱情，十字形花纹是为了辟邪，人形图案代表如钻石般明亮的美丽，文面只用黑、蓝、红和白4种颜色，已婚女子只能用蓝、白两色，男人用黑与红色，未婚姑娘可以文上花朵图案，如果年轻女子的脸颊文上鱼尾花纹，则就表示她成熟了。

图4-13　印第安人面具

印第安人佩戴的饰品崇尚原始风格，原料主要是高山大海赐予他们的贝壳和宝石，最早印第安人佩戴饰物是为了祛邪或表示地位的区别，后来渐渐演变为一种生活的装点和对美的爱好，如今有些饰物已成为部分印第安部落的族徽或标记。

印第安人的服饰艺术主要来源于自然。服饰的花纹表现部族的崇尚和标识。阿拉斯加印第安部族的服饰图案有形态逼真的鱼类、走兽、飞鸟和蓝鲸等。印第安人的披肩和披毯，手工显得粗糙，但其图案别具匠心，不仅色彩搭配奇特，图案也表现了浓厚的生活气息，如羚羊、梅花鹿形象。美国本土自然风光成为朴实简化的动物图案和装饰整理的灵感来源，体现了当时动植物对印第安人生活的重要影响。

2.　**传统服饰**　美国印第安传统服饰主要有三种类型：侧体折叠式、两片式、三片式，主要分布在美国和加拿大的一些平原、高原和大盆地地区。

（1）侧体折叠式（Side-fold Dress）：19世纪30年代，美国南达科塔（South Dakota）苏族服装，由一片兽皮制成，如图4-14所示。

（2）两片式（Two-hide Dress）：19世纪50年代，美国南达科塔苏族女孩服装，包括珠饰和150颗美洲大鹿牙装饰，是财富的象征，因为每一头鹿只有2颗上尖牙可以用，所以，可以推断出，此套服装的拥有者应该具有一个擅猎或做贸易的家族（图4-15）。

（3）三片式（Three-hide Dress）：19世纪70年代，夏安族人服装。披肩由三条缀满珠饰的带状形装饰。依据夏安族人的宗教信仰，四种色彩分别赋予了不同的象征意义，红色象征生活，黄色象征太阳的力量，黑色象征战胜敌人，白色象征黎明（图4-16）。

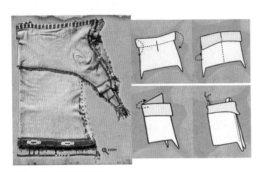

图4-14　侧体折叠式

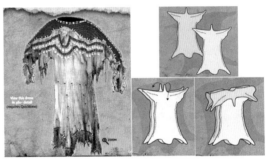

图4-15　两片式

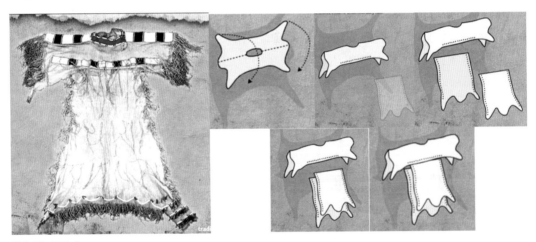

图4-16　三片式

三、印第安民族服饰设计元素的应用

印第安风格的主要表现为对于原生态和自然的大胆夸张描绘，将羽毛、皮质物以相对原生态的方式运用于服装的设计和创造中，用浮夸的手法描绘自然风光并以点线面重复排列的方式制作花型，再配以强对比的色彩构成，使图案充满视觉冲击力。印第安风格近几年广泛应用于打底类的服饰和皮制流苏，时尚且贴近生活，潜移默化地影响着每一个人的穿着，如纽约布鲁克林的MGMT、Henrik Vibskov的设计等。

第三节　西班牙服饰

一、西班牙文化概况

西班牙位于欧洲西南部，与葡萄牙同处于伊比利亚半岛，东北部与法国及安道尔公国接壤。首都马德里是著名古城，坐落在伊比里亚半岛的中心，瓜达拉马山位于其北面，地处梅塞塔高原，海拔670米，是欧洲地势最高的首都。曼萨内罗斯河绕城流过，交通发达，四郊湖泊众多、树木成荫、气候宜人。巴塞罗那位于西班牙东北部地中海岸，是西班牙的第二大城市，有地中海曼哈顿之称，以其丰厚的文化底蕴闻名于世。

西班牙自罗马人统治时期开始确立了天主教国家的地位。公元8~12世纪的"再征服"战争（收复失地运动）使天主教完全控制了整个西班牙，目前仍有94%的西班牙人信奉天主教，其余有新教徒、犹太教徒和伊斯兰教徒。

西班牙斗牛起源于西班牙古代宗教活动（杀牛供神祭品），13世纪西班牙国王阿方索十世将这种祭神活动演变为赛牛表演。古罗马恺撒大帝将骑在马上斗牛发展成站立在地上与牛搏斗，在这以后的六百多年时间里，这一竞技运动被认为是勇敢善战的象征，在西班牙的贵族中颇为流行。

西班牙乃至整个西语世界里，斗牛士被视为英勇无畏的男子汉，备受国人的敬仰与崇拜。西班牙斗牛士的地位高出一般的社会名流和演艺界人士。现今西班牙斗牛士的服饰继承了16世纪前辈的传统，主斗牛士一般选用红色为主的衣着，上面镶有金边和一些金色饰物，使其在阳光下显得闪亮夺目。红布和斗篷也是两件非常重要的工具，红布是主斗牛士的专利，一面红色一面黄色。斗牛这一诞生于西班牙贵族的竞技运动，其服装也保留了奢华的特点。

弗拉门戈舞是集歌、舞、吉他演奏为一体的一种特殊艺术形式，弗拉门戈舞是西班牙境内的安达卢西亚地区吉卜赛人（又称弗拉门戈人）的音乐和舞蹈。弗拉门戈舞源于吉卜赛、安塔路西亚、阿拉伯还有西班牙犹太人的民间歌舞，14~15世纪，吉卜赛流浪者把东方的印度踢踏舞风、阿拉伯的神秘感伤风情融合在自己泼辣奔放的歌舞中，并带到了西班牙。从19世纪起，吉卜赛人开始在咖啡馆里跳舞，并以此为业，热情、奔放、优美、刚健，体现了西班牙人民的民族气质。弗拉门戈舞源自平民阶级，在舞者的举手投足中表达出人性最无保留的情绪，表演时必须有吉他伴奏，并有专人在一旁伴唱，同时表演即兴舞蹈。女舞者穿黑色的紧身吊带背心，裙子的多层塔身结构是当地服装的特色，多层的结构承载了多种色彩—蓝、白、橘红等。男舞者穿短夹克、绣花背心和长裤。

二、西班牙服饰文化

西班牙传统服饰风格像西班牙人的性格一样热情开朗，具有丰富且强烈的对比色彩，为人熟知的是南部安达鲁西亚地区弗拉门戈传统服装，Flamenco（色彩艳丽，大波浪裙摆及袖口的传统服饰）。弗拉门戈服饰影响了西班牙其他种类服饰，如婚礼服和日常服装，这些服装也同时具有弗拉门戈服装的特征。这些传统服饰，跟好动开朗的西班牙人、浓厚民族色彩的音乐，形成了西班牙传统舞蹈。在节庆活动中，可看到因区域、人文、气候、历史条件不同发展而来的各具特色的传统服饰与舞蹈。西班牙女裙是多层塔身结构，舞蹈时随着奔放的舞步而飘洒，体现了服装的动态美。西班牙民族服装受其民族文化的影响很大。传统西班牙服饰文化的种类主要分为，弗拉门戈服饰（Flamenco）、斗牛士服饰（Bull Fighting）、牧牛士服装（Bandoleros and Vaqueros，图4-17）和潘普鲁纳服装（Pamplona）。

弗拉门戈服饰设计以与舞蹈相匹配的色彩和褶饰最具特色（图4-18）。上衣为紧身，以白色、黑色为主，有时有褶饰花边；下裙常为红色，长至脚踝，有时饰有波尔卡圆点，裙摆有褶饰。着弗拉门戈服的女人身体显得笔直挺拔，在舞蹈中，她们将裙子作为在舞蹈中显露精巧舞步的道具。斗牛士服饰是西班牙服饰的组成部分，这种套装"Suits of Lights"用金色装饰，包括用刺绣装饰的短夹克和高腰裤，裤子用跟夹克同样的材料，侧边也用刺绣装饰，颜色有红色、黑色、蓝色、白色，除夹克和裤子外，白色的衬衣和黑色的小领结穿在里面。牧牛士服装跟斗牛士服饰相似，比斗牛士服饰简单，包括短夹克、高腰裤和宽檐帽，牧牛士通常以系在头部的一块印花大手帕区别于别人。潘普鲁纳服装，起名于西班牙的一个地名——"Pamplona"，每年大量观看斗牛表演的人挤满了潘普鲁纳的每一条街道，男人们身穿白色裤子、白色衬衫，并在颈部系有一块红色的印花大手帕。

现今西班牙斗牛士的服饰继承了16世纪前辈的传统。16世纪的人习惯于盘发，因而主斗牛士都戴有头

图4-17　牧牛士服装

图4-18 弗拉门戈服饰

饰,这一传统被延续到今日,头饰成了一种装饰,而主斗牛士是场内唯一佩戴头饰的人,又使头饰演变为主斗牛士身份的象征。虽然现在的斗牛士都已经是短发,但还能看到不少人头上那个象征性质的黑色发髻。

西班牙服饰因地区的差异有所不同。西北部沿海地区的服饰以加利西亚省有多样化的传统服饰为特色。当地妇女为方便工作,不穿长裙,呢料以红、绿、棕色或紫色居多,穿白色麻布衬衫,黑色或暗蓝色呢料背心,外加一条披肩在胸前交叉,绕过肩后,用别针固定,头上用头巾包裹。男士穿呢料短裤,装饰华丽的背心,丝绒质或呢料外套,亚麻衬衫及羊毛帽。中西部地区,女性服饰选用鲜艳活泼的色彩及繁复的装饰,斑斓华丽的外衣和富丽的首饰。男性服饰中以萨拉曼卡省(Salamanca)最独特,被称为"Charro"的男性服饰,样式简朴,粗犷中不失高雅,是西班牙男性服饰中最具代表性的形式。中心地区的服饰中女性传统服饰为单色毛料裙,上有黑色条纹饰带,或是黑色、彩色绣花图案;黑色毛料头巾,颈上挂有金银或珊瑚制链饰、圆形浮雕饰物和圣物匣;耳上戴有华丽的金质耳环。男性传统服饰多为黑色或棕色暗色系外套和长度及膝的裤子。

首都马德里,女性穿着长裙(臀部束紧合身,下裙摆则宽大,有时饰很多褶边),灯笼状袖口上衣,肩膀披有彩色绣花及流苏的丝质披巾,这种绣满五彩花朵纹饰的披巾,是西班牙传统服饰中最有特色的代表性饰物。男性服饰为黑色或棕色外套,方格紧身长裤,条纹衬衫,颈上有小围巾,头戴圆顶礼帽或帽舌便帽。

三、西班牙民族服饰设计元素的应用

后弗拉门戈时尚以Jean Paul Gaultier 2005春夏系列为代表,在异国文化的冲击下,Gaultier做了各项尝试,例如,有腰身却不收边的紧身夹克剪裁,直筒合身的长裙设计。受到后弗拉门戈的影响，在细节上充满着狂野奔放的元素，翻褶抓皱多层荷叶缀边，多彩层叠的及地蛋糕鱼尾裙，异国传统色调亦如绿宝石罩衫和水晶粉红色的笔挺长裙等，结合前卫的解构化设计，呈现了既现代义复古的后弗拉门戈时尚。这个系列保持了多层塔形裙摆，并将其用在了袖型的设计上，总体氛围仍体现出西班牙"舞者"的古典奔放气质，但色彩的饱和度降低，不再是传统的明艳色彩与现代感的服装搭配。

第四节　苏格兰服饰

一、苏格兰文化基本概况

苏格兰是大不列颠与北爱尔兰联合王国下属的王国之一，以格子花纹、风笛音乐、畜牧业与威士忌工业而闻名。苏格兰是英国领土的组成部分。在大不列颠岛北部，北、西临大西洋，东濒北海，南为英格兰和爱尔兰海。面积77169平方公里，约占大不列颠岛面积的三分之一，若包括有人定居的岛在内，面积为78772平方公里。人口约522万（2017年），主要为凯尔特人。

1. **地理环境**　苏格兰北部高地有格兰扁山脉，主峰本尼维斯海拔1343米；中部低地，由克莱德河和泰河谷地组成；南部为高地。北海沿岸有狭窄的低平原。近海海域有设得兰、奥克尼和赫布里底三列群岛和许多小岛，西海岸多峡湾。泰河、克莱德河为主要河流。苏格兰是温带海洋气候，气候温湿天气多变。因受北大西洋暖流影响，冬季较同纬度地区温和。畜牧业发达，山区多牧牛、羊，中部以饲养乳牛和猪为主。农作物有小麦、燕麦、大麦等。东、西两岸海洋渔业亦较重要。工业有石油、石油机械、造船、纺织、农业机械、电器等。威士忌酒较为著名。

2. **宗教信仰**　在中世纪，苏格兰与英格兰都受加尔文教影响，苏格兰在约翰·诺克斯的领导下进行了宗教改革，将长老会教会作为自己的国教会。根据18世纪初与英格兰签订的合并条约，苏格兰在宗教事务方面享有完全自由，不受英格兰国教或英国国会的支配。苏格兰的国教现有教堂1870个，教堂由教徒选出的德高望重的"长老"与牧师共同管理，牧师之间人人平等，没有主教与大主教之分。区域性的教会事务由牧师及长老层层选出的组织或全区代表会议开会决定。苏格兰的"长老会"教会有着古老的清教主义传统，在早期反对天主教旧制和烦琐仪文，也反对王公贵族的骄奢淫逸。

3. **苏格兰音乐**　苏格兰音乐是其文化的重要内容，不论过去还是现代，对国家有着深远的影响。一种著名的传统乐器是苏格兰高地风笛。苏格兰风笛音乐原属于战争音乐，用于行军、召集高地人、哀悼亡灵。风笛音乐也属于和平的音乐，用来跳斯特拉斯佩舞，用来与小提琴、手风琴和奏，用来庆祝，也用来求爱。它曾一度替代了苏格兰人宠爱有加的竖琴。在苏格兰，这一古老的器乐已为世界各地的人们所熟知与演奏，苏格兰人更是通过风笛感受着凯尔特先祖留给他们的宝贵的精神财富。传统的苏格兰风笛手的穿着包括羽毛帽、格子及格子拉刀（图4-19）、毛皮袋（Sporran）、方格呢裙、软管上衣、鞋罩、翻毛。

图4-19　苏格兰风笛手服饰

二、苏格兰服饰文化

一套苏格兰民族服装包括：一条长度及膝的方格呢裙，一件色调与之相配的背心，一件呢夹克和一双长筒针织厚袜。裙子用皮质宽腰带系牢，下面悬挂一个大腰包，挂在花呢裙子前面的正中央，有时肩上还斜披一条花格呢毯，用卡子在左肩处卡住。苏格兰人视苏格兰短裙为"正装"，在婚礼或者其他较为正式的场合才穿。直到现在，苏格兰的军队还把苏格兰短裙当成制服。黑色的呢子上装，白色的衬衫，花格呢裙，羊毛袜，再配上同样花型的格呢披肩和有兽皮装饰的系于腰间的酒壶，就构成了标准的苏格兰男装（图4-20）。

图4-20　苏格兰民族服装

1. **苏格兰方格裙**　苏格兰方格裙起源于一种叫"基尔特"的服装，是一种从腰部到膝盖的短裙，用花呢制作，布面有连续的大方格，特别的是方格要鲜明地展现出来。在苏格兰人看来，"基尔特"不仅是他们爱穿的民族服装，更是苏格兰民族文化的标志。1707年苏格兰与英格兰合并后，"基尔特"作为苏格兰的民族服装被保留下来。苏格兰人穿着这种裙服表示他们对英格兰人统治的反抗和要求民族独立的强烈愿望。1745年，英国汉诺威王朝镇压了苏格兰人的武装起义后，下了英国历史上著名的"禁裙令"，禁止苏格兰人穿裙子，只能以

图4-21 苏格兰裙

英格兰的装束为标准，违背者将被处以监禁或放逐。苏格兰人为此展开了三十多年的斗争，最后于1782年迫使汉诺威王朝取消了"禁裙令"，为自己赢得了穿裙的权利。

在英语中，苏格兰短裙被称为"Kilt"。苏格兰民族服饰特点，离不开服装所用面料"Tartan"，这种方格呢料与苏格兰民族文化融合在一起，不可分离。一提到苏格兰裙，人们就会想到这种Tartan面料，而一提到Tartan面料，人们都不由得想到苏格兰裙。Tartan是一种方格斜纹呢料，面料色彩丰富，风格独特，主要用在苏格兰裙（kilt）的制作中。起初，Tartan以前主要指毛织品，现在可以用多种材料制成。在"Scottish Tartans博物馆"（位于Main Street in Downtown Frankin）收集有两千多种不同风格的Tartan面料。不同的面料图案，代表了该家族或该部落的发展，历史长久的，可以追溯到1~2世纪以前（图4-21）。

苏格兰裙长及膝盖，有的通过裁制方式制成（测量腰围、臀围和裙长）。普通苏格兰裙通过很长的Tartan面料直接在身体上缠绕而成，布边不需要包，否则会影响裙子的悬垂性，影响外观（图4-22）。

"穿苏格兰短裙不穿内裤"的说法，一种解释是只有在跳舞的时候才需要穿内裤，如果穿有衬里的苏格兰裙，内裤就成了累赘，穿没有衬里的毛料苏格兰裙，内裤就不可缺少，是否需要穿内裤取决于天气、个人习惯以及要出席的场合等。另一种解释是个典故，约300年前，在苏格兰高地的一次保卫战中，苏格兰部队的一个军官突然下令，让士兵脱掉苏格兰短裙和内裤，只穿着衬衫向对方进攻，对方的士兵见此情况，以为他们的敌人都疯了，便掉头而逃，从此，"穿苏格兰短裙不穿内裤"的说法便传开了。

苏格兰短裙上的格子，有"一格一阶级"的说法，"苏格兰短裙"可以说是一部大英帝国的历史。英国苏格兰格子注册协会记载着几百种不同的格子图案，有的以姓氏命名，代表着不同的苏格兰家族，如黑灰格被称为"政府格"，也有特别为皇室成员定制的格子图案，

图4-22　苏格兰裙穿法步骤

图4-23 苏格兰男士着裙装

图4-24 苏格兰军服

图4-25 苏格兰亚波恩礼服

象征贵族的身份高贵，他们穿着的格子图案被称为"贵族格"。在17世纪和18世纪，苏格兰高原部落之间的战争终年不休，战场上的男人们以所穿的格子图案来辨认敌我，类似现在的"军服"（图4-23、图4-24）。

2. **亚波恩礼服** 亚波恩礼服是女性在跳苏格兰民族舞蹈时规定的着装打扮。一种是穿齐膝的格子呢短裙，与格子呢色彩协调的衬衫和背心；另一种是穿一个多衬裙的白色礼服，加上格子图案腰带。一套典型的亚波恩礼服由一个黑的胸衣或背心、衬衫、全格子呢短裙、里裙和围裙

图4-26 苏格兰塔姆奥沙特

组成，有人将格子呢披在肩上。亚波恩礼服名字来源于苏格兰的地方亚波恩高地聚会，在20世纪70年代，女舞者对跳舞的服饰表示不满，许多人认为女性和男性舞者不应该穿同一套衣服，通过解决这个问题，女性独立的服装样式得到发展。男人们则继续穿着褶裙和夹克，头戴帽子和毛皮袋跳舞（图4-25）。

3. **帽子** 塔姆奥沙特（Tamo' Shanter），是苏格兰风格男帽，不同于贝雷帽，是一个软盘形状的冠帽，帽宽尺寸有时是头部直径两倍。最初因化学染料的缺乏，帽子只有蓝色，现在可用各种颜色的呢料制作（图4-26）。

格伦加里（Glengarry Hat），是一种传统的船形帽，由羊毛材料制成，有一个花环帽章在左边，缎带垂在后面，是苏格兰人穿着军用或民用高地礼服时戴的帽子，以替代巴尔莫勒尔帽，冠中心有红色帽缨。在苏格兰，格伦加里是目前比较流行的制服头饰。

巴尔莫勒尔（Balmoral Hat），一种传统的苏格兰帽子，可以是非正式的，也可配正式高地礼服用。16世纪，采取针织形式，软毛冠帽。巴尔莫勒得名于巴尔莫勒尔城堡（苏格兰皇家住所），是一种替代非正式塔姆奥沙特尔帽和格伦加里的帽子，精细小布制作，有深蓝

色、黑色或洛瓦特绿色。一个团或家族徽章戴在左边，贴在丝绸或罗缎带（通常为黑色、白色或红色）上，冠中心是帽缨，传统为红色（图4-27）。

三、苏格兰民族服饰设计元素的应用

以苏格兰风情为主打的艾历克西斯·马毕（Alexis Mabille）2011秋冬男装系列，将格纹元素重新演绎，修身两粒扣西装、宽格纹单扣大衣，配以抽带装饰运动感十足的窄腿裤，将艾历克西斯·马毕（Alexis Mabille）男孩塑造得硬朗有个性（图4-28）。

2006秋冬 Alexander McQueen 系列女装所用的斜纹花呢和格纹呢料也是追溯苏格兰风情的最好画布，大翻领的收腰大衣，以腰带束出夸大梯形衣摆的合身套装，经典红色格纹的各色设计，都重新演绎了苏格兰风格的现代风情（图4-29）。

内衣品牌维多利亚的秘密（Victoria's Secret）中，苏格兰方格布及英格兰绅士风格都有所应用（图4-30）。

图4-27　苏格兰巴尔莫勒尔

图4-28　Alexis Mabille 2011秋冬男装系列

图4-29　2006秋冬 Alexander McQueen 系列

图4-30　Victoria's Secret系列

第五节　日本服饰

一、日本民族文化概况

日本位于亚洲大陆东岸外的太平洋岛国，为单一民族国家，国内大城市主要有东京、大阪和神户等。考古学和人类学观点认为日本民族主要由东北亚通古斯语族人、古代中原人、少量长江下游的吴越人、少量马来人以及中南半岛的印支人逐渐迁移到日本融合演变而来。日本人古代使用和语，日语借用了大量汉语词汇，日本文化受中国传统文化的影响深刻。

日本位于亚欧大陆东部，太平洋西北部，由数千个岛屿组成，众列岛呈弧形。日本东部和南部为太平洋，西临日本海、东海，北接鄂霍次克海，日本北海道有世界最著名的渔场之一——北海道渔场。日本列岛大部分位于温带，气候属于温带海洋性季风型。主要特征是终年温和湿润，冬无严寒，夏无酷暑，与欧亚大陆东岸同纬度各国相比，日本的气候有较强的海洋性，而与大陆西岸的英国和西欧各国相比，又富有大陆性。

日本经济高度发达，国民拥有较高的生活水平。人均国内生产总值39731美元，是世界第17位。日本拥有丰富的木材资源，在近海有众多渔场，捕鱼量世界第一。由于其降雨多且水土保持良好，因此日本拥有大量高质量的饮水。但是日本只有12%的土地是可耕地，农业在日本是高补助与保护产业，鼓励小规模耕作。

樱花、和服、俳句与武士、清酒、神道教构成了传统日本的两个方面——菊与刀。日本有著名的"三道"，即日本民间的茶道、花道、书道。茶道也叫作茶汤（品茗会），自古以来就作为一种美感仪式受到上流阶层的喜爱，是一种独特的饮茶仪式和社会礼仪，最早由中国唐朝贞观年间传到日本。日本与中国早有往来，盛唐时期，日本曾派大量使臣来中国，受中国影响较深。日本人民称"中国是日本茶道的故乡"，日本茶道和中国的潮汕工夫茶相似。花道作为一种在茶室内再现野外盛开的鲜花的技法而诞生，因展示的规则和方法的不同，花道可分成20多种流派，日本国内有许多传授花道各流派技法的学校。日本忌讳荷花和山茶花，认为其是丧花，菊花是皇室家族的标志。古代日本人也称书法叫"入木道"或"笔道"，直到江户时代（17世纪），才出现"书道"。在佛教传入之后，日本的僧侣和佛教徒模仿中国，用毛笔抄录经书，使中国的书法在日本流行开来。至今，日本仍盛行用毛笔写汉字。

日本是一个多宗教国家，有神道教、佛教、基督教三个大的宗教和其他小的宗教，因日本人可以同时信仰两种乃至多种宗教，所以宗教信徒的总数是人口总数的近2倍。也有些日本人心理上并没有特定的宗教信仰。神道教与日本佛教是日本的主要宗教，多数的日本人同时崇奉此二者为宗教信仰，二者之宗教仪式或活动与日本人的生活融为一体，如婚礼和葬礼。

神道教是在日本本土发展而来的宗教，祭神的场所是神社，神道教认为自然界万物皆有神，也有奉祀先烈先贤、名人武士、诸侯大名、公家卿相甚至是幕府将军与天皇者，如明治神宫、日光东照宫等。在《日本书纪》中，佛教于公元552年传入日本，7世纪初，圣德太子兴建法隆寺，致力推广并普及佛教。1549年，基督宗教中的罗马天主教传教士进入日本，至17世纪初，教徒约有75万人，之后德川幕府为了巩固统治，实行禁教政策，并规定日本人必须要皈依任一个佛教宗派，因此大多数日本人仍自认是佛教信徒，无论是实际上或是名义上。

日本传统纺织品以棉、麻、丝为主要纺织原料。贵族与上层人士多穿丝绸，市井百姓多穿棉、麻织物。棉织物最早主要从中国和印度等国进口，以供需求，由于棉织物的稀缺，日本妇女非常珍惜，通常将废弃的棉织物，作为夹层再次利用，又达到保暖的作用，如"Sashiko"。"Zanshi"是另一种日本传统棉纺织品，是用各种剩余纺纱制成的纺织品，风格独特，在日本Zanshi被认为是纺织品中的次品（图4-31）。

其他的传统纺织品，还有"Sakiorio"，由破、旧布条，通过织布机织在一起的一种纺织品。这种纺织品主要用来做日本渔夫和农夫的上衣、背心和盖腿的小厚毯，此外，还有Boro Futon Covers、Kaya Mosquito Netting等纺织品品种。

日本纺织品最基本的传统染色方法有，靛蓝染色（Indigo Dye）、浅红褐染色（Kakishibu Dye）等方法，染料均来于自然。图案印染方法主要有"Katazome"，是应用米的强黏性和刻图案的蜡纸，在白色棉坯布进行印刷图案的方法；"Tsutsugaki"是应用米的强黏性和绘画图案，在白色棉坯布上进行染色的方法。此外，还有扎染色织物"Kasuri"和源于葡萄牙的"Sarasa"布（图4-32）。

图4-31　明治大正时代Sashiko

纹所，又称为纹章，是印在和服上表示一个家族或家庭的标志，纹所标志的范围可大到一个神社、一所学校、一个地区、一家公司等，是一个团体的集体标志。纹所的外形以圆形为多，也有多边形。圆纹中有太轮、中轮、细轮、丝轮、二重轮、胧轮、洲浜轮、窠轮、雪轮、竹轮、菊轮、藤轮等；多边形也有多种，日本人称其为角纹，有平角、隅立角、的角、垂角、太夫角等。纹章中纹样最多的是植物纹、器物纹、动物纹、建筑纹、自然纹、几何纹等。

图4-32　简描

传统日本民族纺织品装饰图案具有一定的象征意义。"海龟""鹤"在日本传统婚礼仪式中，是长寿和吉祥的标志。在"Katazome and Kasuri"纺织品中，"千纸鹤"是和平的标志（图4-33）；海鲤鱼，象征幸福。菊花是日本纺织品的常用设计纹样，由菊花可以衍生出150多种不同形式的纹样，其中一种菊花纹样在14世纪被日本皇室采用，为皇室专用，一直沿用至今。猴子图案、阿拉伯错综花纹、印度蔓叶纹棉制品在日本也较为流行。

图4-33　鹤纹图案

二、日本民族服饰文化

日本几乎所有传统习俗，如茶道、花道、书道、祭祀、陶瓷、织锦、古诗、古词甚至文字等，都受到古代中国的影响，和服也不例外。综观日本的服饰发展历程，上古时代的粗布服装，窄袖斜襟的样式与中国古代穿着十分相似，但真正有文字记载，将中国服饰引进日本，并将之制度化，是从奈良时代开始。到了平安时代，由于受到当时国风影响，衣服色彩开始多样化，衣袖也向宽大方向发展。镰仓时代，元朝为统一中国，引起战乱受元朝的影响以及为了便于战斗，服装又回复素朴，宽袖又变回窄袖。江户时代是日本服装史上最繁盛时期，现今所看到的和服大都是延续了江户时代的服装特式。

（一）和服简介

和服是日本传统民族服装的称呼，是"着物"的意思。和服是仿照中国隋唐服式和吴服改制的，所以在日本又被称为"吴服"和"唐衣"。和服是日本民族的传统服装，高雅的剪裁和优美的图案，体现出日本民族对于山水自然风光的热爱之情以及对以人为本的精神和对细节洞察入微的感受。和服不仅使人的优雅气度与内心深处的气质融合为一，更恰当地反映出了穿着和服之人的内心气质与外在行动的协调统一。在穿着时更要注重每一个细节和佩戴步骤，力图体现和服与人相辅相成、浑然一体的美。因此，穿着和服，不论是坐姿或站姿，都需要有特定的规范，都需经过学习训练，从而成为内外兼具的完美礼仪。和服有另外一个名称叫"赏花幕"，是因为和服的图案与色彩，反映了大自然的意象和风光，当人们穿着和服走动时，会因为走路的晃动使得和服如同一块动态的画布，由此可见日本和服的动静和谐之美，图4-34为和服的基本形制。

每一套和服，都经过了设计者精益求精的剪裁和缝制。和服须要事先决定使用布料所需要的宽度，再以标准化的单元，决定各部分的长度，男性与女性的和服宽度不一样。做好布

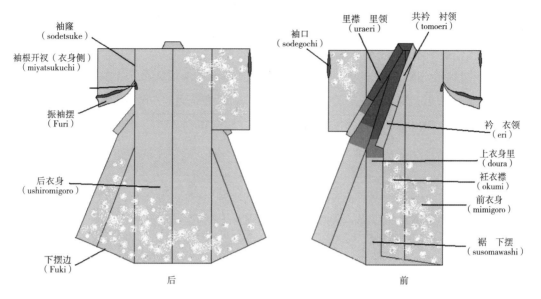

袖窿
（sodetsuke）

袖根开衩（衣身侧）
（miyatsukuchi）

振袖摆
（Furi）

后衣身
（ushiromigoro）

下摆边
（Fuki）

后

袖口
（sodegochi）

里襟 里领
（uraeri）

共衿 衬领
（tomoeri）

衿 衣领
（eri）

上衣身里
（doura）

衽衣襟
（okumi）

前衣身
（mimigoro）

裾 下摆
（susomawashi）

前

图4-34　和服的基本形制

料的裁制分配之后，以直线裁成一块块直条的布，再一片一片加以组合，制作过程中不会有多余的布料。孩童的和服是在丈量布料时，事先预留足量的缝份，以便随着成长，适时地加长放宽，修正成合适的尺寸。和服采取这样的设计与剪裁缝制方式，体现了日本民族"不浪费、代代相传、多人能穿"的节俭观念。和服穿法，以妇女为例，穿和服时，最里面是贴身衬裙，其次是贴身汗衫，再其次是长衬衫，最后才是和服，然后系上"细带"与"兜包"，多赤足或穿布袜，出门时穿草履或木屐，要梳相应的头饰。在日本，出席茶道、花道，观看文艺演出，参加各种祭典仪式，庆祝传统节日时，人们会穿上漂亮的和服，为节日增添气氛。

（二）日本和服早期形态

在日本新石器时代，出现了基本的服装式样，是日本和服的原始形态，一种是套头式圆领衫，造型类似于今天的圆领针织套衫，是和服中最早称为"贯头衣"的服饰，即在布上挖一个洞，从头上套下再用带子系住两腋下的布，配上类似裙子的下装，原始而实用。另一种为被称作"横幅"的男装，是将未经裁减的布围在身上，如同和尚的袈裟般露出右肩。再一种是对襟式，门襟采用左衽，领开至腰间，用细绳系结扣接，袖子为筒形袖，长度在膝以上。与上衣配套的还有裤、领巾、于须比。

领巾一般作为装饰搭挂在两肩，搭挂的形式不限，通常由个人的爱好决定。在生产劳动中，领巾还时常被用于挽系长袖的带子，或者作替代包袱布之用，体现出和服功能的实用性，在别离的场合，人们挥动着领巾，以示依依不舍的心情，它与后来明治时代流行的以挥舞手帕表示告别的作用是一样的。

于须比是一种比领巾大且长的带状织物，蒙在头上垂绕至腰间，古代日本妇女忌讳被男子窥容，所以用于须比蒙面。

日本绳文式文化时代后期和弥生式文化时代的服装开始采用楮布、麻布、棉粗布、藤布、科布等植物纤维材料制作，带子选用倭文布。景行天皇时代，平民始用茜草染红、靛蓝染青、荩草染黄、橡果染果黑、紫根染紫等。染织品大多无纹，偶有一些印纹，一般直接利用树叶花草擦印完成。

（三）和服的后期发展

奈良时代人们穿着粗布服装，窄袖，斜衣襟样式，与古代中国相似。

（1）平安时代：仿唐的日本服饰逐渐脱离中国服饰的影响，独立发展成为日本民族自身的服饰。男子服饰从朝服变为束带，女子服饰为"唐衣裳装束"和"女房装束"等。出席正式场合的礼服、束带、唐衣裳装束的袖口部分不缝起来，叫作大袖，和现在的长襦袢的袖子一样，现代和服用语中叫作"广袖"。女性"唐衣裳装束"的下装叫作白小袖，这种装束是受京都风土及朝廷宫廷文化影响而形成的。

（2）镰仓时代：政治上由于统治阶层过度腐化、穷奢极欲，公卿的统治开始衰退，在此时期，相对精干、简易的武家文化兴起，这一时代特征反映在日本民族服装的变化上。当时，战乱中的日本为了便于抵抗攻击和战备需要，和服又回到朴素的风格和剪裁制作上，原来较为繁复不利于行动的宽袖样式又回归到窄袖的形式，方便日常行军和战争。

（3）室町时代：和服上开始印上家纹，便服设计开始向礼服化发展。直垂和侍乌帽子是时髦的男装，而女装则更朝简单化发展。

（4）桃山时代：和服的功能分类开始突现，人们开始讲究不同场所穿着不同样式的和服，出现了参加婚宴、茶会时穿的"访问装"和参加各种庆典、成人节、宴会、相亲时穿的"留袖装"。这一时期，带有鲜明民间性的"能乐"逐渐成形，绮丽豪华的"能"装束出现。这个时代绣箔、摺箔、扎染等手工细作繁盛，染织技术飞跃进步。

（5）奈良时代：日本的服饰文化形态始终受到外来文化的影响，不仅体现在服装的形式，还体现在衣料的织造技术上。日本与韩国、中国的密切交往，为文化的传输带来了有利条件，也使日本服饰文化受到了积极影响，直至日本服饰走上了独立发展的道路，形成了当今世界所看到的日本和服。尽管和服在发展初期的平安时代，曾经出现了极其奢侈华丽繁复的礼服，但随后即被镰仓时代更加简便的窄袖和服所取代。在漫长的历史发展过程中，和服不断向实用化、简洁化的方向发展。时代动荡不安的时局在一定程度上会促进和服向简化发展，体现了随着社会经济、文化的进步，人们越来越注重实用性的这一趋势，繁复华丽的和服所应用的功能范畴越来越小，反而在古代被认为较为简陋的和服样式被现代社会青睐。

（四）和服的种类

和服的种类很多，婚、宴、丧、礼以及春、夏、秋、冬皆不同，按和服花纹和质地也有贵贱之分。按季节来分，春季以樱花盛开或以春天的西洋花图案为主题的设计，以粉色系较多；夏季以清凉色系为考量，图案以浪花，水中嬉戏的鱼儿，甚至水边水草、花鸟为主题；秋季以秋天的菊花为主题，添上一些萧瑟的秋意，暗色系较多；冬季以冬天的北国雪景意境为考量。

（1）"留袖"和服：即袖子相对较短，女性参加亲戚的婚礼和正式的仪式等时穿的礼服，主要分为黑留袖和色留袖。以黑色为底色，染有5个花纹，在和服前身下摆两端印有图案的，叫"黑留袖"，点缀有精致的花纹，为已婚妇女使用，是中年妇女的礼服，一般在比较隆重、庄严的场合穿着；在其他颜色的面料上印有3个或1个花纹，且下摆有图案的，叫"色留袖"，色留袖是有各种颜色的和服，穿着者比穿"黑留袖"的人年轻，也是隆重场合时穿着的礼服（图4-35、图4-36）。

（2）"振袖"和服：是未婚日本青年女子的传统服装，较豪华，一般只在庆贺典礼、毕业以及新年时穿着。"振袖"即长袖，长1米左右，垂至脚踝。振袖和服，又称长袖礼服，是年轻女子的第一礼服，根据袖子长度又分为"大振袖""中振袖"和"小振袖"，其中穿得最多的是"中振袖"，主要用于成人仪式、毕业典礼、宴会、晚会、访友等场合，因为这种和服给人一种时尚的感觉，所以已婚妇女穿"中振袖"的较多（图4-37）。

（3）访问和服：是整体染上图案的和服，它从下摆、左前袖、左肩到领子展开后是一幅

图4-35 黑留袖

图4-36 留袖

图4-37 "振袖"和服

图画，近年来，作为最流行的简易礼装，访问和服大受欢迎。开学仪式、朋友的宴会、晚会、茶会等场合都可以穿，没有年龄和婚否的限制（图4-38）。

图4-38 访问和服

（4）小纹和服：衣服上染有碎小花纹，因适合用于练习穿着，所以一般作为日常的时髦服装，在约会和外出购物的场合常常穿用，小纹和服也是年轻女性用于半正式晚会的礼服（图4-39~图4-41）。

图4-39　小纹和服　　　　　　　　　　　　图4-40　丧服　　　图4-41　婚服

（5）丧服：连腰带在内全部为黑色，丧礼时穿。

（6）婚服：结婚时穿的礼服。花嫁新娘装是女性一生中最美的时刻，日本人结婚形态可分为传统的神前结婚和西洋教堂结婚。神前结婚中花嫁妆是不可缺的，一般常见花嫁装有白无垢，打挂和振袖、头上佩戴及衣裳种类会因家族规定及个人风格有所不同。

（7）浴衣：沐浴之前所穿，是夏季和服。浴衣也是和服的一种，洗完澡后或夏天较热季节时，在庙会、烟火大会等热闹场所穿着，所穿的简易和服，材质大多为棉织品。浴衣是年轻女性夏季的流行服饰（图4-42）。

（8）男式和服：男子和服以染有花纹的外褂和裙为正式礼装。除了黑色以外其他染有花纹的外褂和裙子只作为简易礼装，可以随便进行服装搭配（图4-43）。

图4-42　浴衣　　　　　　　　　　　　　　　　　　　　　　图4-43　男式和服

（五）和服的收藏

为防止褶皱，图为和服的折叠方法❶，折叠完成后，还要用专门的包装纸进行再次呵护（图4-44）。

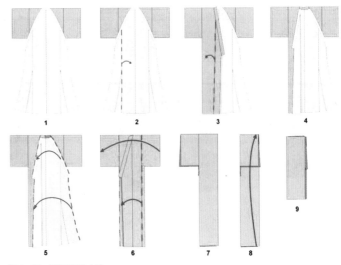

图4-44　和服折叠方法

（六）服饰色彩

《中国民间禁忌》一书中曾将服饰的颜色归纳为贵色忌、贱色忌、凶色忌、艳色忌。《礼记》载，天子弹服装因季节不同而颜色不同，按季节的阴阳五行，分为青、赤、黄、白、黑五色。唐太宗贞观四年定百官朝服颜色，紫列朱前，三品以上服紫；四品、五品服绯；六品深绿；七品浅绿；八品深青；九品浅青。日本历史上的色彩禁忌与中国传统色彩文化有相似之处。推古天皇十一年（605年），圣德太子颁布"冠位十二阶"，按阶位用冠，从上至下是德（紫）、仁（青）、礼（赤）、信（黄）、义（白）、智（黑），这6种颜色和冠位又分别细分为大小两种，共12阶。

日本历史上曾定橘黄色、深红色、青色、深紫色分别为皇太子、太上皇、天皇和亲王的礼服用色，限制他人使用，尤其深红色和深紫色，更不准皇室以外的人使用，这种规定一直持续到1945年。在日本高松冢古坟壁画上，除有唐装男子和女子画像外，尚有作为四方守护神的青龙、朱雀、白虎、玄武（黑龟）图画。直到今天，在日本的一些地方穿着和服时，非隆重仪式，一般不选用白色和红色，因为白色代表神圣、纯洁，红色则象征着魔力。

（七）日本艺伎服饰

性与美是密不可分的，所以经过常年发展的色情业常常与民族艺术相辅相成，正如荷兰的红灯区与橱窗艺术，荒木经惟的捆绑嗜好与摄影艺术，作为重要的民族服饰，和服在现代有很广泛的应用，其中最突出的角色就是艺妓。

艺伎所着和服华丽，做工、质地和装饰都属上成，因此也异常昂贵。京都舞伎的服装以悬落飘逸，称为"だらりの"（译为：松弛地下垂），重量相当沉重，扎束之间需要相当大的

❶ Wikipedia,the free encyclopedia.Dalby,Liza（2001）. Kimono: Fashioning Culture. Washington.USA: University of Washington Press. ISBN 0–295–98155–5.

力气，所以常常由称为"男众"的男性仆役来帮忙。舞伎的特殊穿着与化妆舞伎及年轻的艺伎所穿之和服称为"裾引き"（译为艺伎和服），从腰带到裙摆间的一段称为"裾"。艺伎的腰带结在身后。在外行走时，舞伎及年轻的艺伎一定会将左手压在这一段上面，有"卖艺不卖身"的含意。舞伎和艺伎最直观的区别就在于她们的唇妆。舞伎只允许涂下唇，正式的艺伎才能涂全唇，级别越高红色占嘴唇的面积最大（图4-45~图4-48）。

图4-45　舞伎　　　　　　　　图4-46　艺伎（1990年）

图4-47　舞伎妆容　　　　　　图4-48　艺伎妆容

　　尽管艺伎的服装被归类为和服，但事实上却与传统的和服有一定的区别。传统的和服后领很高，通常把妇女的脖颈遮盖得严严实实，而艺伎所穿着的和服的衣领却开得很大，并且特意向后倾斜，让艺伎的脖颈全部外露。艺伎化妆也十分讲究，浓妆的施用有特殊的程序，用料也以传统原料为主，最醒目的是，艺伎会用一种液状的白色颜料均匀涂满脸部、颈项，看起来犹如人偶一般。艺伎将脸涂白之后，她们的脸就能够反射烛光，同时也是为了让艺伎们注意自己的一颦一笑。除此之外，白色的妆容也更能衬托她们色彩强烈的服装。

三、日本和服的美学和实用理念

　　一袭和服，一藏一露，既掩饰了某些先天不足，又突显出东瀛女性独有的魅力。所谓"藏"，就是用宽松、肥大的和服，将肢体包裹起来。女性和服的款式花色，差别很明显，是区别年龄与婚姻状况的标志，如未婚的少女穿"紧袖外服"，已婚妇女穿"宽袖外服"。发式也与之匹配，如梳钵状的"岛田"式发型。穿红领衬衣，是未婚女性的装扮；梳圆发髻，穿素色衬衣的，是已婚主妇的装扮。所有的和服，都不用纽扣，只用一条打结的腰带，包裹起来的身体，暗藏在各色薄薄的衣料中，若隐若现。"藏"的半推半就是表情暧昧的"露"。应该承认，女性和服的"藏"，预留了充裕的想象与品味空间，所谓"露"，就是有选择、有节制的裸露女性的迷人部位，从装饰上刻意突出这些部位。日本人普遍醉心于女性的脖子与后背，女性和服在这两个地方特殊眷顾、精心剪裁，一定要露得恰到好处。

　　从实用角度说，和服注重通气，和服的袖口、衣襟、衣裾，都能任意夸张、自由开合。

女性和服不同的开合，具有不同的含义，同时显示穿着者不同的身份。如艺人在穿着和服时，衣襟是始终敞开的，仅在衣襟的"V"字形交叉处系上带子。这种穿着方式，不仅给人一种和服"似脱而未脱"的含蓄之美，而且还能显示从业妇女的身份，除此之外的妇女，穿着和服时必须将衣襟合拢。

四、日本民族服饰在现代服饰设计中的应用

日本民族元素中，和服的形制、传统面料、装饰纹样、色彩被广泛地应用在现代服饰设计中，成为东方传统文化的典型代表，如Dior 2007春夏系列，日式风情的和服、宽腰带与

艺妓妆容经过Dior化，将普契尼笔下的歌剧《蝴蝶夫人》以时装的精巧形式重新演绎。灯笼、樱花、松枝、折扇，多样经典的日式元素令人眼花缭乱。东洋的折纸艺术也在面料上尽情展现，立体几何的硬挺造型将领口雕刻得如同花朵或者盘旋的鸟儿。仿木屐式的高跟鞋也同样贴合了折纸的形态，捆绑出另类的压抑与扭曲之美（图4-49）。

图4-49　Dior 2007春夏系列

第六节　俄罗斯服饰

一、俄罗斯文化基本概况

俄罗斯是世界上面积最大的国家，地域跨越欧、亚两大洲，与多个国家接壤。绵延的海岸线从北冰洋一直伸展到北太平洋，包括了黑海和里海。作为苏联的主要加盟共和国，俄罗斯实行总统制的联邦国家体制。俄罗斯地形以平原和高原为主，大部分地区处于北温带，气候多样，以温带大陆性气候为主，但北极圈以北属于寒带气候。俄罗斯金矿含量非常高，发

展经济主要来源于工业和科技。语言文字方面，9世纪希腊传教士西里尔兄弟创制了一套字母，记录斯拉夫语，翻译和编撰宗教文献，现代俄语字母正是由此发展而来的，故又称为西里尔字母。

俄罗斯共有民族一百三十多个，其中俄罗斯人占79%。主要少数民族有德意志、鞑靼、乌克兰、楚瓦什、巴什基尔、白俄罗斯、摩尔多瓦、乌德穆尔特、亚美尼亚、阿瓦尔、马里、哈萨克、奥塞梯、布里亚特、雅库特、卡巴尔达、犹太、科米、列兹根、库梅克、蒙古、印古什、图瓦等。

（一）宗教信仰

俄罗斯人被认为是最具宗教品格的一个民族，宗教总类丰富，俄罗斯境内共有十余种宗教，主要有基督教（东正教、天主教、新教三大教派）、伊斯兰教、佛教、犹太教、萨满教等。俄罗斯奉行宗教自由政策，对各种宗教界采取尊重、借重的态度。

东正教对俄罗斯文化影响深远，其宗教思想渗透进日常生活，成为传统思想的组成部分。以宗教为媒介传入俄罗斯的有拜占庭的宗教艺术和希腊文化，在俄罗斯建有大批的拜占庭风格的教堂建筑，教堂内汇集了大量精美的宗教题材的圣像画、壁画、镶嵌画和雕塑等艺术作品。信仰伊斯兰教的主要是分布在中亚和高加索地区的一些民族；信仰萨满教的主要是西伯利亚和北部的一些民族；信奉佛教的民族主要有卡尔梅克、东布里亚特等；信仰犹太教的是一些移居俄罗斯的犹太人。

（二）传统手工艺

（1）巴列赫微型画：采用日常生活以及古典文学作品、民间故事、俄罗斯史诗及歌曲作为主题，绘画一般在黑色背景下进行，并以金色颜料点缀。

（2）套娃：俄罗斯木制的彩绘玩具娃娃，在最外层的套娃里面有一个与之相似但尺寸较小的另一个套娃，传统的方法是为之漆上着俄罗斯传统服装的村姑的画（图4-50）。

（3）刺绣地毯：当地工匠制作的地毯具有清晰的结构、鲜艳的图案和明快的色调。绣花图案大都来自宗教文化和自然题材，人们也按照自己的要求和审美对其进行改造，刺绣地毯从自然界吸收了很多素材从而形成了本民族特色。

除了人们所熟识的套娃毛毯等民族手工艺品，芭蕾、歌舞剧、马戏、绘画、诗歌等也是俄罗斯文化的重要组成部分。

图4-50 俄罗斯套娃

（三）俄罗斯建筑

受拜占庭影响，传统建筑以木造为主，也有石造建筑，主建筑结构上端搭配多个半圆形顶盖，庄重典雅伟大高尚的气氛，让信徒心生崇敬之感。俄罗斯传统建筑包含了从木结构发展出来的技巧，如层次叠砌架构与大斜面帐幕式尖顶，和衍生而来的外墙民俗浮雕，独立的塔形结构与堆砌成团的战盔形剖面装饰也是时代背景下的产物。

二、俄罗斯服饰文化

俄罗斯服饰文化瑰丽多彩，在世界文化大交融的背景下，占有重要的地位，其不断演变的过程与其经济、人文、地理等环境有密不可分的关系。

（一）俄罗斯传统服装——萨拉范

萨拉范（无袖连衣裙）为女士连衣裙，御寒保暖是萨拉范的第一功能，曾是一种俄罗斯大众化的服装，款式像今天人们穿的太阳裙或沙滩裙，用途广泛，是一年四季都可以穿的服装。冬季，萨拉范用厚呢、粗毛、毛皮制成，是过去俄罗斯妇女的典型服装。人们贴身穿棉麻衬衣，外面穿萨拉范，然后再围上厚厚的毛披肩。今天的俄罗斯妇女冬季不再穿萨拉范，但夏季穿这种传统服装的人仍然不少。萨拉范的面料有手工蜡染、粗麻布、印花布等。衣服上的绣花、补花、丝带，变化多端的装饰和色彩使萨拉范显得自然、活泼、随意（图4-51）。

图4-51 俄罗斯传统服装—萨拉范

萨拉范有四种款式，即冬尼卡式、科索科林式、直筒式、腰带式。俄罗斯南部，人们穿的萨拉范被称为直筒式和科索科林式。科索科林式里加有厚厚的衬，一般用手工织成，厚麻织成的"里"用于御寒，以深蓝、天蓝、纯白呢料居多。莫斯科人穿的萨拉范略讲究一些，面料选用上乘的羊皮、粗纺羊毛，裙摆宽大，被称为"腰带式"，质地和颜色都比较高档和讲究。

萨拉范的贫富阶层悬殊主要体现在服装的质地上。贵族女子的萨拉范用的是锦缎、丝绸，颜色选用华丽富贵的天蓝色和玫瑰色；贫困人家女子的萨拉范是粗呢、麻布，基本上无装饰物，有时候，到过节时，人们就在上面缝上些玻璃片和铜片，以区别于平日的服装（图4-52）。

图4-52 无袖连衣裙，萨拉范，贵族女子服饰

（二）俄罗斯传统服装——鲁巴哈

鲁巴哈（衬衫）是传统的女装，其样式像长袖连衣裙。俄罗斯妇女下地除草时都穿鲁巴哈，因长袖能防止稻草扎刺皮肤，鲁巴哈又被称为"割草裙"，没有腰身，穿着时须束腰带（图4-53、图4-54）。

最早的鲁巴哈用亚麻制成，样式和色彩较单调，呢料的鲁巴哈是奢侈品。只有到节日来临时，人们才将这种高级的鲁巴哈穿出来，这时的鲁巴哈裙摆都裁剪得很宽大，一般为90~140厘米，裙摆也因此显得飘逸。鲁巴哈的款式多样，因地区而异。南部地区的鲁巴哈为"冬尼卡式"，式样比较简单，领口有所点缀，下半部采用直筒裙式；北方的鲁巴哈腰身修长，上身衣袖宽松，使女性的身材显得修长丰满，点缀漂亮的图案是鲁巴哈的独特之处。莫斯科和北部地区的鲁巴哈为大红色，肩部镶有黄、黑两种颜色，色彩搭配和谐悦目，领口刺绣均匀的缀褶，下半部用红白相间的方格裙搭配，颜色夺目且优雅，是北方姑娘的盛装，至今仍是乡村节日庆典中必不可缺的装束。斯摩棱斯克地区的人以白色为主基调，肩部红白相间，袖管为蝴蝶式；瓦洛尼什地区以烦琐的绣花，复杂的图案为特点，整体看来，颜色热烈、活泼，但又不失整体的和谐效果。

图4-53 俄罗斯鲁巴哈服装

图4-54 俄罗斯传统鲁巴哈服饰

（三）传统服装——淑巴

淑巴（裘皮大衣）是俄罗斯人冬季御寒服装，有貂皮、裘皮、羊皮、兔皮和狗皮等不同种类。由于俄罗斯气候寒冷，淑巴一直是冬季服装的主宰（图4-55）。

俄罗斯地处寒冷地区，人们选择衣服时喜欢挑长的，不管是呢大衣、风衣，还是皮大衣，长度一定到腿肚子才算合适，这一习惯与传统的穿着风格分不开。按俄罗斯人的眼光，大衣要长至腿肚部分而不应高于膝盖，这样大衣和靴子两者的匹配才能算完美。

（四）俄罗斯人的头饰

俄罗斯人的头饰具有浓郁的民族特色。古时候，通过头饰可看出女人的不同年龄，一般姑娘的帽上不封顶，发际分两侧露出；已婚妇女要戴帽子，不能露出发际，凡

图4-55 俄罗斯传统服装，淑巴

露"蛛丝马迹"者，会受到公众的谴责。俄罗斯农村妇女习惯将头发梳成小辫，盘在头上呈羊角式。发箍是姑娘的主要头饰，发箍种类有镶珍珠、花环式、普通木头等。除此之外还用发带来装饰头发，高级的发带上面镶有宝石等贵重物品。普通的头饰是亚麻制的手绢，它与妇女的帽子一样，随年龄增长而选用越来越深的颜色，女子结婚时，帽子取代手绢（图4-56、图4-57）。

（五）俄罗斯古代宫廷服饰

俄罗斯宫廷服饰在世界服装史上极负盛名，端庄华贵和前卫流行这两个对立元素在此服

图4-56 俄罗斯头饰

图4-57 俄罗斯女帽

饰中得到了统一。服饰的设计中色彩极尽奢华又个性十足，将贵族宫廷的唯美与装饰充分发挥，这一特点一直延续到罗曼诺索夫王朝。俄罗斯宫廷服饰中，除端庄的女装，男装的色彩也热烈华贵，在沙皇统治下，军装使男装更显严肃刚毅，包含了一种不可撼动的权威。

（六）俄罗斯人现代着装

俄罗斯妇女一年四季喜欢穿裙子，俄罗斯中老年妇女对着裙装有自己的认识，认为冬季穿裙子不仅不冷反而暖和，因为裙子里面能套护膝、护腿、厚袜、厚毛裤，而裙子又遮一层寒，所以比穿裤子更暖和。冬季穿的裙子一般很长，裙摆一定到靴子上方3厘米左右，这样，无论外面穿大衣或是皮外套看起来都很美观。年轻女子的裙子，一种是超短裙，另一种是超长裙。现代俄罗斯人的服装特色是整洁、端庄、大方、和谐。按俄罗斯的传统习惯，妇女必须穿裙子，特别是在公众场合和正式场合，俄罗斯妇女仍保持着这一传统。20世纪70年代以来，俄罗斯女青年争相仿效西方时尚，穿牛仔。

崇尚皮装，俄罗斯人对皮装的追求反映了他们追求美的独特品位。皮装既能满足御寒的需要，又体现了华贵，所以一直深受俄罗斯人的钟爱。现在，随着市场经济的兴起，皮衣市场也发生了巨大变化，国外优秀品牌新潮的设计、入时的款式在冬日中装扮着都市风光，成为俄罗斯特有的景致。穿皮衣的同时，须配相同质量的皮帽、皮围巾、皮手套，这样才算置齐了"行头"。

三、俄罗斯民族服饰设计元素的应用

香奈儿（Chanel）2010秋冬高级定制秀展现了俄罗斯罗曼诺夫皇朝统治时期的壮丽和奢华（图4-58）。Karl Lagerfeld这次用亮片和繁复装饰点缀于及膝裙子上显得新意十足。Karl Lagerfeld选用了深红色和大地色系为主色调，突出温暖季节感的同时让人想到拜占庭教堂的黑暗走廊或18世纪的挂毯。在俄罗斯首都莫斯科举行的俄罗斯2010/2011秋冬时装周，以舞台剧的形式展示俄罗斯设计师塔季扬娜·帕尔菲诺娃的作品，除了歌剧还涉及了芭蕾、马戏等元素。

2009/2010巴黎John Galliano设计的秋冬成衣秀上，采用了俄罗斯宗教元素，例如：头巾、装饰物（圆盘形图腾），采用金、银、黄、白等宗教色彩的颜色，廓型上刚柔并济。

图4-58　香奈儿（Chanel）2010秋冬高级定制秀

　　萨拉范的现代演绎，2009/2010巴黎秋冬成衣秀上，展示了John Galliano设计的秋冬时装，T台充满着浪漫的莫斯科风情，民族感极强的蓬蓬裙，轻纱曼舞的袖子以及花边头纱，打造出俄罗斯娃娃特有的童趣色彩，其中左侧这两件赋予了萨拉范新的时代内涵（图4-59）。

　　鲁巴哈的现代演绎，在俄罗斯首都莫斯科举行的俄罗斯2010/2011秋冬时装周，采用了鲁巴哈上宽松下H的廓型特征，同时使用了新型的面料，赋予了传统鲁巴哈新的面貌（图4-60）。

　　淑巴的现代演绎，Vanessa Bruno 2011秋冬女装秀，长至膝盖以下的长大衣充分演绎了俄罗斯民族的审美观，同时面料的改变使其在保持保暖性的同时多了一份现代感（图4-61）。

图4-59　2009/2010 John Galliano巴黎秋冬成衣秀

图4-60　俄罗斯2010/2011秋冬时装周　　　　图4-61　Vanessa Bruno 2011秋冬女装秀

第七节　阿拉伯服饰

一、阿拉伯文化基本概况

阿拉伯西起大西洋东至阿拉伯海，北起地中海南至非洲中部，面积约为1420万平方公里，位于亚、非两大洲的结合部，其中非洲部分占72%，亚洲部分占28%。阿拉伯有宽广的海岸线，如大西洋、地中海、波斯湾、阿拉伯海、亚丁湾、红海和印度洋等水域的海岸线，曾经孕育了一些著名的古代文明，如埃及古文明、亚述文明、巴比伦文明。农业是阿拉伯的主要经济，只有少数地区拥有石油和天然气资源。沙特阿拉伯主要属于热带沙漠气候，终年炎热干旱，西北局部地区属于地中海气候，夏季炎热干燥，冬季温和多雨。

（一）宗教信仰

阿拉伯地区主要信奉伊斯兰教，另有部分居民信奉基督教及其他宗教。阿拉伯地区是一个多样性社会，居住着不同种族、不同语言和不同习俗的群体，但是伊斯兰教和阿拉伯语是整个阿拉伯地区的两个占主导地位的文化。统一的历史和传统将他们联系在一起。阿拉伯具有22个国家成员，但有统一的语言——阿拉伯语，有统一的文化和风俗习惯，绝大部分人信奉伊斯兰教。游牧的阿拉伯人又称"贝都因人"（意为"荒原上的游牧民"），靠饲养骆驼为生，仍然保留着部落制度。

（二）风俗习惯

阿拉伯人喜爱白色，很多建筑物的外观是白色的，男人的传统服装是白色的缠头巾和宽大的白色长袍，这是因为白色对强烈的阳光有反射作用，吸热较少。有些严格执行教规的阿拉伯国家，规定妇女外出，必须面戴黑纱，黑纱上只留两个小孔，以免遮挡视线。有的国家已经抛弃这种习惯，妇女用头巾或者披肩代替黑纱，男子多穿西装。沙漠地区的一些国家，由于气候炎热，极少下雨，夜晚人们常把床铺安排在屋顶上。

（三）女性地位

传统上，部分比较保守的阿拉伯国家对妇女比较压制，女性地位较低。大部分阿拉伯国家女性的地位并不很低，在家族里受到格外的尊重，特别是母亲的地位，如果孩子众多，特别是儿子众多的情况下，所有儿子都对母亲忠心耿耿。

二、阿拉伯服饰文化

阿拉伯传统服饰属于伊斯兰服饰范畴，因此，伊斯兰教教义所体现的价值观是统摄该服饰文化各要素的最高主导思想，具有鲜明的宗教特征，强调服饰中伦理观重于审美观。

（一）服饰与伦理

在伊斯兰服饰文化看来，凡是与伊斯兰服饰伦理学原则相悖的服饰艺术，不仅不美，而且丑恶，要从道德上和法律上加以制止。伊斯兰教对服饰的要求，可以归纳为：强调服装必须遮盖羞体，虽然人体作为安拉的创造物是匀称健美的，但人体有男女之别，暴露羞体很容易激起本能的情欲，使人降格为同动物一般；反对服饰上的奢侈浪费，认为人类作为安拉在大地上的代治者，必须在享用安拉的恩典时遵循中正之道，即不可不用，也不可滥用；反对男女不分、互相模仿，认为这样做有悖安拉造物的本来面目和天性，在性别上的掩饰作假会使人性受到歪曲，从而走向堕落。

伊斯兰服饰观倡导人们在穿戴上追求中正之美的原则，对男子着装的要求是，服装打扮体现男人的气质、气概和风度，并要求完全遮掩肚脐至膝盖间的身体；女子严禁穿稀薄、透明的衣服，更不允许穿三点式或其他泳装，以免暴露肉体。穆斯林学者们解释说，伊斯兰教服饰的标准是遮住妇女的全身，不能显露或透视出身体的轮廓，只允许露出脸和手，因此，妇女最恰当的服装是穿宽大的袍子，并且不准系腰带，妇女的着装打扮应当只为取悦自己的丈夫，同时，禁止妇女穿男装。伊斯兰教崇尚洁净，主张男缠头、女戴盖头，以遮挡风沙尘土，保持身体洁净和保护皮肤。

（二）气候对服饰的影响

阿拉伯的服装多为白色长袍，选用质地较好的丝布，具有通风的效果，保持凉爽。之所以选用白色，是从光学的角度，白色能反射光线（即太阳光）达到祛热降暑的作用，以适应酷热的气候。

（三）阿拉伯传统服饰

阿拉伯传统服饰的主要组成部分有面纱（面罩、头巾和盖头）、大袍、披风、头巾和佩物。由古至今，面纱一直是伊斯兰服饰文化中具有代表性的一种女性服饰，大体上可分为两种，一种是把脸全部遮盖的，另一种把眼睛部分露出来。面纱的穿戴方法因其面积大小而不同，较普遍的有两种形式：一种是头部包裹一块黑纱，再在头上披块黑布（或花格布），从头到脚裹住全身；另一种是分头部、上身和下身三部分，头顶黑纱至脖子，上身黑布披肩垂至腰部，在胸前系牢，下身穿条黑裙子盖至脚面。长袍没有尊卑等级之分，平民百姓穿，政府高官出席盛宴也穿。

女式袍：黑大袍是阿拉伯妇女的传统服装，做工简单，式样和花色因地而异，如沙特妇女的黑袍是一件宽大的黑斗篷。埃及妇女的黑袍是用一块约5米长的长方形的黑布一分为二，然后将两边缝制在一起而成，可根据自己的喜好在上面绣上花边，穿、披均可，灵活方便。苏丹妇女爱穿拖地长袍，该长袍是一块布，可裹全身，黑色、白色皆有。利比亚妇女外出时，常用一块类似被单的花布把全身裹得严严实实，只露出双眼。现在，除了传统的黑色之外，阿拉伯妇女的长袍颜色越来越多（图4-62）。

图4-62 穿黑大袍的阿拉伯女子

阿拉伯妇女罩袍：在阿拉伯，多数妇女都有穿罩袍的规定与习惯。罩袍是一件宽松的黑色拖地大外套，因各国不同风俗习惯而有不同的款式、颜色与剪裁，以及不同的穿法。除此之外，受到西方服饰潮流的影响，中东妇女的罩袍也跟随时装流行，不再只是块简单的黑布。

阿拉伯妇女也有不穿罩袍的时候，一是在家里，穿居家便服，但若有男性亲属在场时，仍须包戴头巾；另一是在纯女性（不可有任何一名男士）的聚会场合中，可以脱下罩袍头巾。罩袍的颜色，传统的纯黑仍是主流，深蓝、咖啡、浅紫等暗色系列次之；另有双层布料罩袍，外层薄纱以黑色为主，但里层的颜色比较鲜艳，有红、黄、白、橘等，另有金色、银色大红色罩袍，结婚等盛宴时才穿。

剪裁样式方面，一件式套头，有大衣款式开前扣或暗扣，或者在正面加一片内里，另有连帽子一起的设计。罩袍穿在最外层，所以大多以直线、宽松、略长的剪裁较合适。近年来，街头出现许多合体、有腰身的罩袍，多数是年轻时髦、跟随流行的女士们穿戴。

罩袍在质料的选择上有很大不同，直接关系到罩袍的价格，从普通的黑布、棉麻、人造丝到纯丝质罩袍，具有相应的不同价格。罩袍有多种装饰方法，有机器缝绣的彩色花形图样和上等手工刺绣等，也有在袖口、裙摆手工缝制亮片、珠子、水晶、碎钻等。

苏丹妇女的服装不像海湾妇女喜欢穿黑色长袍，而是多了许多艳丽的色彩，尤其喜欢把橘黄和浅红等暖色调引入女装设计，配上花纹相间的纱巾，突出了苏丹女性开朗随和的特点。和女士服装一样，苏丹男人的长袍在款式上也与海湾的阿拉伯国家不同，特别突出实用性。苏丹人一般在长袍的腰间两侧各设计一个大兜，胸口处另外斜开一个小兜，可以随身携带很多东西。苏丹人头上的装束也和其他阿拉伯国家不同，如海湾的酋长们总是用一个方巾搭在头上，再加上一个头箍固定住，苏丹人则结合了非洲文化里简洁的元素，改用一条长头巾包在头上。

男式袍：男式阿拉伯大袍多为白色，衣袖宽大，袍长至脚，做工简单，无尊卑等级之分，既是平民百姓的便装，也是达官贵人的礼服，衣料质地随季节和主人经济条件而定，有棉布、纱类、毛料、呢绒等。宽松舒适为男式阿拉伯大袍的特点，但各国存在着细微差异，如沙特人的大袍为长袖、高领、镶里子。苏丹人的大袍无领，胸围和袖子肥大，呈圆筒形，长至脚踝，前后都有袋兜，侧面还有腰兜，可两面轮换穿。阿曼人的大袍无领，领口处有一条约30厘米长的绳穗垂于前胸，穗底部有一花萼状开口，可向里边喷洒香水、放香料（图4-63~图4-65）。

图4-63 戴头巾的阿拉伯男子，头顶用黑色绳子绕成两圈固定头巾　图4-64 穿白袍，缠头巾的阿拉伯男子　图4-65 穿白袍，戴花格布头巾的阿拉伯男子

阿拉伯大袍的颜色除白色外，还有深蓝、深灰、深棕色和黑色。阿拉伯大袍历经千载而不衰，说明它对生活在炎热少雨的阿拉伯人有无法取代的优越性。生活实践证明，大袍比其他式样的服装更具抗热护身的优点，它不仅能把身体全部遮住，阻挡日光的直接照射，同时，还能把外面的风藏入袍内，形成空气对流，将身体的湿气和热气一扫而去，使人感到凉爽舒适。一些自然探险家曾在阿拉伯沙漠腹地做过试验，在相同温度下，穿西服或衬衫的人大汗淋漓、气喘吁吁，穿长袍的人则泰然自若、气定神闲。

阿拉伯男人的头巾：头巾是沙漠环境的产物，起到帽子的作用，夏季遮阳防晒，冬天御寒保暖。这种头巾是大方布，颜色多为白色，也有其他颜色。布料有优劣厚薄之分，随季节和环境而定。头巾放于头上，再套一个头箍固定，头箍用驼毛或羊毛做成，呈圆状环，多为黑色，偶有白色，粗细轻重不等，年轻人喜欢粗重的头箍，再系根飘带。有些阿拉伯国家，如阿拉伯半岛上的也门和北非的毛里塔尼亚，男人们头上缠一条白色的长头巾，不戴头箍，他们的头巾除起帽子的作用外，还有其他用途。如睡觉时做铺盖，礼拜时当垫子，洗脸时做毛巾，买东西时当包袱，刮风时蒙在脸上挡风沙。阿曼男子只用头巾缠头不戴头箍，类似将一顶小圆帽扣在头顶上，边角紧紧缠绕在头部，非常紧凑，富有运动感。头巾的颜色有等级之分，多为白色或素色，王室人员用红、蓝、黄三色为基调的特制头巾，其他人禁用。

佩饰：佩饰是阿拉伯各部落长期养成的装饰习惯，式样繁多，也门和阿曼的腰刀最具特色。腰刀最初是用以防身自卫的武器，后逐渐成为服饰品。也门人觉得只有携带腰刀，才能显出男子汉的侠义、潇洒和威武气概，不佩腰刀的男人不算好汉。佩带腰刀也是男孩子长大成人的标志，当男孩长到15岁的时候，部落就为他举行佩带腰刀仪式，以示祝贺。这个风俗在有些部落中至今仍在流传。

阿拉伯男人穿着的白色长袍各不相同，每个国家都有自己特定的款式和尺码，总共有十几种款式，如沙特款、苏丹款、科威特款、卡塔尔款、阿联酋款等，更有从中衍生出来的摩洛哥款、阿富汗套装等。

阿拉伯婚礼服饰：多数阿拉伯人认为登记还不是正式结婚，只有举行仪式才算正式结婚。在巴基斯坦，传统新娘要更衣7次，衣服的颜色分别是白、红、绿、黄、蓝、青和黑；埃及锡瓦绿洲地区新娘要梳10多个发辫，嫁妆是100件袍裙；阿曼、阿联酋和科威特等国的新娘还要请专业美容师，用一种叫"哈纳"的植物叶子将手指、脚面和脚趾甲涂成各种颜色，通常以咖啡色和红色居多，还用椰子油、芝麻油润滑肌肤，有的还要文身，在脚上或手掌上绘上彩纹等（图4–66）。

图4-66　阿拉伯女子手上的彩绘

三、阿拉伯图案艺术

阿拉伯图案艺术以阿拉伯半岛的本土艺术为起源，随着公元6世纪伊斯兰教在阿拉伯半岛的兴起而发展至今。阿拉伯图案艺术发展过程中吸收了外来艺术，并加以创新，形成了独特的装饰艺术。纹饰是阿拉伯图案艺术的灵魂，以波状曲线为主要特征的阿拉伯装饰纹样是阿拉伯艺术的灵魂，阿拉伯艺术家们将各种形态，依照一定的秩序感加以编排组合，通过连续、渐变、放射、重复、回旋等构成方式，创造了高度抽象化的几何纹、植物纹以及文字纹，这些纷繁复杂的装饰纹样体现了统一与变化、对比与调和、对称与均衡、节奏与韵律等形式美法则。阿拉伯纹饰艺术讲究有规则的排列和节奏感，对称、均衡、和谐等，体现了伊斯兰的宗教精神，代表性的纹样有植物花卉纹、抽象的几何纹样、阿拉伯文字纹样等三大类。

阿拉伯图案艺术源于臆想和情感，而非理性和直觉。中世纪阿拉伯哲学家认为，感悟是人类认识安拉和世界的一种最高能力，穆斯林艺术家的创作途径是通过臆想而非感知，穆斯林艺术家们对安拉的崇拜和笃信之情是超越感觉的。

在阿拉伯图案艺术中，无论是哪一种艺术形式演变的纹饰都具有象征意义。阿拉伯图案艺术中的线条和色彩是重要的组成因素，由线条和色彩再演变出各种几何形状，如书法中的线，从表象看是几何图形，但从意义上看，它与"安拉独一"的观念相连，即世间万物起源于点、线、面，又归于点、线、面。放射形的几何图形，是离散的，也是聚合的，表现源于"独一"归于"独一"的意念，"独一"就是安拉。阿拉伯装饰艺术中的几何纹由基本的几何形状如三角形、四角形、五角形和圆形衍生，这些几何形状变化循环，组成各种图形，穆斯林从中可以感悟到循环往复的世界以及造物主的存在，思索生命的回旋与更迭，领会安拉之美和无始无终的神奇，从而得到美的愉悦和思想的陶冶。

（1）几何纹：以圆形和方形为基础，衍化出无数的形态，如通过60°、90°的交叉组合或加入方格、圆弧等手法，即可构成各式各样的多角形，若把环绕这些图形的外轮廓线单独抽出来加以强调，又重新组合成各种形式独特的编结纹，而且多角形又能进一步演变成多种星形纹，如6星形、12星形、8星形、16星形等，正是这些圆中有方，方中见圆的反复循环变换的组合形式，构成了千变万化、形形色色、精美玄妙的纹样（图4-67~图4-69）。

（2）植物纹：不依自然界的真实植物为表现对象，而是由曲线几何纹变化而来，如棕叶卷草纹，虽起源于希腊的写实扇面棕叶状，但在阿拉伯艺术家笔下，却逐渐演变成一种富有

图4-67　阿拉伯藤蔓与花朵交织纹样的羊毛毯

图4-68　阿拉伯建筑上的几何纹样

图4-69　阿拉伯建筑上的文字图案，多来自古兰经的句节

流动感的抽象卷草。受古代波斯艺术的影响，几何纹中还有一些富于象征或寓意性的植物纹，如圣树纹、缠枝葡萄纹、乐园纹等，但最终逐渐衍化成单纯的垂直纹、螺旋纹。

（3）文字纹：阿拉伯文字在其装饰纹样中，占有重要的地位。由于字体种类繁多，作为纹样构成的一部分，文字纹也因字体的不同而各具风格。最早的库菲体，有花状和叶状之分，且均富装饰性；纳斯黑体和斯尔希体使文字增添结体工整，圆润丰满，易于辨认。11世纪之后，随穆哈卡克体、拉伊哈尼体、鲁库阿体、塔乌奇体，以及其他众多字体的相继出现，文字纹呈现出丰富多变的局面。

四、现代阿拉伯女性服饰

阿拉伯人从小就开始穿阿式长袍，是阿拉伯传统启蒙教育的一个组成部分，年幼的孩童也穿白色或黑色的小长袍。随着社会的不断发展，越来越多的阿拉伯年轻人热衷于西装革履以及休闲服饰，这对传统服饰是一种挑战，但无论怎样，在每一个阿拉伯人的衣柜里，总会有几件传下来的阿拉伯长袍。与传统阿拉伯妇女相比，现代阿拉伯女性可以不戴面纱在公开场合出现，并用西式服装取代阿拉伯裙袍。但阿拉伯传统服饰文化并没有被现代流行服饰完全取代，现代阿拉伯人跟其他民族一样，充分利用现代设计资源对传统服饰进行了创新设计，一方面适应了社会发展趋势的需要，另一方面又完善和发展了传统服饰文化，如摩洛哥的民族风情服饰深入阿拉伯妇女思想，在现代面料或花色方面，依然遵循该民族审美理念，对材料进行针对性选择，但在剪裁方式较传统样式更合体、干脆利落。

结语

　　民族文化丰富多彩，颇具内涵，可以满足人们的精神需求。应用民族元素进行设计的服装，给人们区别于物质及视觉方面的精神享受和寄托。保护、继承和发扬民族服饰的精髓，是服装研究人员的责任和义务。民族风格有时会成为时尚主流。我们不得不承认，异域风情的民族风格，如图案、装饰、色彩等都会让现代人在混沌、复杂的社会背景下，思想和视觉焕然一新。现代时尚的设计师已充分认识到民族服饰元素是不竭的灵感来源，正确了解民族服饰文化的思想精髓，才可以将其合理应用到现代时尚设计中，传统文化与现代文化才可以整合应用，从而达到继承和发扬民族服饰文化的目的。

　　该教材旨在引导学生用相关基础理论知识解读民族服饰文化内涵，解析其民族审美特征，在准确、合理、全面、系统了解民族服饰文化的基础上，对民族服饰文化的继承和发扬做到真实，有的放矢。民族服饰文化是各民族文化长期以来在服饰方面的积淀，其总体结构特征与质地，在时间上具有继承和延续性；同时，各民族服饰，民族中各地区服饰文化在空间上又具有多样性。我们应从时间和空间两个角度，对各民族服饰文化进行系统研究，并从实践角度，对传统民族服饰文化的传承和发展付诸实践。教材的编订，选取了部分少数民族服饰文化现象，旨在说明研究民族服饰文化的方法、途径和相关知识体系，可为其他少数民族服饰文化研究起到引导作用。